并联机器人动力学建模和运动控制

程　晨　袁晓静　阳能军　罗伟蓬　曾繁琦　著

国防工業出版社
·北京·

内容简介

本书共分7章，主要涉及仿人咀嚼机器人的动力学建模和运动控制的方面的内容。第1章绪论，涉及咀嚼机器人、并联机构的寄生运动和冗余驱动的研究现状；第2章进行机构的运动学分析；第3章采用多种建模方法进行机构的刚性动力学逆解；第4章建立机构的线弹性动力学模型；第5章使用基于模型降阶技术，分析弹动力学性能；第6章进行基于分布力矩前馈的运动控制研究；第7章对未来工作进行展望。

本书可作为从事仿人咀嚼机器人、并联机构方面工作的研究人员和工程技术人员的参考资料。

图书在版编目（CIP）数据

并联机器人动力学建模和运动控制 / 程晨等著. —
北京：国防工业出版社，2024. 4
ISBN 978-7-118-13291-5

Ⅰ. ①并… Ⅱ. ①程… Ⅲ. ①空间并联机构-机器人-动力学模型-研究 ②空间并联机构-机器人-运动控制-研究 Ⅳ. ①TP24

中国国家版本馆 CIP 数据核字（2024）第 067352 号

※

国防工业出版社出版发行
（北京市海淀区紫竹院南路23号 邮政编码100048）
北京富博印刷有限公司印刷
新华书店经售

*

开本 787×1092 1/16 **印张** 7¾ **字数** 172 千字
2024年4月第1版第1次印刷 **印数** 1—1500 册 **定价** 89.00 元

国防书店：（010）88540777　　书店传真：（010）88540776
发行业务：（010）88540717　　发行传真：（010）88540762

前　言

食品行业对测试新开发食品材质在人咀嚼过程中特性和结构的变化一直具有浓厚兴趣。当前，完成该项任务的机器设备一般只能进行简单的一维冲压，无法模拟人咀嚼系统在三维空间完整、复杂的咀嚼行为。因此，测试结果无法反映新食材在真实咀嚼过程中的变化。同时，通过召集志愿者进行人工咀嚼的途径具有时间成本高、主观差异大的不足。因此，若能开发一套可精确模拟人咀嚼行为的机器人设备，将在食品材质测试中发挥较大作用。根据人体咀嚼系统，作者设计了一种受到基座直接约束的并联机构。该机构中，六条 $\underline{R}SS$[①] 并联支链模拟咀嚼系统中最重要的六块开闭口肌肉群，末端执行器即为可运动的下颚，基座对其直接约束模拟下颚髁突和固定上颚之间的颞下颌关节。相比于常见的并联机构，这种直接约束使末端执行器无法在六维方向都能自由运动，对机构的运动学和动力学分析、实际的运动控制都带来较大的挑战性。

近年来，作者一直从事该仿人咀嚼机器人相关理论的研究和应用工作，主要包括机构的运动学特性，刚性动力学逆解建模，驱动力优化分布，线弹动力学建模和性能分析，基座直接约束对上述特性的影响，以及机器人样机的运动控制等。这些工作为较全面掌握机器人的动力学特性打下了较好的理论基础，也为样机的工程应用和定型提供了一定的理论依据。本书引用、借鉴和参考了国内外同行专家的研究成果，作者在此表示由衷的谢意。也对所有在本书编写中给予关心、支持和帮助的各位同事表达诚挚的谢意。

作者总结了近年来的研究成果撰写了此书，希望通过该书和国内外广大同行、专家沟通交流。由于作者水平有限，加上时间仓促，书中难免有错误和遗漏之处，恳请各位读者、专家批评指正。

作　者

2023 年 8 月 31 日

---

① 下划线表示主动关节。

目 录

第1章　绪　　论

本书设计的机器人机构，从应用角度看，主要用于仿人体咀嚼行为，用作食品行业中新开发食品材质的分析设备；从机构学角度看，作为并联机构，兼具寄生运动和冗余驱动两种特点。因此，本章对咀嚼机器人、寄生运动、冗余驱动这三个方面开展综述。

1.1　咀嚼机器人

人体咀嚼系统主要包括固定上颚、咀嚼肌肉群、可运动的下颚。上颚附着于固定在颅骨前部分骨头处，下颚通过髁球在左右两侧的颞下颌关节（temporomandibular joint，TMJ）和上颚接触。顾名思义，颞下颌关节就是位于颅骨的颞骨和下颚的髁球之间的关节。一个柔性关节盘组织将颞骨和髁球分开，避免两处骨头的直接接触和磨损，髁球在颞下颌关节窝中运动。固定于上下颚的门牙、犬牙、磨牙等牙齿直接将食品咬碎或研磨。研究表明，主要用于开/闭口功能的咀嚼肌肉群包括咬肌群（masseter）、颞肌群（temporalis）、翼内肌群（medial pterygoid）、翼外肌群（lateral pterygoid）、二腹肌群（digastric）等。通过神经系统的支配，在肌肉群协调驱动和TMJ约束的共同作用下，下颚在三维空间中进行咀嚼运动[1]。从机构学的角度看，因为驱动下颚运动的肌肉并行分布，且数目远大于下颚的自由度数，所以人体咀嚼系统是一个典型的冗余驱动并联机构，且冗余度较大。在并联机构中，多条支链从基座并行地连接和驱动末端执行器，形成闭环构型，和串联机构的开环构型形成鲜明相比。这就使其具有结构紧凑、运动惯性小、刚度大、精度高、单位重量负载能力大等优点，但也有工作空间小、奇异位姿复杂等不足。

自20世纪90年代起，全球范围内开展了咀嚼机器人方面的研究。图1.1展示了一些常见的咀嚼机器人系统。例如，日本早稻田大学的Waseda-Yamanashi（WY）系列机器人用于下颚受伤患者的康复训练[1]。其后设计的Waseda Jaw（WJ）机器人用于替代下颚受伤患者和前者互动，进行牙科训练，还可用于分析下颚运动与颞下颌关节紊乱症引起之间的阻力关系。虽然这些机器人都能在各自领域发挥功能，但是都存在一些不足：例如，WY机器人在机构构型上和人体咀嚼系统差异性较大，WJ机器人只有三个自由度，因此这两种机器人无法完全模拟人的咀嚼运动和咀嚼力。对其他一些较早期咀嚼机器人的详尽研究综述内容，可见文献［1］的第1章。以下对近十年出现的一些咀嚼机器人进行介绍。英国布里斯托大学设计的咀嚼机器人以经典的Stewart平台为基础，开展了运动/力的混合控制，能较好地模拟典型的下颚运动和咬合力，用于假牙材质的磨损测试[3]。试验结果表明，运动/力控制比单纯的运动控制能更好地反应材质磨损性能。新西兰梅西大学设计的咀嚼机器人有六条并联旋转副-球副-球副（$\underline{R}$SS）支链，

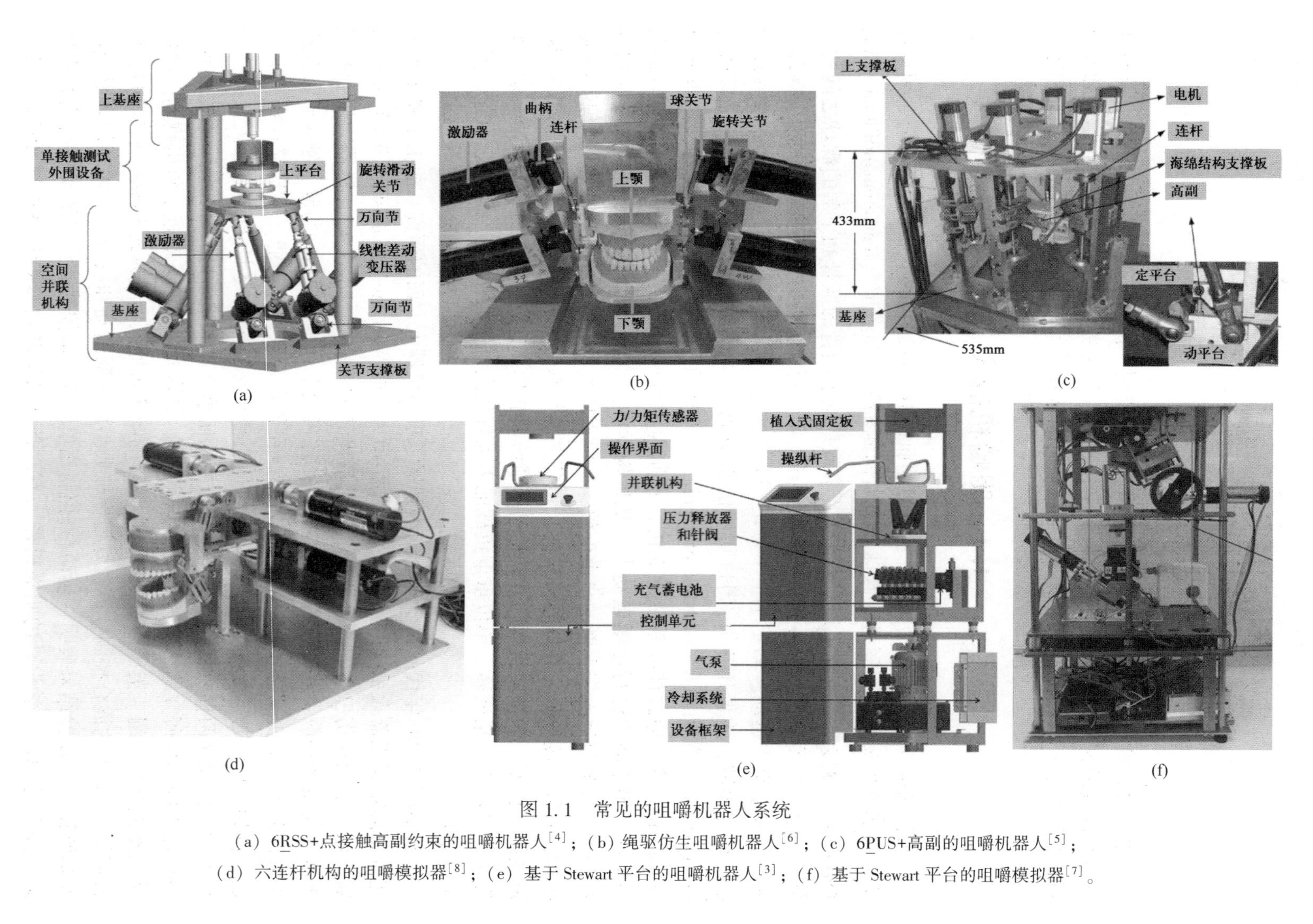

图 1.1　常见的咀嚼机器人系统

（a）6RSS+点接触高副约束的咀嚼机器人[4]；（b）绳驱仿生咀嚼机器人[6]；（c）6PUS+高副的咀嚼机器人[5]；（d）六连杆机构的咀嚼模拟器[8]；（e）基于 Stewart 平台的咀嚼机器人[3]；（f）基于 Stewart 平台的咀嚼模拟器[7]。

用于模拟开闭口运动中最重要的咬肌群、颞肌群、翼肌群[1]。该机器人主要通过模拟人的咀嚼行为，用于在食品行业分析新开发的食品材质。在此基础上，奥克兰大学设计的咀嚼机器人增加了模拟颞下颌关节的部件，能更真实地模拟受约束的下颚运动[4]，但是，没有加入柔性部件模拟其中关节盘，TMJ 约束处机械零件产生刚性接触，容易产生磨损，从而形成关节间隙。类似地，文献［5］中设计了直线副-万向节副-球副（PUS）支链作为驱动模拟肌肉群。针对文献［1，5］中没有使用严格意义的直线驱动器用于模拟咀嚼肌，文献［6］设计了一种基于滑轮系统原理的绳索驱动直线驱动器，其尺寸、输出力大小、在机构中的安装方位，和人体咀嚼系统中的咬肌群、颞肌群、翼外肌群一致。固定于上颚的每个牙齿根部都安装了一个一维力传感器，用于测量牙齿在咀嚼中和食品的交互力，从而发现起主要咀嚼作用牙齿的功能，并分析不同的交互力样式。文献［7］中设计了类似 Stewart 平台的装置，模拟下颚咀嚼周期力，用于记录假牙和下颚之间的交互负载。仿真结果表明设计的运动平台能真实模拟人的咀嚼行为，可输出最大 2000N 的咀嚼力，并且能记录 200~2000N 范围内的交互力，从而可用于假牙替代过程，以及预测颌骨健康状态和假牙的稳定性。文献［8］中设计了一种三自由度的六连杆机构，用于再现磨牙的咀嚼运动，从而测试食品材质在咀嚼过程中的变化。其中设计了一种柔性气动容器作为人工口腔，用于在咀嚼过程中容纳食品并对其重定位。从咀嚼后花生颗粒的大小分布以及颗粒中等大小直径等指标，表明该机构具有较好的咀嚼性能。此外，文献［9］详细介绍了近年来其他一些咀嚼运动模拟器的研究进展，本书不再详细叙述。

1.2　寄生运动

相比通过六条甚至更多支链驱动的六自由度并联机构，二~五个自由度的并联机构虽然机构形式更简单，求解运动学和动力学的计算量较小，但经常会产生寄生运动。文献［10］最早对并联机构的寄生运动开展研究。对于 3PRS 并联机构，通过经典的自由度计算公式，发现机构有三个自由度，但无法确定是哪三个。经过对支链的约束分析，发现有一个平动和两个转动自由度，但末端执行器在笛卡儿空间另外三个方向上还能运动，且依赖于三个自由度，于是将其定义为寄生运动。一般情况下，这种运动幅度较小，但是在许多情形中有害：在精确定位设备中会引起不需要方向上的运动，在机床中增大加工误差和校准难度，在运动学正解中增加计算量，不利运动控制的实时性。为减小寄生运动，研究人员对机构的支链分布情况进行了优化设计。文章［11］对 3PRS 并联机构的支链分布进行了充分研究。在七种分类方式中，发现两种布局方式能完全避免寄生运动，三种方式中各只有一个寄生运动变量。文献［12］在瞬时运动空间和约束空间中建立了延展 Jacobian 矩阵，在此基础上，从速度层面分析约束方程中推导的寄生运动，通过和位置层面几何方法得到的寄生运动相比，该方法更有利于分析约束。文献［13］中，设计了一种过约束的 2PUR-PSR 并联机构，如图 1.2（b）所示，通过开展运动学分析，发现其具有三个自由度和两个寄生运动变量。在此基础上，建立了动力学模型并进行性能分析。在文献［14］中，对比了如图 1.2（a）所示的 3-[PP]S-Y 系列并联机构的寄生运动。计算表明，定义的寄生运动指数在无奇异空间中更大，且在给定的几何尺寸和操作模式下，3-PhRS 并联机构的寄生运动指数最小，而 3-RPS 机构的最大。

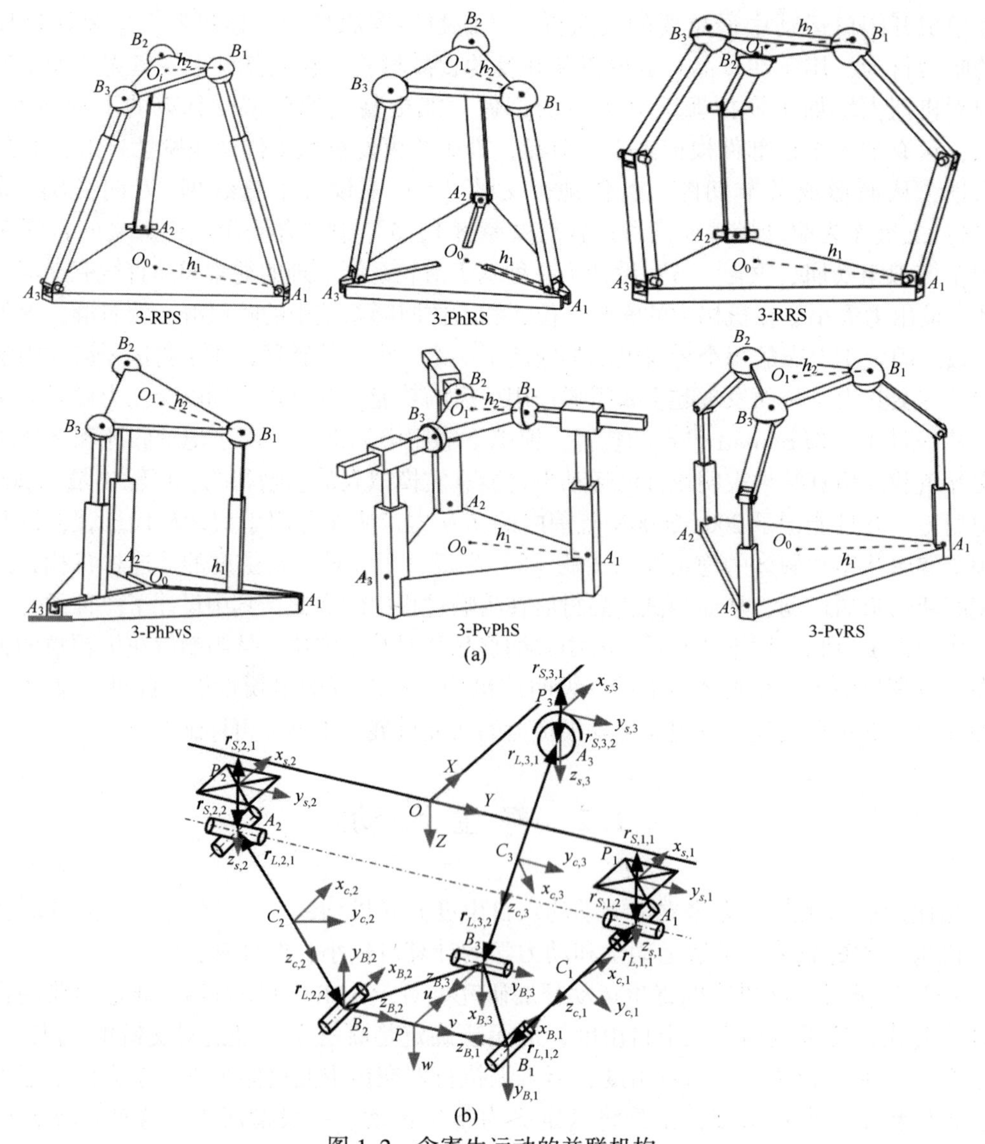

图 1.2 含寄生运动的并联机构

（a）3-[PP]S-Y 系列并联机构[14]；（b）2PUR-PSR 并联机构[13]。

1.3 冗余驱动

冗余驱动是指主动关节数大于机构自由度数。根据文献［15］的总结，一般有两种方式可形成冗余驱动：增加带有主动关节的支链，以及替换被动关节为主动关节。通过近年来发表的文献可以看出，第一种方式使用更多，因为能保持机构支链的对称特性，而第二种方式会给对称性带来一定破坏。冗余驱动能克服复杂的奇异情况，从而进一步提升并联机构的上述优点。因此，自 20 世纪 90 年代起，开始对这类机构在设计、构型、运动学、动力学、运动/力控制、实际应用等方面都开展了广泛研究，并取得了大量成果。文献［15-16］对近年来的研究工作开展了详细的综述，并探索了潜在的应用场景。图 1.3 中是近年来常见的一些冗余驱动并联机构。通过该图可知，这些机构多通

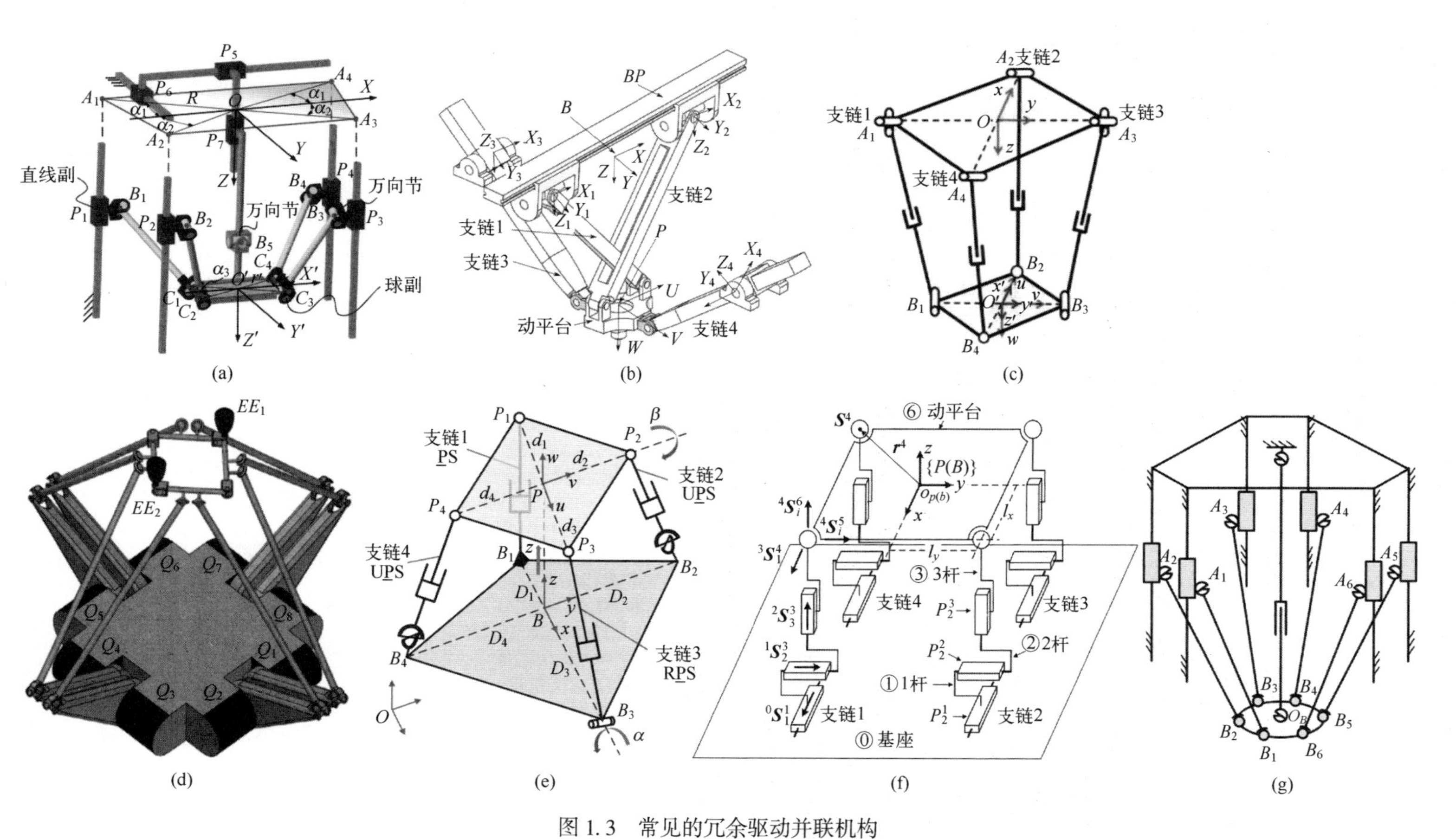

图 1.3 常见的冗余驱动并联机构

（a）4PUS-PPPU 机构[17]；（b）2PUR-2RPU 机构[18]；（c）2UPR+2RPS 机构[19]；（d）8RUS 机构[20]；（e）SP+2SPU+SPR 机构[21]；（f）4-PPPS 机构[22]；（g）6PUS+UPU 机构[23]。

过文献［15］中提出的两种方式构成，在机构构型方面较为简单，且都通过低副构成。

1.4 本书主要内容

在梅西大学设计的RSS并联咀嚼机构的基础上，通过对末端执行器直接施加来自基座的双面约束，形成点接触高副，模拟颞下颌关节的作用。这种约束虽然没有增加运动部件的数目，但却极大地改变了机构类型，增加了理论分析的复杂性和实际运动控制的难度。从文献综述可知，并联机构在构型上的研究主要集中于支链设计，末端执行器受到基座直接约束的情况少见。从目标机构的实用角度出发，本书将从如下几个方面对研究工作开展论述：

（1）机构的运动学分析，包括末端执行器的约束运动、支链运动、运动学逆解、工作空间、真实咀嚼轨迹模拟等。

（2）使用多种常用的动力学方法，建立机构的刚性动力学逆解模型，并且比较不同方法下的数值结果、模型差异、计算速度等特点。

（3）使用线弹性动力学法，建立弹性动力学模型，计算形变大小和自然频率。

（4）使用一种基于矩阵结构法的模型降阶技术，分析机器人的弹性动力学性能，重点分析点接触高副带来的性能影响。

（5）基于分布力矩的运动控制研究和主动关节摩擦力辨识和补偿，完成真实咀嚼轨迹的跟踪，并比较不同控制方法下的运动控制性能。

（6）在本书内容的基础上，展望未来研究工作。

第2章　机构的运动学分析

本章对根据人体咀嚼系统设计的仿人咀嚼并联机构开展运动学分析，作为后续动力学分析和运动控制的基础。首先详细描述设计的机构构型，建立机构的运动学模型，其中，先分析受约束的末端执行器运动情况，得到寄生运动和冗余驱动的机构学本质，再用空间闭环向量法求得运动学逆解、连杆转动广义坐标的函数方程；其次由微分运动方程得到末端执行器、连杆、曲柄等运动件的速度和加速度函数，通过离散搜索算法确定工作空间；最后，通过跟踪口腔健康志愿者的下门牙运动轨迹，对上述运动学模型开展计算，验证其正确性。计算结果表明，设计的机构能较好地模拟人体咀嚼系统真实运动情况。

2.1　机构描述

仿人咀嚼并联机构如图2.1所示。为了能清晰地显示机构中可运动的构件，图中未绘制作为固定基座的上颚。能在三维空间运动的下颚即末端执行器，通过六条运动支链并联地接于基座上。这些支链模拟人体咀嚼系统重要的三对开/闭口肌肉群，即咬肌群、颞肌群、翼肌群。惯性坐标系$\{S\}$固定在基座上，用于描述所有能动构件的运动情况。该坐标系包含水平的X_S-Y_S平面和竖直的Z_S轴。为了定义末端执行器的运动，以其质心O_M为原点设立一坐标系$\{M\}$，在机构的初始位姿，即上下门牙处在互相咬合状态时，两个坐标系$\{S\}$和$\{M\}$的原点和方向都完全重合。质心O_M在$\{S\}$中的坐标用于描述下颚的平动，$\{M\}$在$\{S\}$中的方位通过Bryant角表示。每条支链中，曲柄$\boldsymbol{G}_i\boldsymbol{S}_i(i=1,2,\cdots,6)$通过主体固定在基座的旋转激励器带动，旋转关节中心设在G_i点，连杆$\boldsymbol{S}_i\boldsymbol{M}_i$通过其两端的被动球关节$S_i$和$M_i$分别连接曲柄和末端执行器。旋转激励器和固连于其上的曲柄相对于$\{S\}$的旋转，通过以G_i点为原点的坐标系$\{C_i\}$表示。在$\{C_i\}$系中，X_{C_i}轴由G_i指向S_i，Z_{C_i}轴穿过激励器的驱动轴中心，Y_{C_i}轴通过右手法则完成坐标系建立。坐标系$\{N_i\}$固定在连杆$\boldsymbol{S}_i\boldsymbol{M}_i$的质心$E_i$，用于描述其在惯性坐标系$\{S\}$中的运动。$X_{N_i}$轴由$S_i$指向$M_i$，$Y_{N_i}$轴沿$X_{N_i}$轴和$X_S$轴正向的两个单位向量叉乘积的方向，$Z_{N_i}$轴通过右手法则定义。

两个点接触高副模拟左右颞下颌关节，通过两个固定在末端执行器的髁球①和②，与颞下颌关节的颞骨表面③和④直接接触形成。注意到图2.1只是简单的单面约束示意图，因为制造、磨损、实际运动控制误差等原因，髁球很容易和颞骨表面失去接触，从而改变机构构型。所以，在设计的机构样机中，点接触实现方式如图2.2所示。在基座上设计宽度等于髁球直径的运动槽，髁球在其中滑动。通过这种双面约束设计，能较好地保证机构在运动中髁球不失去和槽表面的接触，保证点接触高副的存在，即基座对末

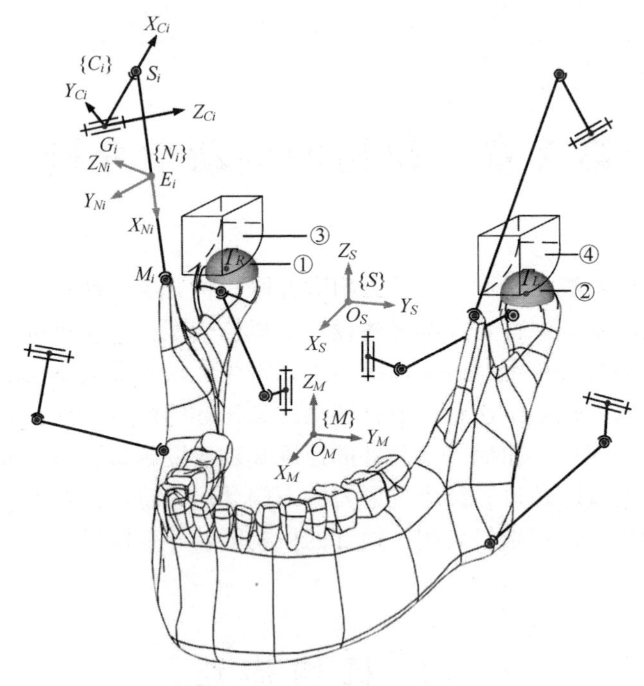

图 2.1　受基座直接约束的仿人咀嚼并联机构示意图

①、②—髁球；③、④—颞下颌关节的颞骨表面。

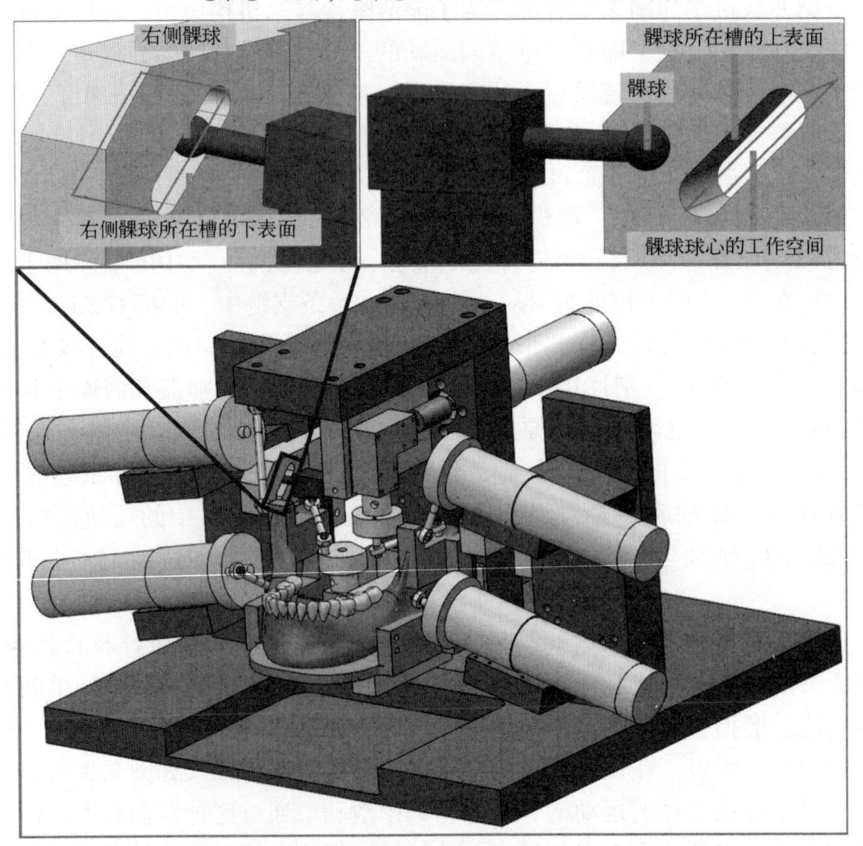

图 2.2　机构的 CAD 模型，右侧点接触高副的放大图及高副的构成零件

端执行器的直接约束始终存在于机构的运动中。髁球球心的运动，就处在槽上下表面往槽内偏移髁球半径距离构成的平面上，如图 2.2 所示四边形线框表示的区域。所以，在机构的运动中，末端执行器既受到六条支链的驱动，还受到来自基座直接的双面约束。实际上，该机构是在文献［1］第 4 章的 6RSS 并联机构基础对末端执行器施加直接的双面约束形成的。图 2.3 给出了样机的主视图及点接触高副相关的机械零件。

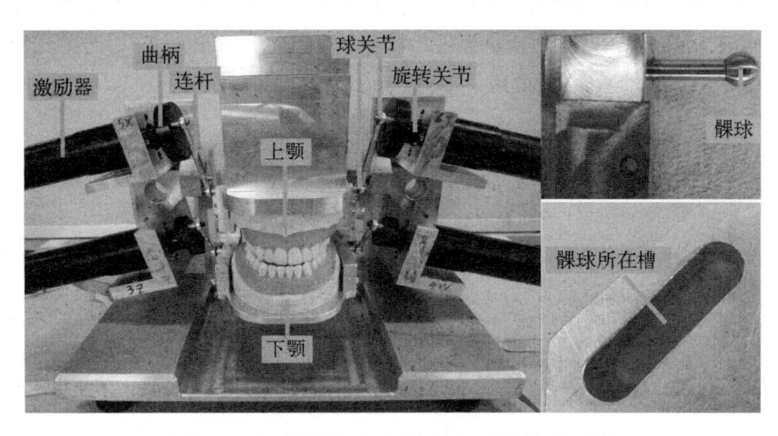

图 2.3　机构样机和点接触高副的构成零件

2.2　机构的运动学

2.2.1　受约束的末端执行器运动

根据 Kutzbach-Grübler 公式[24]，一个刚体机构的自由度数为

$$M = 6(n - j - 1) + \sum_{i=1}^{j} f_i - f_p \tag{2.1}$$

对于研究对象，包括固定基座在内的构件总数为 $n = 14$；包含两个点接触高副在内的关节数为 $j = 3\times6+2 = 20$；f_i是每个关节的自由度，对于旋转关节、球关节、点接触高副，f_i分别等于 1、3、5；每条支链有一个绕连杆轴线旋转的被动自由度，所以总的被动自由度数为 $f_p = 6$。将这些数值代入式（2.1）可得 $M = 4$。但是，该公式不能给出具体是哪四个自由度以及机构是否存在寄生运动。这些重要的运动学基础信息将从下面严格的数学推导中得到。

从人体咀嚼系统解剖学可知，颞下颌关节的颞骨部分一般是一个三次曲面函数，髁球球心的运动轨迹所在曲面也是一个三次曲面。这对推导机构寄生运动形成极大的计算量，不利于后续的动力学建模和实时运动控制。本书为了便于计算，以通过现有的计算资源实现实时控制，将髁球所在槽表面简化为空间一次平面，从而髁球的运动曲面也简化为一次函数。这种简化对研究受基座直接约束的并联机构运动本质没有实质影响。左右髁球球心的运动空间设为

$$\begin{cases}\boldsymbol{n}_H\cdot\boldsymbol{O}_S\boldsymbol{F}_L-p_2=0,p_3\leqslant\boldsymbol{O}_S\boldsymbol{F}_{L(1)}\leqslant p_4,p_5\leqslant\boldsymbol{O}_S\boldsymbol{F}_{L(2)}\leqslant p_6\\ \boldsymbol{n}_H\cdot\boldsymbol{O}_S\boldsymbol{F}_R-p_2=0,p_3\leqslant\boldsymbol{O}_S\boldsymbol{F}_{R(1)}\leqslant p_4,-p_6\leqslant\boldsymbol{O}_S\boldsymbol{F}_{L(2)}\leqslant -p_5\\ \boldsymbol{n}_H=[p_1\quad 0\quad 1]^{\mathrm{T}}\\ p_1=1.1,p_2=13.215,p_3=-27.65,p_4=-14.65,p_5=69,p_6=75\end{cases}\tag{2.2}$$

式中：$\boldsymbol{n}_H$是所在运动平面的法向向量；$F_i(i=L,R)$是平面上任意一点；$\boldsymbol{O}_S\boldsymbol{F}_{i(j)}(j=1,2,3)$是$\boldsymbol{O}_S\boldsymbol{F}_i$的第$j$项；$p_1$是无单位参数；参数$p_2\sim p_6$的单位是mm。

点$T_i(i=L,R)$的坐标在$\{S\}$系中可表示为

$$\boldsymbol{O}_S\boldsymbol{T}_i=\boldsymbol{O}_S\boldsymbol{O}_M+{}^S_M\boldsymbol{R}\cdot{}^M\boldsymbol{O}_M\boldsymbol{T}_i\tag{2.3}$$

式中：$\boldsymbol{O}_S\boldsymbol{O}_M=[X\quad Y\quad Z]^{\mathrm{T}}$表示质心$O_M$在$\{S\}$系中的3×1位置向量，而

$${}^S_M\boldsymbol{R}=\boldsymbol{R}_X(\alpha)\cdot\boldsymbol{R}_Y(\beta)\cdot\boldsymbol{R}_Z(\gamma)\tag{2.4}$$

是从$\{S\}$系到$\{M\}$系的旋转矩阵，而$\boldsymbol{R}_X(\alpha)$、$\boldsymbol{R}_Y(\beta)$、$\boldsymbol{R}_Z(\gamma)$分别是末端执行器关于X_M、Y_M、Z_M轴的旋转矩阵，旋转角分别为三个Bryant角α、β、γ，${}^M\boldsymbol{O}_M\boldsymbol{T}_i$表示点$T_i$在$\{M\}$系中的位置向量，是一个常数向量。本书中约定：若位置向量左上角有上标，则上标表示该向量所在的坐标系；若位置向量在惯性坐标系$\{S\}$中，则为了表达简洁，省略该上标S。

将式（2.3）带入式（2.2）得到几何约束方程为

$$\begin{cases}p_1\cdot(X+{}^S_M\boldsymbol{R}_{(1,:)}\cdot{}^M\boldsymbol{O}_M\boldsymbol{T}_L)+Z+{}^S_M\boldsymbol{R}_{(3,:)}\cdot{}^M\boldsymbol{O}_M\boldsymbol{T}_L-p_2=0\\ p_1\cdot(X+{}^S_M\boldsymbol{R}_{(1,:)}\cdot{}^M\boldsymbol{O}_M\boldsymbol{T}_R)+Z+{}^S_M\boldsymbol{R}_{(3,:)}\cdot{}^M\boldsymbol{O}_M\boldsymbol{T}_R-p_2=0\end{cases}\tag{2.5}$$

式中：${}^S_M\boldsymbol{R}_{(i,:)}(i=1,3)$表示${}^S_M\boldsymbol{R}$的第$i$行。因为向量${}^M\boldsymbol{O}_M\boldsymbol{T}_L$和${}^M\boldsymbol{O}_M\boldsymbol{T}_R$在$\{M\}$系中具有左右对称性，所以将式（2.5）的两个方程分别相加减可得

$$\begin{cases}Z=-p_1X+p_2-(p_1\cdot{}^S_M\boldsymbol{R}_{(1,:)}+{}^S_M\boldsymbol{R}_{(3,:)})\cdot\begin{bmatrix}{}^M\boldsymbol{O}_M\boldsymbol{T}_{L(1)}\\0\\{}^M\boldsymbol{O}_M\boldsymbol{T}_{L(3)}\end{bmatrix}\\ \gamma=-\operatorname{atan}\left(\dfrac{s\alpha}{p_1\mathrm{c}\beta+c\alpha s\beta}\right)\end{cases}\tag{2.6}$$

式中：${}^M\boldsymbol{O}_M\boldsymbol{T}_{L(i)}(i=1,3)$是${}^M\boldsymbol{O}_M\boldsymbol{T}_L$的第$i$项。从该式可见，$Z$和$\gamma$在6$\underline{\text{R}}$SS机构中是两个自由度，但在目标机构中却成为寄生运动变量。所以，目标机构的四个自由度为两个平动自由度X和Y，以及两个转动自由度α和β。将这四个自由度写在一起构成4×1独立向量

$$\boldsymbol{q}_{EE}=[X\quad Y\quad \alpha\quad \beta]^{\mathrm{T}}\tag{2.7}$$

该向量也构成了目标机构的任务空间。因为存在两个寄生运动变量，所以同时需要式（2.6）和式（2.7），才能准确表示机构在某个瞬时的空间位姿。换句话说，受到基座直接约束后，目标机构仍能在六维空间运动。为便于后续分析，将机构的四个自由度和两个寄生运动变量写在一起，记作一个6×1向量：

$$\boldsymbol{X}_{EE}=[X\quad Y\quad Z\quad \alpha\quad \beta\quad \gamma]^{\mathrm{T}}\tag{2.8}$$

从上述对基座带来的几何约束关系推导中，可准确地弄清机构的自由度和寄生运动情况。同时，机构具有六个驱动，这就产生了冗余驱动。从寄生运动和冗余驱动两个方

面，可以对文献中常见的并联机构和本书的目标机构做两方面有趣的对比。首先，一般情况下，寄生运动存在于支链数少于六条的三维少自由度并联机构中，且产生的原因来自支链的约束[14,25]。其次，如文献［26］所述，少自由度并联机构具有工作空间大、成本低、控制简单的优点。形成鲜明对比的是，目标机构的寄生运动来自于基座对末端执行器的直接约束，且上述优点都不存在于目标机构中。相反地，对比文献［1］第一章的 6RSS 机构，目标机构的工作空间更小；由于机构有点接触高副相关的机械零件，因此设计上的经济成本更高；直觉上，因为寄生运动和冗余驱动同时存在，所以它的控制方案也会相较 6RSS 机构更复杂。另外，产生冗余驱动的原因在于，基座的直接约束将两个自由度转化为寄生运动，但驱动总数没有变，所以，形成冗余驱动的情况也和文献［15］总结的两种主要方式不同：既没有引入和已有支链相同的支链，也没有驱动已有支链中的若干被动关节。也就是说，不是通过增加驱动，而是通过引入约束减小自由度数，从而形成冗余驱动。

综上可以看出，对于寄生运动和冗余驱动的研究主要集中在并联机构的支链上。对比之下，这两个特征之所以出现在目标机构中，是因为基座对末端执行器的直接约束。为便于了解目标机构的特点，从机构学角度将其和 6RSS 机构进行对比，如表 2.1 所示。

表 2.1　目标机构和 6RSS 机构的对比

	目标机构	6RSS 机构
自由度数	4	6
高副数	2	0
寄生运动变量	Z 和 γ	无
冗余驱动度	2	0

最后，从式（2.6）中还可以注意到，尽管髁球球心的工作空间简化为了式（2.2）表示的平面，寄生运动变量仍然明显地存在耦合性强和非线性大的特点。特别地，Z 是通过旋转和平动自由度耦合得到的，γ 仅由旋转自由度耦合得到，但有反三角函数，这两者会形成较大计算量。

确定了机构的自由度和寄生运动后，就能准确推导末端执行器的速度和加速度。它的角速度为

$$\boldsymbol{\omega}_{EE}=\boldsymbol{M}_{0b}\cdot\dot{\boldsymbol{q}}_{EE} \tag{2.9}$$

式中：

$$\begin{cases}\boldsymbol{M}_{0b}=\boldsymbol{M}_{0a}\cdot\boldsymbol{M}_{J}\\ \boldsymbol{M}_{0a}=[\boldsymbol{0}_3\quad \boldsymbol{R}_{\omega}]\\ \boldsymbol{R}_{\omega}=\begin{bmatrix}1 & 0 & s\beta\\ 0 & c\alpha & -s\alpha c\beta\\ 0 & s\alpha & -c\alpha c\beta\end{bmatrix}\end{cases} \tag{2.10}$$

其中 $\boldsymbol{0}_3$ 是 3×3 的零矩阵，$\boldsymbol{M}_J$ 是将 $\dot{\boldsymbol{q}}_{EE}$ 映射到 $\dot{\boldsymbol{X}}_{EE}$ 维度为 6×4 的 Jacobian 矩阵：

$$\begin{cases}\dot{\boldsymbol{X}}_{EE}=\boldsymbol{M}_J\cdot\dot{\boldsymbol{q}}_{EE}\\ \boldsymbol{M}_J=\text{Jacobian}(\boldsymbol{X}_{EE},\boldsymbol{q}_{EE})\end{cases}\tag{2.11}$$

同时，$\boldsymbol{X}_{EE}$的二阶导可以表示为

$$\ddot{\boldsymbol{X}}_{EE}=\dot{\boldsymbol{M}}_J\cdot\dot{\boldsymbol{q}}_{EE}+\boldsymbol{M}_J\cdot\ddot{\boldsymbol{q}}_{EE}\tag{2.12}$$

式（2.11）和式（2.12）清晰地给出了寄生运动和自由度坐标的一、二阶导数约束关系。由式（2.9）可得末端执行器的角加速度为

$$\dot{\boldsymbol{\omega}}_{EE}=\dot{\boldsymbol{M}}_{0b}\cdot\dot{\boldsymbol{q}}_{EE}+\boldsymbol{M}_{0b}\cdot\ddot{\boldsymbol{q}}_{EE}\tag{2.13}$$

末端执行器质心的线速度为

$$\boldsymbol{V}_{O_M}=\boldsymbol{M}_{1b}\cdot\dot{\boldsymbol{q}}_{EE}\tag{2.14}$$

式中：

$$\begin{cases}\boldsymbol{M}_{1b}=\boldsymbol{M}_{1a}\cdot\boldsymbol{M}_J\\ \boldsymbol{M}_{1a}=[\boldsymbol{E}_3\quad\boldsymbol{0}_3]\end{cases}\tag{2.15}$$

且$\boldsymbol{E}_3$是 3×3 的单位矩阵。末端执行器质心的线加速度为

$$\dot{\boldsymbol{V}}_{O_M}=\dot{\boldsymbol{M}}_{1b}\cdot\dot{\boldsymbol{q}}_{EE}+\boldsymbol{M}_{1b}\cdot\ddot{\boldsymbol{q}}_{EE}\tag{2.16}$$

2.2.2　第 *i* 条支链的运动

支链的运动可由闭环几何约束推导，如图 2.1 所示，第 i 条支链中存在如下几何约束：

$$\boldsymbol{G}_i\boldsymbol{M}_i=\boldsymbol{G}_i\boldsymbol{O}_S+\boldsymbol{O}_S\boldsymbol{O}_M+\boldsymbol{O}_M\boldsymbol{M}_i\tag{2.17}$$

$$\boldsymbol{S}_i\boldsymbol{M}_i=\boldsymbol{G}_i\boldsymbol{M}_i-\boldsymbol{G}_i\boldsymbol{S}_i\tag{2.18}$$

对式（2.18）两边求取各自范数的平方，并重组结果可得

$$\boldsymbol{G}_i\boldsymbol{M}_i^{\mathrm{T}}\cdot\boldsymbol{G}_i\boldsymbol{S}_i=\frac{\|\boldsymbol{S}_i\boldsymbol{M}_i\|^2-\|\boldsymbol{G}_i\boldsymbol{M}_i\|^2-\|\boldsymbol{G}_i\boldsymbol{S}_i\|^2}{-2}\tag{2.19}$$

式中：$\|\boldsymbol{G}_i\boldsymbol{S}_i\|$和$\|\boldsymbol{S}_i\boldsymbol{M}_i\|$分别为曲柄$\boldsymbol{G}_i\boldsymbol{S}_i$和连杆$\boldsymbol{S}_i\boldsymbol{M}_i$的长度。表 2.2 给出了机构所有曲柄和连杆长度。

表 2.2　每条支链中曲柄和连杆的长度（单位：mm）

支链	1	2	3	4	5	6
$\|\boldsymbol{G}_i\boldsymbol{S}_i\|$	10	10	15	15	15	15
$\|\boldsymbol{S}_i\boldsymbol{M}_i\|$	33.9	33.9	33	33	52.35	52.35

在$\{S\}$系中，$\boldsymbol{G}_i\boldsymbol{S}_i$可以表示为

$$\boldsymbol{G}_i\boldsymbol{S}_i={}^{S}_{C_i}\boldsymbol{R}\cdot{}^{C_i}\boldsymbol{G}_i\boldsymbol{S}_i\tag{2.20}$$

式中：${}^{S}_{C_i}\boldsymbol{R}$ 是从$\{S\}$系到$\{C_i\}$系的旋转变换矩阵；${}^{C_i}\boldsymbol{G}_i\boldsymbol{S}_i=[\ \|\boldsymbol{G}_i\boldsymbol{S}_i\|\quad\boldsymbol{0}_{1\times2}]^{\mathrm{T}}$ 表示曲柄$\boldsymbol{G}_i\boldsymbol{S}_i$在$\{C_i\}$系中的 3×1 位置向量。${}^{S}_{C_i}\boldsymbol{R}$ 可进一步计算为

$${}^{S}_{C_i}\boldsymbol{R}={}^{S}_{C_{i0}}\boldsymbol{R}\cdot\boldsymbol{R}_Z(\theta_i)\tag{2.21}$$

其中：${}^{S}_{C_{i0}}\boldsymbol{R}$ 是机构在初始时刻$\{S\}$系到$\{C_i\}$系的旋转变换矩阵；$\boldsymbol{R}_Z(\theta_i)$是关于$Z_{C_i}$轴的旋

转变换矩阵，且转角为 θ_i。将式（2.17）、式（2.20）、式（2.21）代入式（2.19）可得

$$\theta_i = \operatorname{atan2}(f_i, e_i) \pm \operatorname{atan2}(\sqrt{e_i^2+f_i^2-r_i^2}, r_i) \tag{2.22}$$

式中：

$$\begin{cases} e_i = {}^{S}_{C_{i0}}\boldsymbol{R}_{(:,1)} \cdot \boldsymbol{G}_i\boldsymbol{M}_i \\ f_i = {}^{S}_{C_{i0}}\boldsymbol{R}_{(:,2)} \cdot \boldsymbol{G}_i\boldsymbol{M}_i \\ r_i = \dfrac{\|\boldsymbol{S}_i\boldsymbol{M}_i\|^2 - \|\boldsymbol{G}_i\boldsymbol{S}_i\|^2 - \|\boldsymbol{G}_i\boldsymbol{M}_i\|^2}{-2\|\boldsymbol{G}_i\boldsymbol{S}_i\|} \end{cases} \tag{2.23}$$

从式（2.23）可知，每个主动关节有两个解，所以对应末端执行器的某个空间位姿，就有 $2^6=64$ 种可能解。实际上，在机构的初始位姿，即上下颚处在咬合状态时，机构没有任何运动，所有主动关节的转角都为零，即当 $\boldsymbol{q}_{EE}=\boldsymbol{0}_{4\times1}$ 时，$\theta_i=0$。将该初始条件代入式（2.23）可得

$$\begin{cases} \theta_i = \operatorname{atan2}(f_i, e_i) + \operatorname{atan2}(\sqrt{e_i^2+f_i^2-r_i^2}, r_i), (i=1,2,4,5) \\ \theta_i = \operatorname{atan2}(f_i, e_i) - \operatorname{atan2}(\sqrt{e_i^2+f_i^2-r_i^2}, r_i), (i=3,6) \end{cases} \tag{2.24}$$

这样就求取了主动关节的角位移函数，即机构的运动学逆解：给定末端执行器的位姿，求解所需的主动关节位移。

为开展后续的刚性动力学分析，还需求得连杆 $\boldsymbol{S}_i\boldsymbol{M}_i(i=1,2,\cdots,6)$ 的运动情况。由于其两端 S_i 和 M_i 都是球关节，因此连杆能绕轴线转动，但是该转动是被动自由度。又因机构设计中使用的球关节使其转动范围很小，所以该转动忽略不计，只用两个欧拉角 β_i 和 γ_i 分别表示绕 Y_{N_i} 轴和 Z_{N_i} 轴的转动角度，相应的旋转矩阵分别记作 $\boldsymbol{R}_Y(\beta_i)$ 和 $\boldsymbol{R}_Z(\gamma_i)$。这样，在 $\{S\}$ 系中，连杆的空间坐标为

$$\boldsymbol{S}_i\boldsymbol{M}_i = {}^{S}_{N_{i0}}\boldsymbol{R} \cdot \boldsymbol{R}_Y(\beta_i) \cdot \boldsymbol{R}_Z(\gamma_i) \cdot \begin{bmatrix} \|\boldsymbol{S}_i\boldsymbol{M}_i\| \\ \boldsymbol{0}_{2\times1} \end{bmatrix} \tag{2.25}$$

式中：${}^{S}_{N_{i0}}\boldsymbol{R}$ 是机构在初始时刻 $\{N_i\}$ 系在 $\{S\}$ 系中的方位矩阵。根据式（2.17），式（2.18）还可以写为

$$\boldsymbol{S}_i\boldsymbol{M}_i = \boldsymbol{O}_S\boldsymbol{O}_M + \boldsymbol{O}_M\boldsymbol{M}_i - \boldsymbol{O}_S\boldsymbol{G}_i - \boldsymbol{G}_i\boldsymbol{S}_i \tag{2.26}$$

式中：$\boldsymbol{O}_M\boldsymbol{M}_i = {}^{S}_{M}\boldsymbol{R} \cdot {}^{M}\boldsymbol{O}_M\boldsymbol{M}_i$，且 ${}^{M}\boldsymbol{O}_M\boldsymbol{M}_i$ 是 M_i 在 $\{M\}$ 系中的位置向量；$\boldsymbol{O}_S\boldsymbol{G}_i$ 是 G_i 在 $\{S\}$ 系中的位置向量，因为 G_i 是固定点，所以这是一个常数向量；$\boldsymbol{G}_i\boldsymbol{S}_i$ 已经在式（2.20）中给出。将式（2.20）和（2.25）代入式（2.26）可得

$$\beta_i = -\operatorname{atan}\left(\frac{n_{i3}}{n_{i1}}\right), \quad \gamma_i = \operatorname{asin}(n_{i2}) \tag{2.27}$$

式中：

$$\begin{bmatrix} n_{i1} \\ n_{i2} \\ n_{i3} \end{bmatrix} = {}^{S}_{N_{i0}}\boldsymbol{R}^{-1} \cdot \frac{\boldsymbol{S}_i\boldsymbol{M}_i}{\|\boldsymbol{S}_i\boldsymbol{M}_i\|} \tag{2.28}$$

为方便表达，定义一个 3×1 向量 $\boldsymbol{q}_{r_i} = [\theta_i \quad \beta_i \quad \gamma_i]^{\mathrm{T}}$ 用于描述第 i 条支链的位姿。显然，

通过式（2.28）和式（2.24）可知，$\boldsymbol{q}_{r_i}$是$\boldsymbol{q}_{EE}$的函数，可简记为$\boldsymbol{q}_{r_i}=\boldsymbol{q}_{r_i}(\boldsymbol{q}_{EE})$。

为推导$\boldsymbol{q}_{r_i}$和$\boldsymbol{q}_{EE}$对时间一阶导函数之间的数学关系，将式（2.26）改写为

$$\boldsymbol{O}_S\boldsymbol{G}_i+\boldsymbol{G}_i\boldsymbol{S}_i+\boldsymbol{S}_i\boldsymbol{M}_i=\boldsymbol{O}_S\boldsymbol{O}_M+\boldsymbol{O}_M\boldsymbol{M}_i \tag{2.29}$$

显然该式两边分别是$\boldsymbol{q}_{r_i}$和$\boldsymbol{q}_{EE}$的函数。对时间求导得

$$\boldsymbol{M}_{1i}\cdot\dot{\boldsymbol{q}}_{r_i}=\boldsymbol{M}_{2i}\cdot\dot{\boldsymbol{q}}_{EE} \tag{2.30}$$

式中：

$$\begin{cases}\boldsymbol{M}_{1i}=\text{Jacobian}(\boldsymbol{O}_S\boldsymbol{G}_i+\boldsymbol{G}_i\boldsymbol{S}_i+\boldsymbol{S}_i\boldsymbol{M}_i,\boldsymbol{q}_{r_i})\\ \boldsymbol{M}_{2i}=\text{Jacobian}(\boldsymbol{O}_S\boldsymbol{O}_M+\boldsymbol{O}_M\boldsymbol{M}_i,\boldsymbol{q}_{EE})\end{cases} \tag{2.31}$$

进一步可得

$$\dot{\boldsymbol{q}}_{r_i}=\boldsymbol{M}_{3i}\cdot\dot{\boldsymbol{q}}_{EE} \tag{2.32}$$

式中：$\boldsymbol{M}_{3i}=\boldsymbol{M}_{1i}^{-1}\cdot\boldsymbol{M}_{2i}$。至此，得到目标机构一个非常重要的矩阵，即表示主动关节和自由度广义坐标一阶导之间的速度 Jacobian 矩阵：

$$\begin{cases}\boldsymbol{J}_\theta=\text{Jacobian}(\boldsymbol{\theta},\boldsymbol{q}_{EE})\\ \dot{\boldsymbol{\theta}}=\boldsymbol{J}_\theta\cdot\dot{\boldsymbol{q}}_{EE}\end{cases} \tag{2.33}$$

由$\boldsymbol{\theta}$和$\boldsymbol{q}_{EE}$的维度大小可知，$\boldsymbol{J}_\theta$的维度为6×4。通过$\boldsymbol{q}_{r_i}$的定义及式（2.32），可得

$$\boldsymbol{J}_\theta=\begin{bmatrix}\boldsymbol{M}_{31(1,:)}\\ \boldsymbol{M}_{32(1,:)}\\ \vdots\\ \boldsymbol{M}_{36(1,:)}\end{bmatrix} \tag{2.34}$$

式中：$\boldsymbol{M}_{3i(1,:)}(i=1,2,\cdots,6)$表示$\boldsymbol{M}_{3i}$的第一行。对式（2.32）再求一次时间导数可得支链广义坐标的加速度为

$$\ddot{\boldsymbol{q}}_{r_i}=\boldsymbol{M}_{3i}\cdot\ddot{\boldsymbol{q}}_{EE}+\dot{\boldsymbol{M}}_{3i}\cdot\dot{\boldsymbol{q}}_{EE} \tag{2.35}$$

另外，连杆$\boldsymbol{S}_i\boldsymbol{M}_i$的角速度为

$$\boldsymbol{\omega}_{S_iM_i}={}_{N_{i0}}^{S}\boldsymbol{R}\cdot\boldsymbol{R}_{N_i}\cdot\dot{\boldsymbol{q}}_{r_i} \tag{2.36}$$

式中：

$$\boldsymbol{R}_{N_i}=\begin{bmatrix}0&0&\mathrm{s}\beta_i\\0&1&0\\0&0&\mathrm{c}\beta_i\end{bmatrix}$$

将式（2.32）代入式（2.36）可得

$$\boldsymbol{\omega}_{S_iM_i}={}_{N_{i0}}^{S}\boldsymbol{R}\cdot\boldsymbol{R}_{N_i}\cdot\boldsymbol{M}_{3i}\cdot\dot{\boldsymbol{q}}_{EE} \tag{2.37}$$

可求得角加速度为

$$\dot{\boldsymbol{\omega}}_{S_iM_i}={}_{N_{i0}}^{S}\boldsymbol{R}\cdot(\dot{\boldsymbol{R}}_{N_i}\cdot\dot{\boldsymbol{q}}_{r_i}+\boldsymbol{R}_{N_i}\cdot\ddot{\boldsymbol{q}}_{r_i}) \tag{2.38}$$

将式（2.32）和式（2.35）代入式（2.38），可得用末端执行器独立广义坐标表示的角加速度为

$$\dot{\boldsymbol{\omega}}_{S_iM_i}={}_{N_{i0}}^{S}\boldsymbol{R}\cdot((\dot{\boldsymbol{R}}_{N_i}\cdot\boldsymbol{M}_{3i}+\boldsymbol{R}_{N_i}\cdot\dot{\boldsymbol{M}}_{3i})\cdot\dot{\boldsymbol{q}}_{EE}+\boldsymbol{R}_{N_i}\cdot\boldsymbol{M}_{3i}\cdot\ddot{\boldsymbol{q}}_{EE}) \tag{2.39}$$

连杆$\boldsymbol{S}_i\boldsymbol{M}_i$的质心$E_i$在$\{S\}$系中的坐标向量为

$$\boldsymbol{O}_S\boldsymbol{E}_i=\boldsymbol{O}_S\boldsymbol{G}_i+\boldsymbol{G}_i\boldsymbol{S}_i+\boldsymbol{S}_i\boldsymbol{E}_i \tag{2.40}$$

对该式分别求一阶和二阶的时间导数，可得连杆的平动速度和加速度分别为

$$\begin{cases}\boldsymbol{V}_{E_i}=\boldsymbol{J}_{E_i}\cdot\dot{\boldsymbol{q}}_{r_i}\\ \dot{\boldsymbol{V}}_{E_i}=\dot{\boldsymbol{J}}_{E_i}\cdot\dot{\boldsymbol{q}}_{r_i}+\boldsymbol{J}_{E_i}\cdot\ddot{\boldsymbol{q}}_{r_i}\end{cases} \tag{2.41}$$

式中：$\boldsymbol{J}_{E_i}=\text{Jacobian}(\boldsymbol{O}_S\boldsymbol{E}_i,\boldsymbol{q}_{r_i})$。将式（2.32）和式（2.35）代入式（2.41），可得用独立广义坐标表示的连杆 $\boldsymbol{S}_i\boldsymbol{M}_i$ 平动速度和加速度为

$$\begin{cases}\boldsymbol{V}_{E_i}=\boldsymbol{J}_{E_i}\cdot\boldsymbol{M}_{3i}\cdot\dot{\boldsymbol{q}}_{EE}\\ \dot{\boldsymbol{V}}_{E_i}=(\dot{\boldsymbol{J}}_{E_i}\cdot\boldsymbol{M}_{3i}+\boldsymbol{J}_{E_i}\cdot\dot{\boldsymbol{M}}_{3i})\cdot\dot{\boldsymbol{q}}_{EE}+\boldsymbol{J}_{E_i}\cdot\boldsymbol{M}_{3i}\cdot\ddot{\boldsymbol{q}}_{EE}\end{cases} \tag{2.42}$$

通过上述推导过程，目标机构中所有刚体的平动和转动运动都可通过 $\boldsymbol{q}_{EE}$、$\dot{\boldsymbol{q}}_{EE}$、$\ddot{\boldsymbol{q}}_{EE}$ 直接表达。这些都是后续动力学逆解建模所需的基础元素。同时，在文献［1］中，已经推导了 6$\underline{\text{R}}$SS 并联机构的运动学逆解。通过对比可以发现，通过高副约束模拟人体咀嚼系统中至关重要的颞下颌关节，增加了仿生设计的真实度，使目标机构类人特性更显著，但也极大地增加了建模的难度。由于有了更多和人体咀嚼系统类似之处，因此可以预见，该机构能更逼真地模拟人的咀嚼行为，更好地反映食品材质的咀嚼特性，甚至借助该机构能更准确地探索人体咀嚼系统生物力学特性，从而扩展使用范围。

2.2.3　工作空间分析

工作空间表示机构可以到达的运动范围，是定义机构性能的一个重要指标。本节使用经典的搜索算法确定机构的工作空间。需要考虑的物理约束有：

（1）末端执行器在髁球处受到来自基座的直接约束，形成点接触高副，受到的约束为式（2.2）和式（2.6）。

（2）每条支链两端球关节处，连接螺钉都有一定的运动范围。在设计的样机中，根据所用螺钉、球关节、连杆尺寸，球关节的最大和最小转动角如图 2.4 所示。

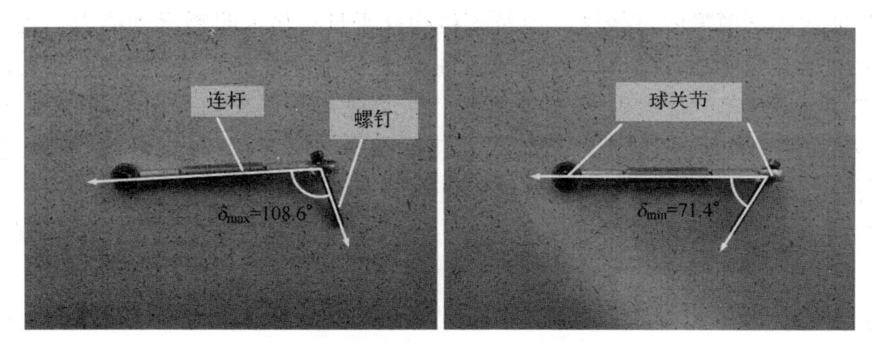

图 2.4　球关节的转动范围

（3）连杆间的干涉需要避免。任意两条连杆 $\boldsymbol{S}_i\boldsymbol{M}_i$ 和 $\boldsymbol{S}_j\boldsymbol{M}_j(i,j=1,2,\cdots,6)$ 之间的干涉的确定如图 2.5 所示，其中，D_{ij} 是连杆之间的距离，$D=4.7\text{mm}$ 是每条连杆的直径。

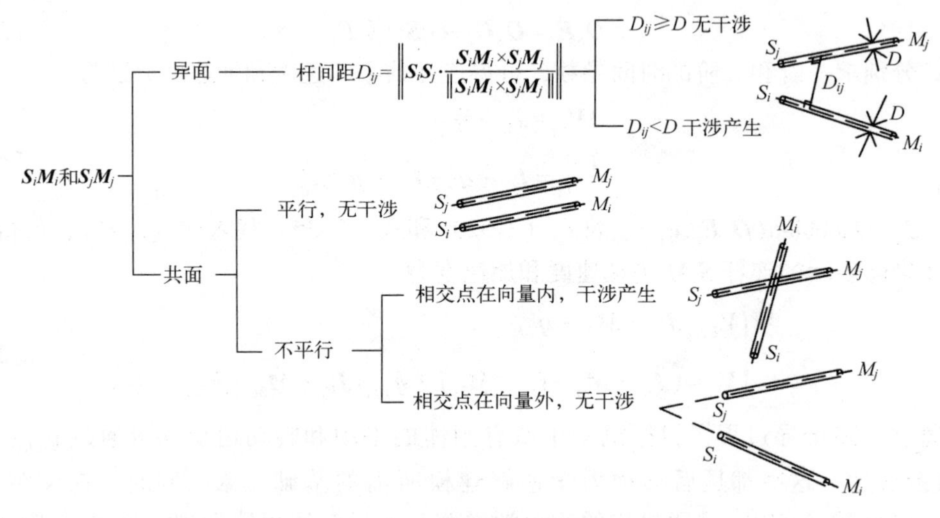

图 2.5　确定连杆干涉情况

（4）受到固定上颚的限制，末端执行器不能向上翻，所以有$\beta \geq 0°$。

考虑上述所有约束，设计了如图 2.6 所示的离散搜索算法。每个自由度的搜索步长为

$$\Delta X = 1\text{mm}, \Delta Y = 1\text{mm}, \Delta\alpha = 1°, \Delta\beta = 1°$$

通过上述算法获得每个自由度范围为

$$-3\text{mm} \leq X \leq 15\text{mm}, -3\text{mm} \leq Y \leq 3\text{mm}, -8° \leq \alpha \leq 8°, 0° \leq \beta \leq 30°$$

机构有四个自由度，无法通过三维图像直接展示范围。在三维空间中下门牙最上端点P_I的可达运动范围如图 2.7（a）所示；图 2.7（b）是 1∶1 大小的 Posselt 包络模型，该模型是衡量下门牙最大运动范围的重要标准。可以发现二者在大小和形状上有较好的相似度。为做进一步的对比，文献［1］中 6<u>R</u>SS 机构下门牙的可达运动范围如图 2.7（c）所示。所以，从下门牙运动空间的角度看，引入高副约束后，机构的工作空间和人咀嚼系统更接近，证明了机构设计的正确性。

为验证运动学模型的有效性，以及该机构是否具有仿人咀嚼运动能力，用目标机构再现口腔健康志愿者的一条下门牙运动轨迹，持续时间为 10s。咀嚼轨迹采集设备和方法在文献［1］的第 6 章中做了详尽阐述。不同视角下的轨迹图线如图 2.8 所示，沿$\{S\}$系坐标轴的位移轨迹如图 2.9 所示，其中，P_{IX}、P_{IY}、P_{IZ}是点P_I在$\{S\}$系坐标轴上的三个分量。从这两幅图中可以发现该轨迹有如下几个特点：

（1）在X_S-Z_S平面内，轨迹几乎显示为一条直线，即几乎积聚在一个垂直于X_S-Z_S的平面上。

（2）在第 1 秒中，$\{S\}$系三轴上坐标值几乎保持不变，表示该时间段内下颚基本处在静止状态。

（3）从沿着Y_S轴的坐标值看，下门牙主要在机构对称面右侧的范围内运动。

（4）从最后一幅子图可以看出，该轨迹一共经历了 17 次开闭口。

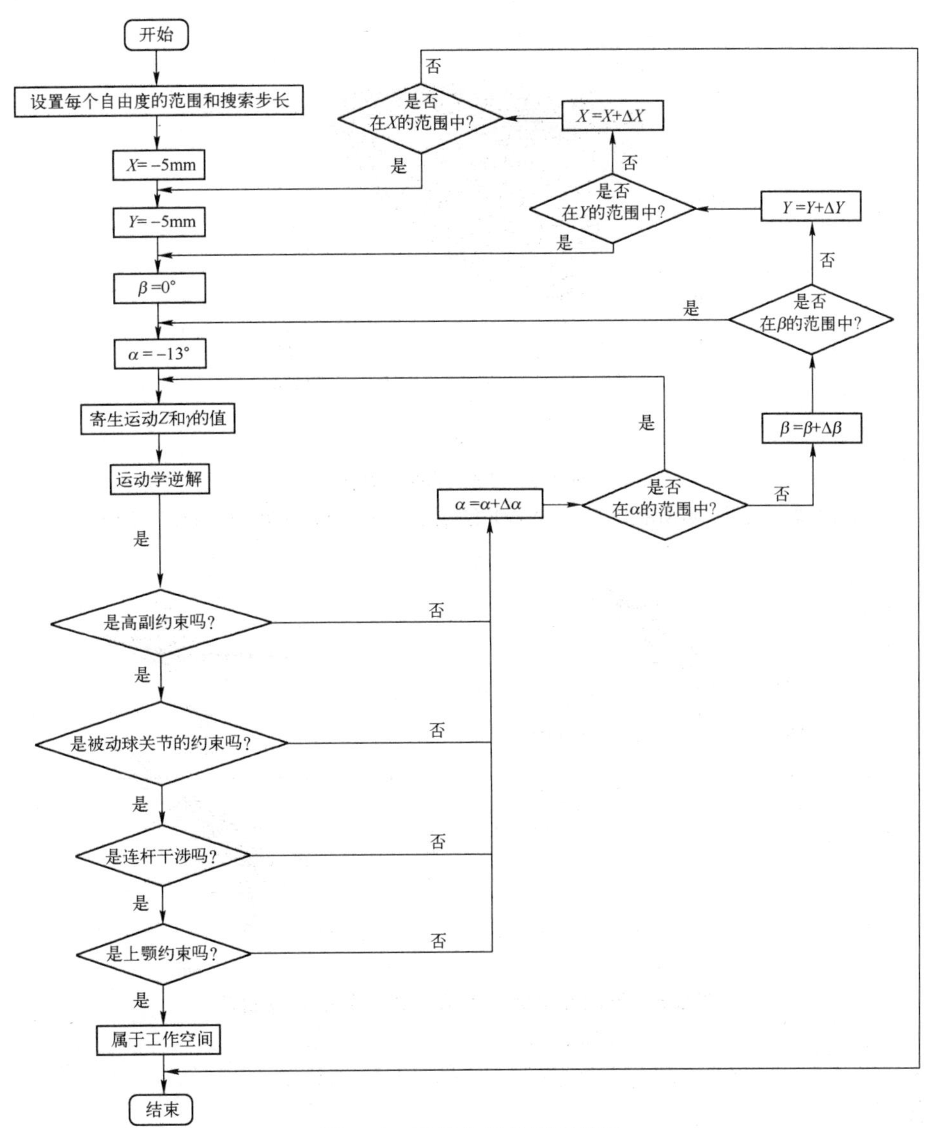

图 2.6　工作空间的搜索算法

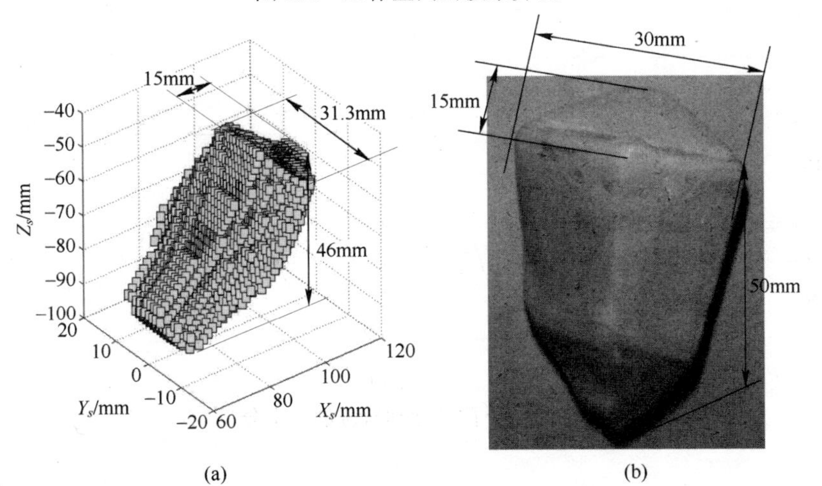

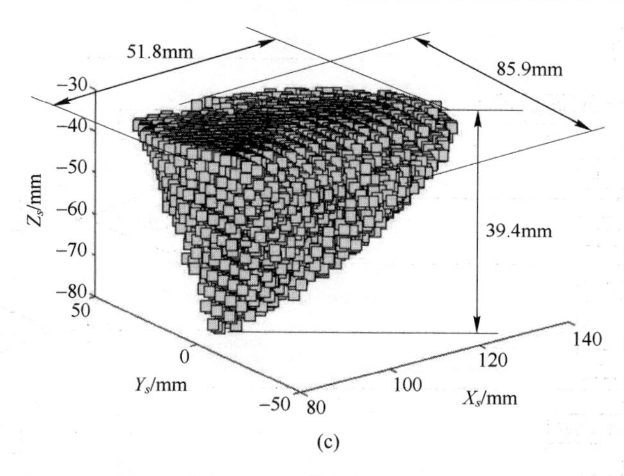

(c)

图 2.7　工作空间及对比

（a）目标机构下门牙的运动范围；（b）Posselt 包络模型；（c）6RSS 咀嚼机构的下门牙运动范围。

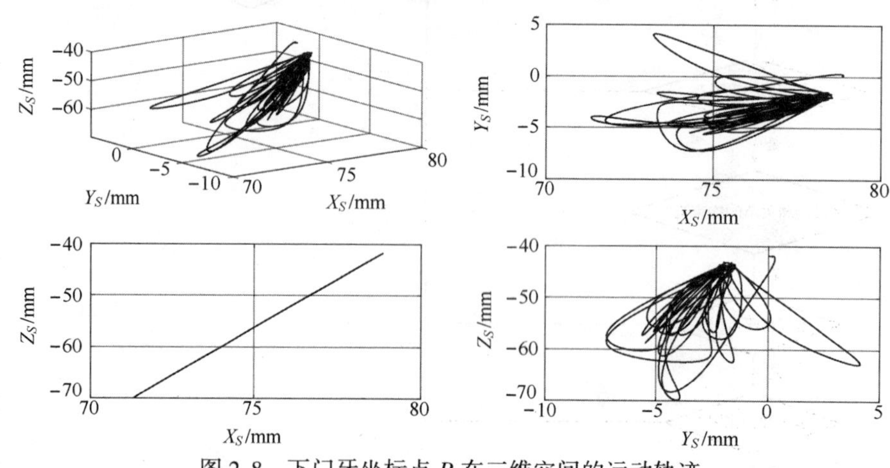

图 2.8　下门牙坐标点 P_I 在三维空间的运动轨迹

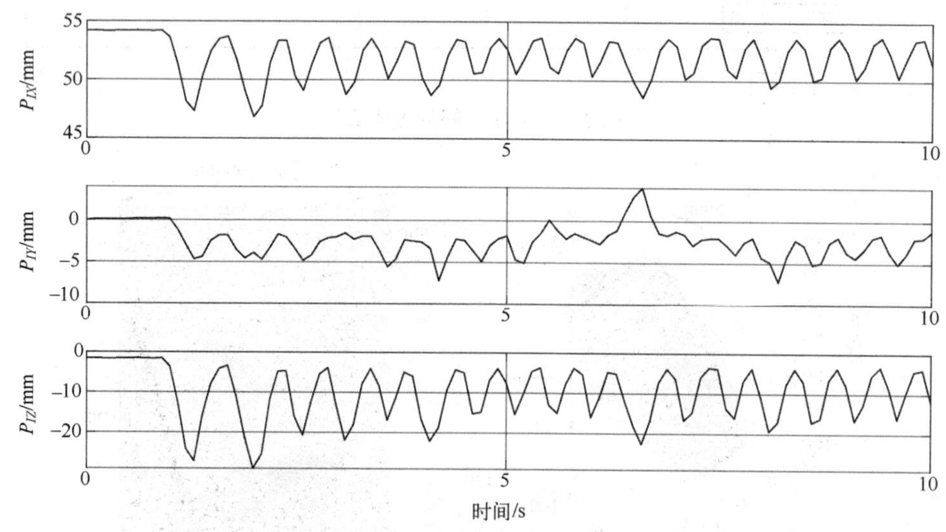

图 2.9　下门牙运动轨迹的三个分量

2.2.4　轨迹跟踪

在用该机构跟踪这条轨迹时，只能形成沿着{S}系三个坐标轴方向上的标量方程。但是机构有四个自由度，所以完成该轨迹跟踪任务具有运动冗余，可用一个多余的自由度对运动学性能开展优化。为避免较大计算量，一个简单的优化目标可设置为跟踪误差二范数的最小化，需要满足包括激励器的最大输出速度、运动学逆解、工作空间等在内的物理约束。所以优化问题可设置为

$$\begin{cases}\text{目标}:\min\ \| \boldsymbol{O}_S\boldsymbol{O}_M+{}_M^S\boldsymbol{R}\cdot{}^M\boldsymbol{O}_M\boldsymbol{P}_I-\boldsymbol{O}_S\boldsymbol{P}_I \| \\ \text{约束}\begin{cases}|\dot{\theta}_i|\leqslant\dot{\theta}_{\max}(i=1,2,\cdots,6)\\ \text{运动学逆解的等式约束}\\ \boldsymbol{q}_{EE}\text{在工作空间中}\end{cases}\\ \text{变量}:\boldsymbol{q}_{EE}\end{cases}\tag{2.43}$$

式中：${}^M\boldsymbol{O}_M\boldsymbol{P}_I=[97.65\quad 0\quad -51.31]^{\mathrm{T}}$ 是点 P_I 在{M}系中的固定位置向量；$\boldsymbol{O}_S\boldsymbol{P}_I$ 是在{S}系中要跟踪轨迹的位置向量；$\dot{\theta}_{\max}=8050\mathrm{r/min}$ 是样机中激励器的最大输出转动速度。

上述优化问题中只有一个优化目标和若干个非线性约束，采用序列二次规划算法进行优化。该算法具有收敛性好、计算速度快的特点，特别适合解决如下结构的优化问题：

$$\begin{cases}\text{目标 }\min:f(\boldsymbol{x})\\ \text{约束}\begin{cases}c(\boldsymbol{x})\leqslant\boldsymbol{0}\\ ceq(\boldsymbol{x})=\boldsymbol{0}\\ \boldsymbol{A}_{in}\cdot\boldsymbol{x}\leqslant\boldsymbol{b}_{in}\\ \boldsymbol{A}_{eq}\cdot\boldsymbol{x}=\boldsymbol{b}_{eq}\\ \boldsymbol{b}_l\leqslant\boldsymbol{x}\leqslant\boldsymbol{b}_u\end{cases}\end{cases}\tag{2.44}$$

式中：$\boldsymbol{x}$ 是 n 个未知设计变量构成的 $n\times1$ 向量；$f(\boldsymbol{x})$ 是目标函数；$c(\boldsymbol{x})$ 和 $\mathrm{ceq}(\boldsymbol{x})=\boldsymbol{0}$ 分别是非线性的等式和不等式约束方程；$\boldsymbol{A}_{in}\cdot\boldsymbol{x}\leqslant\boldsymbol{b}_{in}$ 和 $\boldsymbol{A}_{eq}\cdot\boldsymbol{x}=\boldsymbol{b}_{eq}$ 分别是线性的不等式和等式约束方程；$\boldsymbol{b}_l$ 和 $\boldsymbol{b}_u$ 分别是未知变量的下极限值和上极限值。

通过计算，机构的六维运动如图 2.10 所示，T 和 R 分别表示平动和转动变量。从最上方两幅子图可以看出，机构在第 1 秒内几乎保持不动，之后开始进行近似周期性的咀嚼运动，一个开闭口周期约为 0.5s。沿着 Z_S 轴的平动比另外两轴的平动幅度要大得多，绕 Y_M 轴的转动幅度也比另外两轴的幅度要大得多，这和人的开闭口过程相一致。但是，需要注意的是，沿着 Z_S 轴的平动在目标机构中是寄生运动。一般情况下，寄生运动的幅度比自由度的更小[10]。这也再次表明，末端执行器受到的直接约束带来的寄生运动和支链带来的不一样。下颚质心往右侧运动，运动幅度明显小于另外两个方向的平动。绕 X_M 和 Z_M 轴的转动在位移、速度和加速度上几乎一致。

因选定左侧磨牙 B 点作为第 3 章中动力学逆解模型的咀嚼反力作用点，该点在{M}

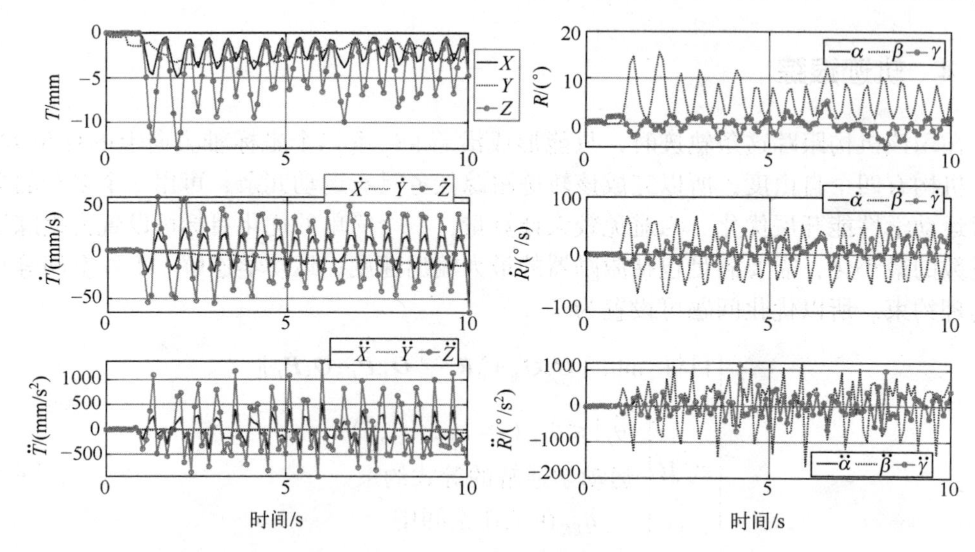

图 2.10　下门牙轨迹对应的机构六维位移、速度、加速度

系中的坐标为[40.85, 39.00, -6.17]^{T}，这里展现该点在{S}系中的运动情况，其轨迹、速度和加速度，如图 2.11 左侧三幅子图所示。B 点在沿 Z_S轴的平动运动范围比沿另外两轴要大得多，沿 X_S和 Y_S轴平动运动轨迹比较接近。图 2.11 右侧两幅子图表示的是下颚的角速度和角加速度。角速度的三个分量中，下颚开闭口速度也明显最大，在另外两个方向上的角速度和角加速度分量几乎各自一致。

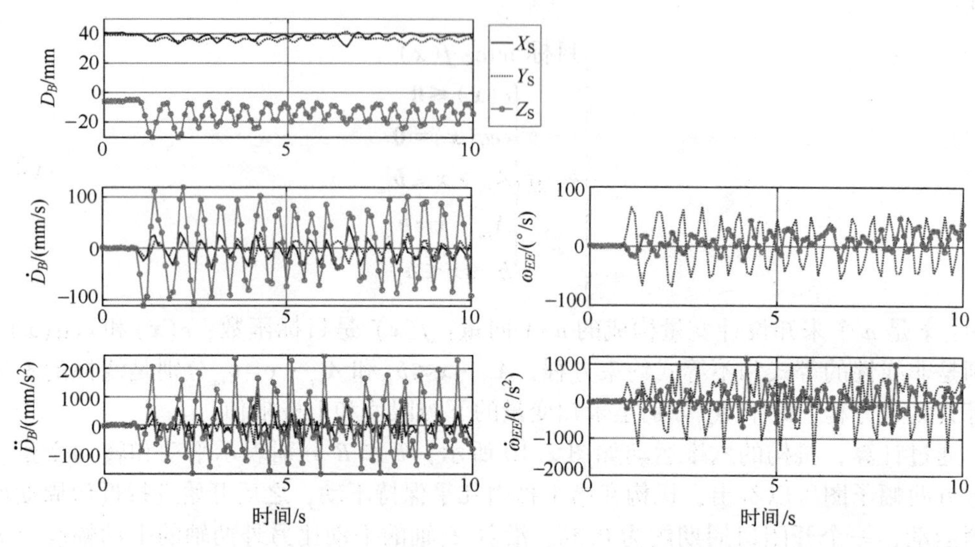

图 2.11　磨牙 B 点的位移、速度和加速度，以及下颚的角速度和角加速度

髁球球心 $T_i(i=R,L)$ 在{S}系三个坐标轴上的位移、速度和加速度轨迹如图 2.12 所示。从最上方两幅子图可以看出，右侧球心位移轨迹更稳定，运动速度和加速度也都更小。T_i和 B 点的空间运动轨迹见图 2.13。从该图中也能明显看出，三点在竖直方向上的运动范围都比另外两个方向的更大。

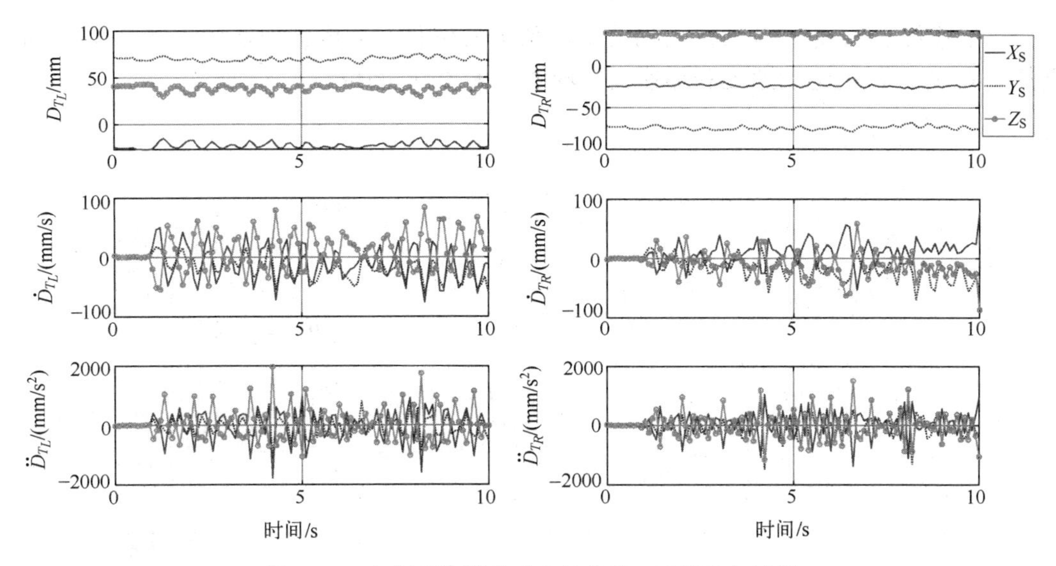

图 2.12 左右两处髁球球心的位移、速度和加速度

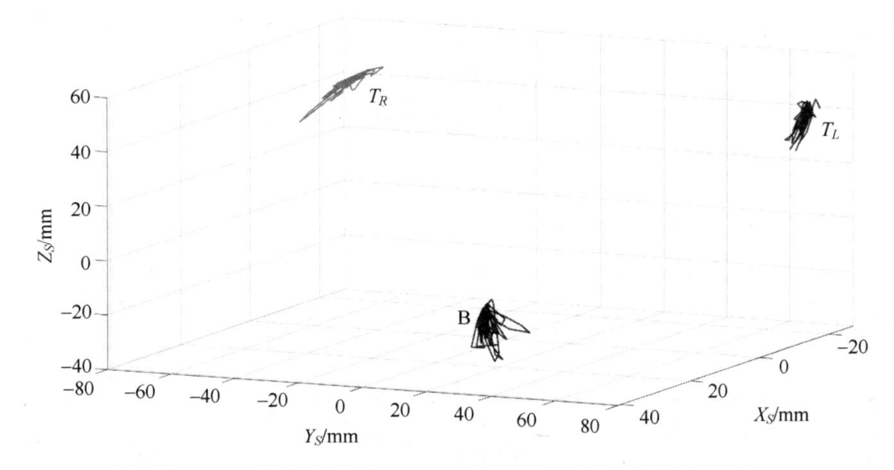

图 2.13 髁球球心 $T_i(i=R,L)$ 和磨牙 B 点的空间运动轨迹

每个曲柄的转动位移、速度、加速度如图 2.14 所示，能明显看出左右两侧即 3 和 4、5 和 6 两对主动关节运动各自具有一定的对称性。主动关节 1 和 2 转动位移变化情况较同步，速度和加速度较一致。这些都和图 2.2 所示的主动关节空间布局、跟踪轨迹的空间分布具有一定对称性这两个方面特点相关。同时可以看出，转速远小于选用激励器的最大输出转速。

六条连杆的欧拉角 β_i 和 $\gamma_i(i=1,2,\cdots,6)$ 的位移、速度、加速度分别如图 2.15 和图 2.16 所示，左右两侧的对称性就不如主动关节，这是因为连杆受到曲柄的驱动和末端执行器的约束，不仅有转动还有平动，并且左右侧连杆平动情况不同。而曲柄只是绕固定轴作一维转动，运动情况更简单。

每条连杆质心 $E_i(i=1,2,\cdots,6)$ 在 $\{S\}$ 系中的位移、速度、加速度如图 2.17 所示，显然质心 $E_3\sim E_6$ 的运动速度和加速度的峰值比 E_1 和 E_2 的更大。

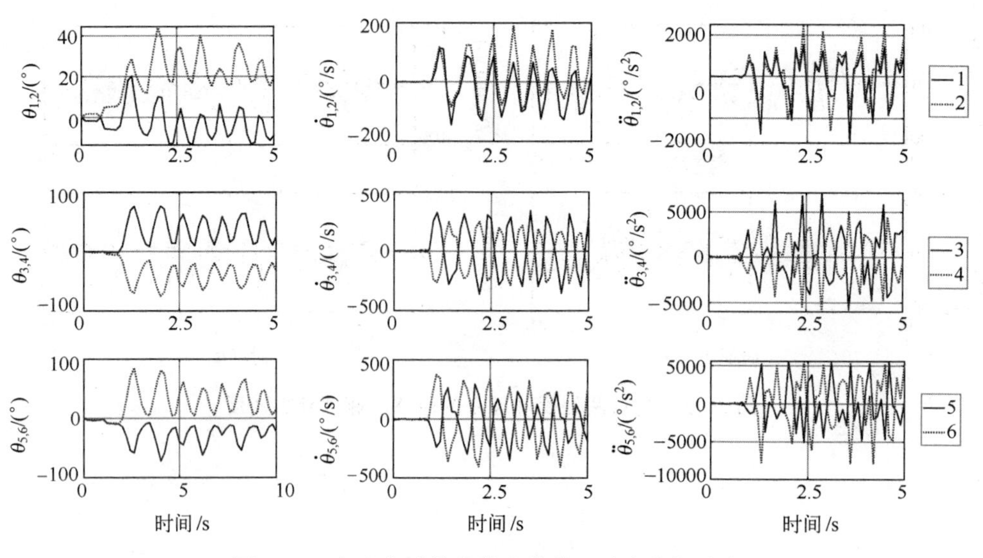

图 2.14　六个主动关节的角位移、速度和加速度

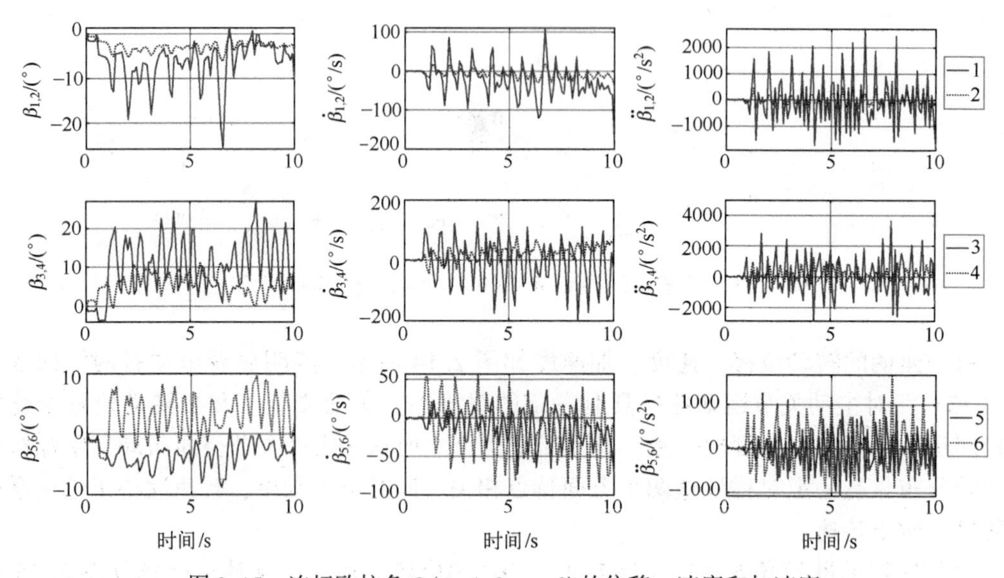

图 2.15　连杆欧拉角 $\beta_i(i=1,2,\cdots,6)$ 的位移、速度和加速度

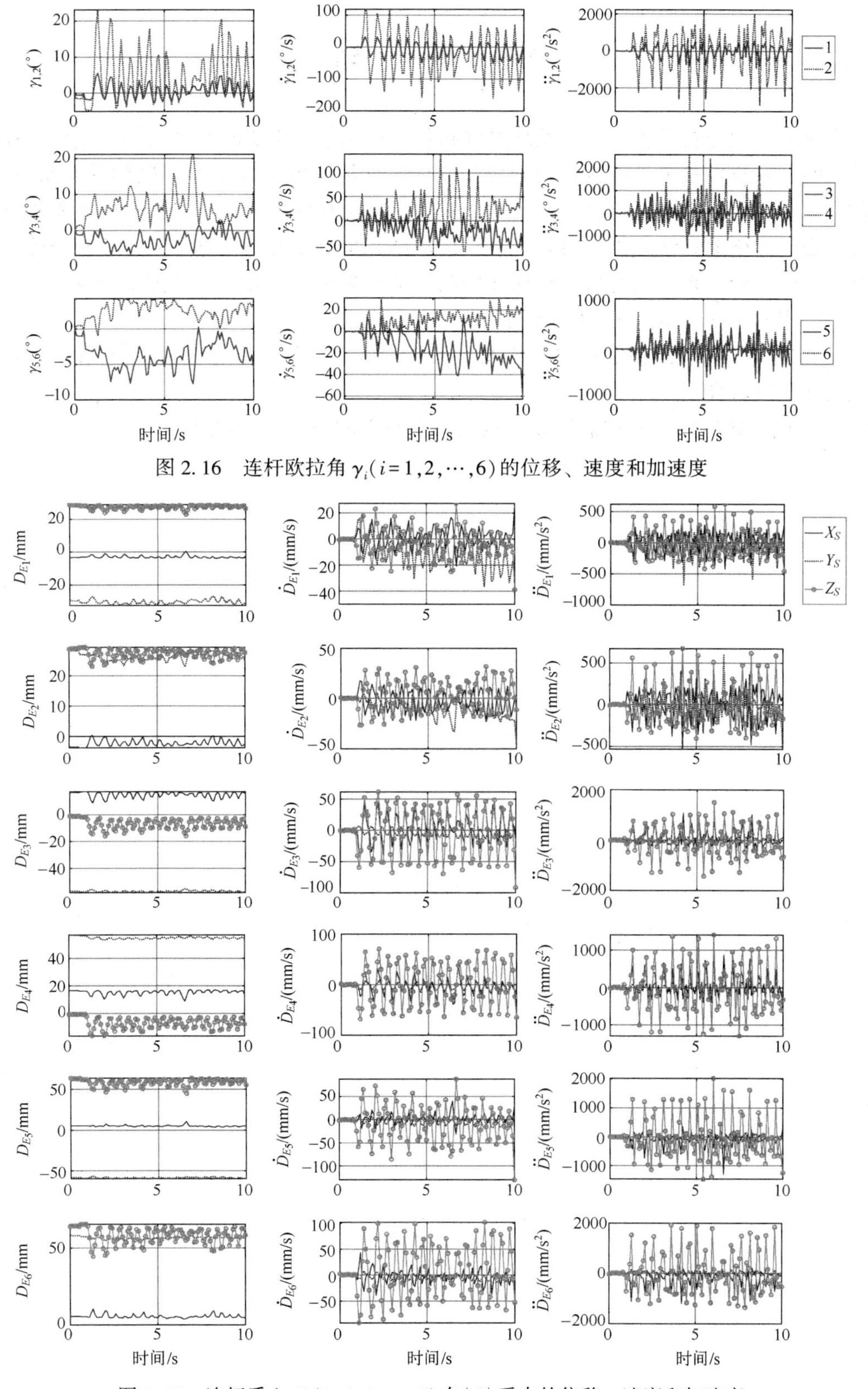

图 2.16　连杆欧拉角 $\gamma_i(i=1,2,\cdots,6)$ 的位移、速度和加速度

图 2.17　连杆质心 $E_i(i=1,2,\cdots,6)$ 在 $\{S\}$ 系中的位移、速度和加速度

2.3 小　　结

本章完整地分析了仿人咀嚼系统并联机构的运动学。由文献综述可知，受到基座直接约束的并联机构极少。通过文中分析，发现这种约束极大地增加了机构的复杂程度，同时引入了寄生运动和冗余驱动。所以，对这一类机构的研究工作具有较大创新性和挑战性。通过严格的数学分析，得到了寄生运动和冗余驱动的机构学本质。通过对运动学逆解、工作空间、真实咀嚼轨迹跟踪在内的运动学分析与计算，得到如下结论：

（1）基座对末端执行器的直接约束，产生了寄生运动和冗余驱动。

（2）机构下门牙运动空间的形状大小和 Posselt 包络体很接近，从工作空间角度看，仿生设计程度较高。

（3）通过轨迹跟踪的数值计算，机构能再现人的咀嚼运动轨迹。

第3章　机构的动力学逆解

机构的动力学逆解，是在运动学分析的基础上，求解给定末端执行器运动所需驱动力矩的问题。该问题在机构优化设计、激励器选型、轨迹规划等方面都起到了重要作用，同时也是基于模型的运动控制和力控制的重要基础，且计算效率将直接影响控制器的实时性。从第2章可知，基座的直接约束极大地增加了机构的运动学复杂度，直觉上，该约束也可能会提升动力学逆解的难度。所以在本章中，首先对并联机构中常用的几种动力学方法开展综述，包括牛顿-欧拉法、拉格朗日方程、虚功原理、广义动量矩原理、拉格朗日-达朗贝尔原理、Kahlil-Ibrahim 法、NOC 方法、凯恩方程、Udwadia-Kalaba 法、解耦 NOC 法十种方法，接着建立目标机构的动力学模型，对比通过不同方法得到的模型结构、数值结果、计算效率。最后，通过 6$\underline{R}$SS 机构的动力学模型，对比基座直接约束提升的问题复杂度。为简化动力学模型，本章假设机构所有部件都是刚体，关节内无摩擦或间隙，支链被动球关节质量很小，可忽略不计。需要说明的是，因为 Matlab 中的 Simscape Multibody 模块无法开展冗余驱动机构的动力学逆解仿真，所以本章只进行理论建模研究，不开展软件仿真计算。

3.1　引　　言

3.1.1　牛顿-欧拉法

在该方法的使用中，对机构每个运动个体都开展受力分析，包括驱动力、外界环境作用力、关节约束力、重力等。在运动分析的基础上，根据牛顿法则和欧拉方程，列写个体在平动和转动方向上的动力学方程。将这些方程整合，可得驱动力和关节约束力的动力学模型。文献［27］中通过该方法建立了一个平面三自由度冗余驱动并联机构的动力学模型。因为使用该方法需要计算关节约束力，从而引入较多变量，列写较多方程。为减小计算量，充分利用了机构的左右对称性：将整体机构分成左侧子机构、右侧子机构、末端执行器三部分，每部分各自建立动力学模型，从而得到完整机构的动力学模型。在此基础上，分析了冗余驱动的动力学特性。文献［28］中采用该方法建立了一种平面冗余驱动并联机构的动力学模型，使用线性规划方法分析最大动态负载能力，以及冗余驱动在该性能中的作用。文献［29］中建立了平面 4$\underline{R}$RR 冗余驱动并联机构的动力学模型，基于此开展机构的震动力/力矩平衡分析。文献［30］中使用牛顿欧拉方程建立了一个五自由度混联打磨机器人的动力学模型，其中计入了关节摩擦，并开展了动力学耦合分析。

3.1.2 拉格朗日方程

在拉格朗日方程中，通过一套广义坐标及其一阶导描述机构所有个体的动能和重力势能，获得拉格朗日函数。将其对广义坐标及其一阶导求偏微分，可得整体机构不含关节约束力的动力学模型。引入几何约束方程和拉格朗日乘子，建立整体包含约束力的动力学模型，其中，拉格朗日乘子表示机构约束力大小。可以使用零空间法或者矩阵分块法，避免求解拉格朗日乘子。与牛顿-欧拉方程不同的是，使用拉格朗日方程一般不求解关节约束力。

文献［31］中使用该方法建立了平面2RRR/RR冗余驱动并联机构的动力学模型。因为乘子处在机构闭环约束方程微分矩阵的零空间，所以使用零空间法将其消去。采用同样的计算步骤，文献［32］中建立了一个带有平行四边形机构的平面二自由度冗余驱动并联机构动力学模型。在此基础上，进行机构优化设计。文献［33］首先使用牛顿-欧拉法则建立一个3RRR变质量平面冗余驱动并联机构支链的动力学模型，再用拉格朗日乘子建立整体机构的动力学模型，最后使用矩阵分块技术求取乘子。在此基础上，提出了一种有效的PD前馈-反馈控制器。文献［34］中使用不带乘子的第二类拉格朗日方程建立了5UPS/PRPU冗余驱动并联机构的动力学逆解模型，再使用加权优化法分布了驱动力。文献［17］中使用拉格朗日方程在一种含七个直线驱动和五个自由度的4PUS/PPPU并联机构任务空间中建立了动力学模型。通过映射末端执行器速度到驱动关节速度Jacobian矩阵的广义逆，将模型映射到关节空间，从而在该空间设计计算力矩协同控制器。为减小能耗，文献［35］在并联机构中引入冗余驱动，并使用拉格朗日方程建立了机构的动力学模型。实验结果表明，冗余驱动可有效减小能耗。文献［21］中使用同样的方法建立了一种空间三自由度冗余驱动并联机构的模型，并实现了末端滑模控制。文献［36］中分别使用牛顿-欧拉方程和拉格朗日方程建立了一种混联机床的串联和冗余驱动并联部分的动力学模型，在此基础上进行了前馈运动控制的设计和试验。

3.1.3 虚功原理

使用虚功原理时，首先确定作用在每个运动体质心上的主动力螺旋和惯性力螺旋，且运动体的六维虚位移必须满足机构的闭环几何约束。根据该原理，机构主动力和惯性力所作虚功之和必须为零，由该条件建立机构的动力学模型。和通过拉格朗日方程建立的动力学模型相同，该方法也不计算机构的关节约束力。

文献［37］中使用虚功原理建立了与文献［27］中相同的冗余驱动并联机构的动力学模型，并在此基础上设计了运动/力交替控制策略。同样，文献［38］中使用该方法建立了8PSS空间冗余驱动并联机构的动力学模型，据此提出了一系列动力学性能指标分析冗余驱动的影响。数值计算结果表明冗余驱动能提升机构的这些性能。文献［39］通过该方法分析了驱动和运动同时冗余的平面并联机构动力学性能。文献［40］中建立了通过广义坐标表示的五自由度6PUS+UPU冗余驱动并联机构动力学模型，进而设计了神经网络协同控制器，以控制驱动力和关节约束力。文献［22］联合使用虚功原理和螺旋理论，高效解决了4PPPS并联机构动力学模型中的高冗余度问题。

3.1.4 广义动量矩定理

根据该定理，运动物体广义力中的动能和势能部分分别通过广义动量矩对时间的微分、重力势能对广义坐标的偏微分得到，并都表示为广义坐标的函数。这样，都能显式表达每个运动体动能和势能所需力矩的函数。所以，该方法具有结构化明显和过程简明的特点，便于开展机构的优化设计，已成功地用于经典的 Gough-Stewart 六自由度平台[41]和一个 6PUS 并联机构[42]。

3.1.5 拉格朗日-达朗贝尔原理

在用拉格朗日-达朗贝尔原理建立机构的动力学模型时，首先通过拉格朗日方程建立每个运动体的动力学模型，然后根据达朗贝尔原理可得整体机构的动力学模型。与单纯的拉格朗日方程比较，闭环约束通过末端执行器和支链之间的速度映射关系得到，没有使用显式的约束方程，也不需要引入和消除拉格朗日乘子的步骤。所以，建模使用的变量和方程少，便于实现基于模型的运动控制。文献 [43-44] 使用该原理分别推导了平面 2RRR/RR 冗余驱动并联机构和含有三个平动自由度并联机构的动力学方程，实现了任务空间的运动控制。

3.1.6 Khalil-Ibrahim 法

Khalil-Ibrahim 法致力于成为并联机构正逆动力学的一种广义方法。该方法充分利用支链并联特性，通过支链和末端执行器之间的速度关系将闭环约束嵌入模型中，得到力矩的显式表达。首先，虚拟地切断支链和末端执行器之间的连接，并将二者视为独立部分。其次，支链的动力学模型可以在支链空间使用多种成熟的串联机构动力学建模方法得到，如拉格朗日方程、递归牛顿-欧拉方程、虚功原理等；在笛卡儿空间使用牛顿-欧拉方程建立末端执行器的动力学模型。最后，通过一些简单的速度 Jacobian 矩阵映射上述两种模型到主动关节空间，从而得到整体机构的动力学模型。该方法成功地应用于 Gough-Stewart 平台[45]、串并混联机构[46]、一些复杂的并联机构[47]，以及一种新颖的三支链六自由度并联机构[48]的动力学模型中。然而，目前还未看到该方法在冗余驱动并联机构中的应用。

3.1.7 NOC 方法

NOC 方法主要使用牛顿-欧拉方程建立动力学模型，并基于运动体速度螺旋与主、被动关节约束力螺旋之间的相互正交关系，消除约束力螺旋。这样得到的整体动力学模型和通过拉格朗日方程得到的一样，且不含约束方程或拉格朗日乘子。因此，该方法具有变量少、结构化明显、计算效率高等特点。该方法在许多并联机构的动力学逆解中取得广泛应用，如含三个自由度和三个寄生运动的 3PRS 并联机构[49]、6PUS 机构[50]、含有单闭环对称结构的并联 Schönflies 机构[51]、含有寄生运动的过约束 2PUR-PSR 机构[13]等。文献 [52] 中应用该方法建立了一种球型运动并联机构的正逆动力学模型，文献 [53] 中通过联合 NOC 法和螺旋理论，得到了一个 2PUR-2RPU 三维冗余驱动并联机构的动力学模型。因为主动关节不完全独立，模型建立在了任务空间。

3.1.8 凯恩方程

凯恩方程结合了向量计算和分析力学的优点。通过使用偏速度和偏角速度，该方法不需要计算约束力螺旋。并且这些速度的表达式可以在运动体的速度螺旋中通过 NOC 方法得到。因此，该方法也是通过独立变量表示，不需引入拉格朗日乘子，具有方程数目少、计算量小、便于编程计算等优点，从而在并联机构中取得广泛应用，如完全球面运动的 3（RSS）-S 并联机构[54]、基于缩放仪并联机构的触觉设备[55]、串并混联可伸缩起重机[56]、六自由度并联微振动模拟器[57]、6SPS 并联隔振平台[58]、3SPS+1PS 人体髋关节运动模拟器[59]等。

3.1.9 Udwadia-Kalaba 方法

Udwadia-Kalaba 方法能非常方便地建立约束力模型，近年来开始在并联机构中取得一些应用，如 Gough-Stewart 平台[60]、平面 2RRR/RR 冗余驱动并联机构[61-62]等。使用该方法时，首先，将整体机构虚拟地分成末端执行器和支链部分，通过一些经典方法，如牛顿-欧拉法、拉格朗日方程、虚功原理等，建立不含这两部分之间约束力的动力学模型。接着，通过 Udwadia-Kalaba 方程直接得到约束力的显式表达，并加入上述无约束力的动力学模型中。建模过程中，只使用了实际物理变量，没有引入拉格朗日乘子、近似物理变量等附加变量。因此，该方法结构化明显，便于程序操作。

3.1.10 解耦 NOC 法

受到 NOC 矩阵能显式地解耦为块下三角矩阵和块对角矩阵的启发，在文献［63］中形成了该方法。建立模型中的向量或矩阵有明显的物理意义，便于开展正、逆动力学算法。因为这些优点，该方法近年来在各类机构中取得了广泛应用。例如，文献［64］中用于串联机构的正、逆动力学建模，在主动关节空间建立了平面[65]和三维[63]并联机构动力学逆解模型。文献［66］将虚拟弹簧法和该方法结合，用于解决平面二自由度 RRRRR 并联机构的动力学正解。该方法还和欧拉参数结合，用于改进含有球关节的多体系统刚性动力学模型[67]，甚至还用于平面柔性机器鱼的动力学建模[68]。但目前还没有看到该方法在冗余驱动并联机构中的应用情况。

本章使用上述多种方法分别建立目标机构的动力学模型，较完整地分析了该机构的模型特性，并通过对比目标机构和 6RSS 机构的动力学模型、数值结果、计算时间，分析了基座对末端执行器的直接约束对模型结构的影响。

3.2 牛顿-欧拉法

在该方法的使用中，对机构包括末端执行器、连杆、曲柄在内的每个运动个体都开展受力分析，包括咀嚼反力、驱动力、关节约束力、重力等。在运动分析的基础上，根据牛顿法则和欧拉方程，列写每个个体在平动和转动方向上的动力学方程。最后将这些方程整合，可得驱动力和关节约束力的函数方程。

3.2.1　末端执行器

末端执行器受力如图 3.1 所示，作用其上的外力有：

左右髁球处，来自关节槽表面的约束力 $\boldsymbol{F}_{T_L}$ 和 $\boldsymbol{F}_{T_R}$；

被动球关节 $M_i(i=1,2,\cdots,6)$ 处，连杆施加的作用力 $\boldsymbol{F}_{M_i}$；

在质心 O_M 处受到沿 Z_S 轴负方向的重力 $-m_{EE}\cdot\boldsymbol{g}$，其中，$m_{EE}$ 是质量，$\boldsymbol{g}=[\boldsymbol{0}_{1\times2}\quad 9800]^{\mathrm{T}}\mathrm{mm/s^2}$ 是重力加速度向量；

在左侧磨牙 B 处受到的咀嚼反力 $\boldsymbol{F}_B$，在动力学逆解中，该力为给定值。

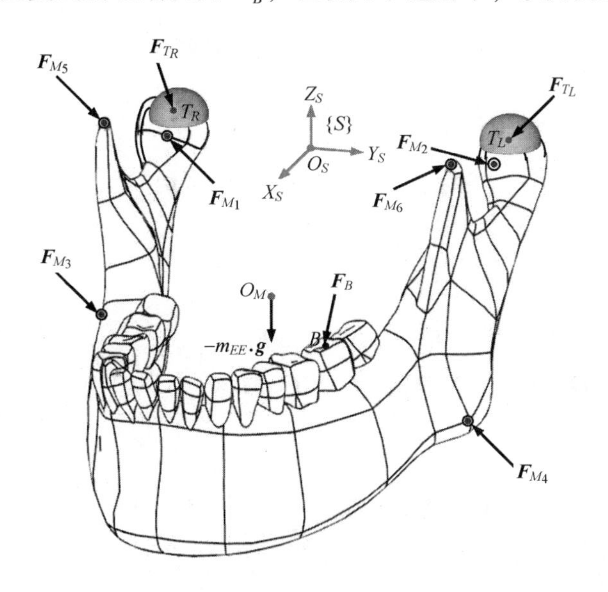

图 3.1　末端执行器的受力示意图

根据第 2 章描述的髁球所在槽形状，此处受到的约束力 $\boldsymbol{F}_{T_i}(i=L,R)$ 可以表示为

$$\boldsymbol{F}_{T_i}=\boldsymbol{M}_H\cdot F_{Z_i} \tag{3.1}$$

式中：$\boldsymbol{M}_H=[p_1\quad 0\quad 1]^{\mathrm{T}}$；$F_{Z_i}$ 是约束力 $\boldsymbol{F}_{T_i}$ 在 Z_S 轴方向上的分量。若 F_{Z_i} 是正，则表明髁球受到来自槽下表面的约束力；反之则表明髁球受到来自槽上表面的约束力。一个髁球的侧视图及受到的约束力如图 3.2 所示，该图表明此时髁球受到来自槽下表面的约束力。

对末端执行器可列出牛顿–欧拉方程为

$$\begin{aligned}
&\sum_{i=1}^{6}\boldsymbol{F}_{M_i}+\boldsymbol{F}_B-m_{EE}\cdot\boldsymbol{g}+\boldsymbol{M}_H\cdot\Big(\sum_{i=L,R}F_{Z_i}\Big)=m_{EE}\cdot\dot{\boldsymbol{V}}_{O_M}\\
&\sum_{i=1}^{6}\boldsymbol{O}_M\boldsymbol{M}_i\times\boldsymbol{F}_{M_i}+\boldsymbol{O}_M\boldsymbol{B}\times\boldsymbol{F}_B+\sum_{i=L,R}\boldsymbol{O}_M\boldsymbol{T}_i\times M_H\cdot F_{Z_i}=\boldsymbol{I}_{EE}\cdot\dot{\boldsymbol{\omega}}_{EE}+\boldsymbol{\omega}_{EE}\times(\boldsymbol{I}_{EE}\cdot\boldsymbol{\omega}_{EE})
\end{aligned} \tag{3.2}$$

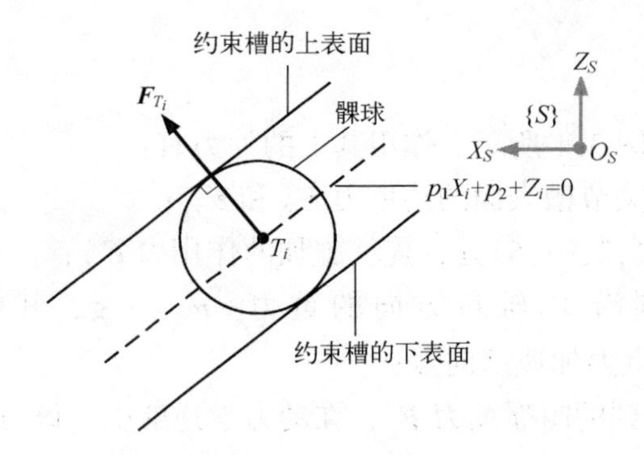

图 3.2　髁球及受到约束力的侧视图

上式能写成更紧凑的形式：

$$\boldsymbol{M}_{2b}\cdot\boldsymbol{F}_{M_{1\_6}}=\boldsymbol{M}_{3b}-\boldsymbol{M}_{4b}\cdot\boldsymbol{F}_Z \tag{3.3}$$

式中：

$$\boldsymbol{M}_{2b}=\begin{bmatrix}\boldsymbol{E}_3 & \boldsymbol{E}_3 & \cdots & \boldsymbol{E}_3\\ \boldsymbol{O}_M\boldsymbol{M}_1\times & \boldsymbol{O}_M\boldsymbol{M}_2\times & \cdots & \boldsymbol{O}_M\boldsymbol{M}_6\times\end{bmatrix}_{6\times18},\boldsymbol{F}_{M_{1\_6}}=\begin{bmatrix}\boldsymbol{F}_{M_1}\\ \boldsymbol{F}_{M_2}\\ \vdots\\ \boldsymbol{F}_{M_6}\end{bmatrix}_{18\times1},$$

$$\boldsymbol{M}_{3b}=\begin{bmatrix}m_{EE}(\dot{\boldsymbol{V}}_{O_M}+\boldsymbol{g})\\ \boldsymbol{I}_{EE}\cdot\dot{\boldsymbol{\omega}}_{EE}+\boldsymbol{\omega}_{EE}\times(\boldsymbol{I}_{EE}\cdot\boldsymbol{\omega}_{EE})\end{bmatrix}-\begin{bmatrix}\boldsymbol{E}_3\\ \boldsymbol{O}_M\boldsymbol{B}\times\end{bmatrix}\cdot \tag{3.4}$$

$$\boldsymbol{F}_B,\quad \boldsymbol{M}_{4b}=\begin{bmatrix}\boldsymbol{E}_3 & \boldsymbol{E}_3\\ \boldsymbol{O}_M\boldsymbol{T}_L\times & \boldsymbol{O}_M\boldsymbol{T}_R\times\end{bmatrix}\cdot(\boldsymbol{E}_2\otimes\boldsymbol{M}_H),\quad \boldsymbol{F}_Z=\begin{bmatrix}F_{Z_L}\\ F_{Z_R}\end{bmatrix}$$

式中：$\boldsymbol{I}_{EE}$是末端执行器在$\{S\}$系中关于质心 O_M的 3×3 转动惯量；$\otimes$是 Kronecker 张量积。I_{EE}计算为

$$\boldsymbol{I}_{EE}={}_M^S\boldsymbol{R}\cdot{}^M\boldsymbol{I}_{EE}\cdot{}_M^S\boldsymbol{R}^{\mathrm{T}} \tag{3.5}$$

式中：${}^M\boldsymbol{I}_{EE}$是在$\{M\}$系中关于 O_M恒定的 3×3 转动惯量。

3.2.2　连杆 S_iM_i

连杆 $\boldsymbol{S}_i\boldsymbol{M}_i$的受力如图 3.3 所示，包括来自末端执行器的反作用力$-\boldsymbol{F}_{M_i}$，曲柄在被动关节 S_i施加的约束力 $\boldsymbol{F}_{S_i}$，以及自身重力$-m_{S_iM_i}\cdot\boldsymbol{g}$。其牛顿-欧拉方程为

$$\begin{cases}\boldsymbol{F}_{S_i}-\boldsymbol{F}_{M_i}-m_{S_iM_i}\cdot\boldsymbol{g}=m_{S_iM_i}\cdot\dot{\boldsymbol{V}}_{E_i}\\ \boldsymbol{E}_i\boldsymbol{S}_i\times\boldsymbol{F}_{S_i}+\boldsymbol{E}_i\boldsymbol{M}_i\times(-\boldsymbol{F}_{M_i})=\boldsymbol{I}_{S_iM_i}\cdot\dot{\boldsymbol{\omega}}_{S_iM_i}+\boldsymbol{\omega}_{S_iM_i}\times(\boldsymbol{I}_{S_iM_i}\cdot\boldsymbol{\omega}_{S_iM_i})\end{cases} \tag{3.6}$$

式中：$m_{S_iM_i}$是连杆质量；$\boldsymbol{I}_{S_iM_i}$是在$\{S\}$系中关于质心 E_i的 3×3 转动惯量，计算为

$$\boldsymbol{I}_{S_iM_i}={}^{S}_{N_i}\boldsymbol{R}\cdot{}^{N_i}\boldsymbol{I}_{S_iM_i}\cdot{}^{S}_{N_i}\boldsymbol{R}^{\mathrm{T}}\tag{3.7}$$

式中：${}^{N_i}\boldsymbol{I}_{S_iM_i}$是在$\{N_i\}$系中关于质心 E_i恒定的 3×3 转动惯量。联立式（3.6）的两个方程可得

$$\boldsymbol{M}_i\boldsymbol{S}_i\times\boldsymbol{F}_{M_i}=\boldsymbol{E}_{S_iM_i}\tag{3.8}$$

式中：$\boldsymbol{E}_{S_iM_i}=\boldsymbol{I}_{S_iM_i}\cdot\dot{\boldsymbol{\omega}}_{S_iM_i}+\boldsymbol{\omega}_{S_iM_i}\times(\boldsymbol{I}_{S_iM_i}\cdot\boldsymbol{\omega}_{S_iM_i})+0.5\cdot m_{S_iM_i}\cdot\boldsymbol{S}_i\boldsymbol{M}_i\times(\dot{\boldsymbol{V}}_{E_i}+\boldsymbol{g})$。由于式（3.8）中出现叉乘，因此只有任意两个标量方程是独立的，这里选择前两个方程进行后续计算。对六条连杆可得

$$\boldsymbol{M}_{5b}\cdot\boldsymbol{F}_{M_{1\_6}}=\boldsymbol{M}_{6b}\tag{3.9}$$

式中：

$$\boldsymbol{M}_{5b}=\mathrm{diag}((\boldsymbol{M}_1\boldsymbol{S}_1\times)_{(1:2,:)}\quad(\boldsymbol{M}_2\boldsymbol{S}_2\times)_{(1:2,:)}\quad\cdots\quad(\boldsymbol{M}_6\boldsymbol{S}_6\times)_{(1:2,:)}),\ \boldsymbol{M}_{6b}=\begin{bmatrix}\boldsymbol{E}_{S_1M_{1(1:2)}}\\\boldsymbol{E}_{S_2M_{2(1:2)}}\\\vdots\\\boldsymbol{E}_{S_6M_{6(1:2)}}\end{bmatrix}\tag{3.10}$$

式中：$(\boldsymbol{M}_i\boldsymbol{S}_i\times)_{(1:2,:)}(i=1,2,\cdots,6)$表示斜对称矩阵 $\boldsymbol{M}_i\boldsymbol{S}_i\times$的前两行；$\boldsymbol{E}_{S_iM_{i(1:2)}}$表示 3×1 向量 $\boldsymbol{E}_{S_iM_i}$的前两行。对于六条连杆，使用式（3.6）中的牛顿方程可得

$$\boldsymbol{F}_{S_{1\_6}}=\boldsymbol{F}_{M_{1\_6}}+\boldsymbol{M}_{7b}\tag{3.11}$$

式中：

$$\boldsymbol{F}_{S_{1\_6}}=\begin{bmatrix}\boldsymbol{F}_{S_1}\\\boldsymbol{F}_{S_2}\\\vdots\\\boldsymbol{F}_{S_6}\end{bmatrix},\ \boldsymbol{M}_{7b}=\begin{bmatrix}m_{S_1M_1}\cdot(\dot{\boldsymbol{V}}_{E_1}+\boldsymbol{g})\\m_{S_1M_1}\cdot(\dot{\boldsymbol{V}}_{E_2}+\boldsymbol{g})\\\vdots\\m_{S_6M_6}\cdot(\dot{\boldsymbol{V}}_{E_6}+\boldsymbol{g})\end{bmatrix}\tag{3.12}$$

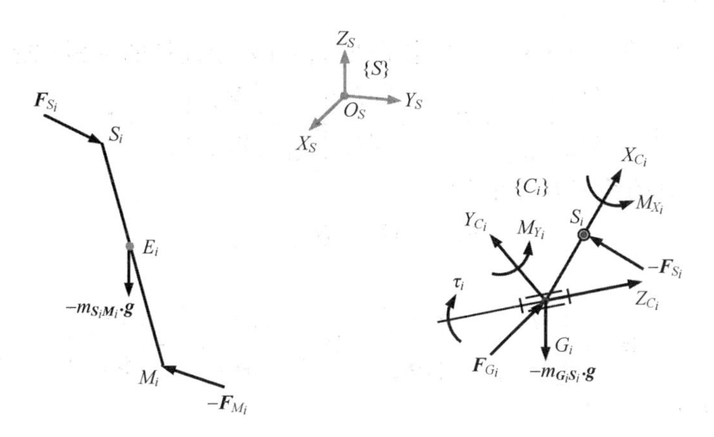

图 3.3　第 i 条支链中连杆和曲柄的受力

3.2.3 曲柄 G_iS_i

曲柄 $\boldsymbol{G}_i\boldsymbol{S}_i$ 只能绕着 $\{C_i\}$ 系的 Z_{C_i} 轴转动，该轴通过质心 G_i。受力如图 3.3 所示，包括自身重力 $-m_{G_iS_i}\cdot\boldsymbol{g}$，连杆在被动球关节 S_i 施加的反作用力 $-\boldsymbol{F}_{S_i}$，激励器施加通过质心 G_i 的约束力 $\boldsymbol{F}_{G_i}$，以及沿 $\{C_i\}$ 系三轴的力矩 M_{X_i}、M_{Y_i}、τ_i，其中前两者为约束力矩，τ_i 为驱动力矩。为便于分析，其一维刚性动力学方程就在 $\{C_{i0}\}$ 系中列写，$\{C_{i0}\}$ 系即是在机构初始位姿时刻的 $\{C_i\}$ 系。从该图可知，$\boldsymbol{G}_i\boldsymbol{S}_i$ 的一维转动方程为

$$\tau_i+({}^{C_{i0}}\boldsymbol{G}_i\boldsymbol{S}_i\times)_{(3,:)}\cdot{}^{C_{i0}}\boldsymbol{F}_{S_i}=I_{G_iS_i}\cdot\ddot{\theta}_i \tag{3.13}$$

式中：${}^{C_{i0}}\boldsymbol{G}_i\boldsymbol{S}_i$ 是在 $\{C_{i0}\}$ 系中的 3×1 向量 $\boldsymbol{G}_i\boldsymbol{S}_i$；$({}^{C_{i0}}\boldsymbol{G}_i\boldsymbol{S}_i\times)_{(3,:)}$ 是斜对称矩阵 ${}^{C_{i0}}\boldsymbol{G}_i\boldsymbol{S}_i\times$ 的第三行；${}^{C_{i0}}\boldsymbol{F}_{S_i}$ 是在 $\{C_{i0}\}$ 系中表示连杆施加在球关节 S_i 处的作用力；$I_{G_iS_i}$ 表示曲柄的一维转动惯量，是一个标量。${}^{C_{i0}}\boldsymbol{G}_i\boldsymbol{S}_i$ 和 ${}^{C_{i0}}F_{S_i}$ 可以求解为

$${}^{C_{i0}}\boldsymbol{G}_i\boldsymbol{S}_i=\boldsymbol{R}_Z(\theta_i)\cdot\begin{bmatrix}\|\boldsymbol{G}_i\boldsymbol{S}_i\|\\ \boldsymbol{0}_{2\times1}\end{bmatrix},\ {}^{C_{i0}}\boldsymbol{F}_{S_i}={}^{S}_{C_{i0}}\boldsymbol{R}^{\mathrm{T}}\cdot(-\boldsymbol{F}_{S_i}) \tag{3.14}$$

将式（3.14）代入（3.13）可得

$$\tau_i=\boldsymbol{M}_{8bi}\cdot\boldsymbol{F}_{S_i}+I_{G_iS_i}\cdot\ddot{\theta}_i \tag{3.15}$$

式中：$\boldsymbol{M}_{8bi}=({}^{C_{i0}}\boldsymbol{G}_i\boldsymbol{S}_i\times)_{(3,:)}\cdot{}^{S}_{C_{i0}}\boldsymbol{R}^{\mathrm{T}}$。对于六个曲柄有

$$\boldsymbol{\tau}=\boldsymbol{M}_{8b}\cdot\boldsymbol{F}_{S_{1\_6}}+\boldsymbol{M}_{9b} \tag{3.16}$$

式中：

$$\boldsymbol{\tau}=\begin{bmatrix}\tau_1\\ \tau_2\\ \vdots\\ \tau_6\end{bmatrix},\ \boldsymbol{M}_{8b}=\mathrm{diag}(\boldsymbol{M}_{8b1}\quad \boldsymbol{M}_{8b2}\quad \cdots\quad \boldsymbol{M}_{8b6}),\ \boldsymbol{M}_{9b}=\begin{bmatrix}I_{G_1S_1}\cdot\ddot{\theta}_1\\ I_{G_2S_2}\cdot\ddot{\theta}_2\\ \vdots\\ I_{G_6S_6}\cdot\ddot{\theta}_6\end{bmatrix} \tag{3.17}$$

3.2.4 整体机构

联立式（3.3）和式（3.9）可得末端执行器和六个连杆的牛顿-欧拉方程为

$$\begin{bmatrix}\boldsymbol{M}_{2b}\\ \boldsymbol{M}_{5b}\end{bmatrix}_{18\times18}\cdot\boldsymbol{F}_{M_{1\_6}}=\begin{bmatrix}\boldsymbol{M}_{3b}\\ \boldsymbol{M}_{6b}\end{bmatrix}_{18\times1}-\begin{bmatrix}\boldsymbol{M}_{4b}\\ \boldsymbol{0}_{12\times2}\end{bmatrix}_{18\times2}\cdot\boldsymbol{F}_Z \tag{3.18}$$

在六个球关节 M_i 处的约束力可计算为

$$\boldsymbol{F}_{M_{1\_6}}=\boldsymbol{M}_{10b}-\boldsymbol{M}_{11b}\cdot\boldsymbol{F}_Z \tag{3.19}$$

式中：

$$\boldsymbol{M}_{10b}=\begin{bmatrix}\boldsymbol{M}_{2b}\\ \boldsymbol{M}_{5b}\end{bmatrix}^{-1}\cdot\begin{bmatrix}\boldsymbol{M}_{3b}\\ \boldsymbol{M}_{6b}\end{bmatrix},\ \boldsymbol{M}_{11b}=\begin{bmatrix}\boldsymbol{M}_{2b}\\ \boldsymbol{M}_{5b}\end{bmatrix}^{-1}\cdot\begin{bmatrix}\boldsymbol{M}_{4b}\\ \boldsymbol{0}_{12\times2}\end{bmatrix}$$

将其带入式（3.11）可得

$$\boldsymbol{F}_{S_{1\_6}}=\boldsymbol{M}_{12b}-\boldsymbol{M}_{11b}\cdot\boldsymbol{F}_Z \tag{3.20}$$

式中：$\boldsymbol{M}_{12b}=\boldsymbol{M}_{7b}+\boldsymbol{M}_{10b}$。将其带入式（3.16）得到机构的动力学逆解模型为

$$\boldsymbol{\tau}=\boldsymbol{M}_{13b}-\boldsymbol{M}_{14b}\cdot\boldsymbol{F}_{Z} \tag{3.21}$$

式中：

$$\boldsymbol{M}_{13b}=\boldsymbol{M}_{8b}\cdot\boldsymbol{M}_{12b}+\boldsymbol{M}_{9b},\ \boldsymbol{M}_{14b}=\boldsymbol{M}_{8b}\cdot\boldsymbol{M}_{11b} \tag{3.22}$$

式（3.22）表明，机构的动力学逆解模型可以表示为含八个未知数和六个方程构成的线性方程组，这就说明模型求解具有不定解。显然，这是由于基座直接约束带来了两个未知变量 $F_{Z_i}(i=L,R)$ 引起的。在该式中，驱动力矩或基座施加的约束力都无法独立或者唯一确定。从文献中可知，使用牛顿-欧拉法建立并联机构的动力学模型，一般具有如下特点：

（1）若机构中驱动关节数等于自由度数，则得到的方程数和未知数相等。

（2）若机构中有冗余驱动，则未知数数目大于方程数，且多出的未知数为冗余驱动度。

对于本书目标机构的模型，未知数比方程数多出两个，既可以理解为是基座直接约束增加的两个未知约束变量 $F_{Z_i}(i=L,R)$，也可以理解为冗余驱动度。通过该建模过程，不仅可得到驱动力矩和高副约束力的数学模型，而且可得到被动球关节 S_i 和 $M_i(i=1,2,\cdots,6)$ 处的约束力函数方程。分别设立如下五个优化目标求解 τ：

$$\begin{aligned}
&A_1=\min\|\boldsymbol{\tau}\|, &&A_4=\min\sqrt{\sum_{i=1}^{6}\|\boldsymbol{F}_{M_i}\|^2+\sum_{j=L,R}\|\boldsymbol{F}_{T_j}\|^2},\\
&A_2=\min\left\|\sqrt{\sum_{i=1}^{6}(\boldsymbol{\tau}_i\cdot\dot{\theta}_i)^2}\right\|, &&A_5=\min\sqrt{\sum_{j=L,R}\|\boldsymbol{F}_{T_j}\|^2},\\
&A_3=\min\sqrt{\sum_{i=1}^{6}(\|\boldsymbol{F}_{M_i}\|^2+\|\boldsymbol{F}_{S_i}\|^2)}
\end{aligned} \tag{3.23}$$

实际物理意义分别对应于驱动力矩、驱动功率、连杆受力、末端执行器受力、点接触高副约束力的最小化。对应于仿生情况，意义为咀嚼肌输出力、系统耗能、咀嚼肌受力、下颚受力、颞下颌关节受力的最小化。不论哪个优化目标，都必须满足如下的约束条件：

$$\begin{cases}|\boldsymbol{\tau}|\leqslant\boldsymbol{\tau}_{\max}\\ \text{动力学逆解模型的等式约束}\end{cases} \tag{3.24}$$

式中：$\boldsymbol{\tau}_{\max}$是激励器能输出的最大驱动力矩。使用经典的序列二次规划算法，可解决驱动力分布的优化问题。

3.3　拉格朗日方程

在使用拉格朗日方程建立动力学模型时，需要注意的是，因为 $\boldsymbol{F}_{T_i}(i=L,R)$ 是理想约束力，不会出现在模型中。首先，机构虚拟地在被动球关节 M_i 处分开，末端执行器和支链的动力学模型分别在任务空间 $\boldsymbol{q}_{EE}$ 和支链空间 $\boldsymbol{q}_{r_i}$ 中建立。其次，考虑到实际存在的闭环约束，通过拉格朗日乘子表达约束力并加入模型中。最后，通过零空间法消去这些乘子，得到机构的动力学模型。

3.3.1 末端执行器

鉴于式（2.9）和式（2.14）中末端执行器的角速度和线速度，其动能可表示为

$$T_{EE}=\frac{1}{2}\cdot\begin{bmatrix}\boldsymbol{V}_{O_M}\\ \boldsymbol{\omega}_{EE}\end{bmatrix}^{\mathrm{T}}\cdot\overline{\boldsymbol{M}}_{EE}(\boldsymbol{q}_{EE})\cdot\begin{bmatrix}\boldsymbol{V}_{O_M}\\ \boldsymbol{\omega}_{EE}\end{bmatrix}=\frac{1}{2}\cdot\dot{\boldsymbol{q}}_{EE}^{\mathrm{T}}\cdot\boldsymbol{M}_{EE}(\boldsymbol{q}_{EE})\cdot\dot{\boldsymbol{q}}_{EE} \tag{3.25}$$

式中：

$$\begin{cases}\overline{\boldsymbol{M}}_{EE}(\boldsymbol{q}_{EE})=\mathrm{diag}(m_{EE}\cdot\boldsymbol{E}_3\quad \boldsymbol{I}_{EE})\\ \boldsymbol{M}_{EE}(\boldsymbol{q}_{EE})=\begin{bmatrix}\boldsymbol{M}_{1b}\\ \boldsymbol{M}_{0b}\end{bmatrix}^{\mathrm{T}}\cdot\overline{\boldsymbol{M}}_{EE}(\boldsymbol{q}_{EE})\cdot\begin{bmatrix}\boldsymbol{M}_{1b}\\ \boldsymbol{M}_{0b}\end{bmatrix}\end{cases} \tag{3.26}$$

分别是6×6的惯性二元矩阵和4×4的惯性矩阵。重力势能为

$$P_{EE}=m_{EE}\cdot g\cdot Z \tag{3.27}$$

式中：$g=9800\mathrm{mm/s^2}$是重力加速度。这样，末端执行器的拉格朗日函数为

$$L_{EE}=T_{EE}-P_{EE} \tag{3.28}$$

由此可得拉格朗日方程为

$$\frac{\mathrm{d}}{\mathrm{d}t}\left(\frac{\partial L_{EE}}{\partial\dot{\boldsymbol{q}}_{EE}}\right)-\frac{\partial L_{EE}}{\partial\boldsymbol{q}_{EE}}=\boldsymbol{M}_{EE}(\boldsymbol{q}_{EE})\cdot\ddot{\boldsymbol{q}}_{EE}+\boldsymbol{C}_{EE}(\boldsymbol{q}_{EE},\dot{\boldsymbol{q}}_{EE})\cdot\dot{\boldsymbol{q}}_{EE}+\boldsymbol{G}_{EE}(\boldsymbol{q}_{EE})=\boldsymbol{F}_{EE}(\boldsymbol{q}_{EE}) \tag{3.29}$$

式中：$\boldsymbol{C}_{EE}(\boldsymbol{q}_{EE},\dot{\boldsymbol{q}}_{EE})$和$\boldsymbol{G}_{EE}(\boldsymbol{q}_{EE})$分别是4×4的科氏力/离心力矩阵和4×1的重力向量；$\boldsymbol{F}_{EE}(\boldsymbol{q}_{EE})$是4×1的广义力向量。其中：

$$\begin{cases}\boldsymbol{C}_{EE}(\boldsymbol{q}_{EE},\dot{\boldsymbol{q}}_{EE})=\dfrac{\partial\boldsymbol{M}_{EE}(\boldsymbol{q}_{EE})}{\partial\boldsymbol{q}_{EE}^{\mathrm{T}}}\cdot(\dot{\boldsymbol{q}}_{EE}\otimes\boldsymbol{E}_4)-\dfrac{1}{2}\cdot(\boldsymbol{E}_4\otimes\dot{\boldsymbol{q}}_{EE})^{\mathrm{T}}\cdot\dfrac{\partial\boldsymbol{M}_{EE}(\boldsymbol{q}_{EE})}{\partial\boldsymbol{q}_{EE}}\\ \boldsymbol{G}_{EE}(\boldsymbol{q}_{EE})=-m_{EE}\cdot g\cdot\dfrac{\partial Z}{\partial\boldsymbol{q}_{EE}}\end{cases} \tag{3.30}$$

因为咀嚼反力$\boldsymbol{F}_B$沿着$\{S\}$系的三个坐标轴方向，所以需要通过如下的功率等效计算，将$\boldsymbol{F}_B$的三个分量转化到机构的四个自由度方向，即$\boldsymbol{F}_B$做功的瞬时功率为

$$\left(\begin{bmatrix}\boldsymbol{E}_3\\ \boldsymbol{O}_M\boldsymbol{B}\times\end{bmatrix}\cdot\boldsymbol{F}_B\right)^{\mathrm{T}}\cdot\begin{bmatrix}\boldsymbol{V}_{O_M}\\ \boldsymbol{\omega}_{EE}\end{bmatrix}=\boldsymbol{F}_{EE}^{\mathrm{T}}(\boldsymbol{q}_{EE})\cdot\dot{\boldsymbol{q}}_{EE} \tag{3.31}$$

所以由$\boldsymbol{F}_B$映射的4×1广义力向量为

$$\boldsymbol{F}_{EE}(\boldsymbol{q}_{EE})=\begin{bmatrix}\boldsymbol{M}_{1b}\\ \boldsymbol{M}_{0b}\end{bmatrix}^{\mathrm{T}}\cdot\begin{bmatrix}\boldsymbol{E}_3\\ \boldsymbol{O}_M\boldsymbol{B}\times\end{bmatrix}\cdot\boldsymbol{F}_B \tag{3.32}$$

由式（3.29）和式（3.32）可见，末端执行器的动力学模型直接在机构的任务空间中建立。

3.3.2 第 *i* 条支链

每条支链都包含一个连杆和一个曲柄，需要分别建立动力学模型。连杆$\boldsymbol{S}_i\boldsymbol{M}_i$的动能为

$$T_{S_iM_i}=\frac{1}{2}\cdot\begin{bmatrix}\boldsymbol{V}_{E_i}\\ \boldsymbol{\omega}_{S_iM_i}\end{bmatrix}^{\mathrm{T}}\cdot\overline{\boldsymbol{M}}_{S_iM_i}\cdot\begin{bmatrix}\boldsymbol{V}_{E_i}\\ \boldsymbol{\omega}_{S_iM_i}\end{bmatrix}\tag{3.33}$$

式中：$\overline{\boldsymbol{M}}_{S_iM_i}(\boldsymbol{q}_{r_i})=\mathrm{diag}(m_{S_iM_i}\cdot\boldsymbol{E}_3\quad \boldsymbol{I}_{S_iM_i})$是连杆 $\boldsymbol{S}_i\boldsymbol{M}_i$的惯性二元矩阵。将式（2.36）和式（2.41）带入式（3.33）可得

$$T_{S_iM_i}=\frac{1}{2}\cdot\dot{\boldsymbol{q}}_{r_i}^{\mathrm{T}}\cdot\boldsymbol{M}_{S_iM_i}(\boldsymbol{q}_{r_i})\cdot\dot{\boldsymbol{q}}_{r_i}\tag{3.34}$$

式中：$\boldsymbol{M}_{S_iM_i}(\boldsymbol{q}_{r_i})$是 3×3 惯性矩阵，可表达为

$$\boldsymbol{M}_{S_iM_i}(\boldsymbol{q}_{r_i})=\begin{bmatrix}\boldsymbol{J}_{E_i}\\ {}^{S}_{N_{i0}}\boldsymbol{R}\cdot\boldsymbol{R}_{N_i}\end{bmatrix}^{\mathrm{T}}\cdot\overline{\boldsymbol{M}}_{S_iM_i}\cdot\begin{bmatrix}\boldsymbol{J}_{E_i}\\ {}^{S}_{N_{i0}}\boldsymbol{R}\cdot\boldsymbol{R}_{N_i}\end{bmatrix}\tag{3.35}$$

连杆的重力势能为

$$P_{S_iM_i}=m_{S_iM_i}\cdot g\cdot\boldsymbol{O}_S\boldsymbol{E}_{i(3)}\tag{3.36}$$

式中：$\boldsymbol{O}_S\boldsymbol{E}_{i(3)}$表示 $\boldsymbol{O}_S\boldsymbol{E}_i$的第三项元素。

曲柄 $\boldsymbol{G}_i\boldsymbol{S}_i$只能绕着$\{C_i\}$系的 Z_{C_i}轴转动，动能为

$$T_{G_iS_i}=\frac{1}{2}I_{G_iS_i}\dot{\theta}_i^2=\frac{1}{2}\dot{\boldsymbol{q}}_{r_i}^{\mathrm{T}}\cdot\boldsymbol{M}_{G_iS_i}\cdot\dot{\boldsymbol{q}}_{r_i}\tag{3.37}$$

式中：$\boldsymbol{M}_{G_iS_i}=\mathrm{diag}(I_{G_iS_i}\quad \boldsymbol{0}_2)$为 3×3 惯性矩阵。因为 Z_{C_i}轴通过曲柄质心，所以在转动中重力势能是一个常量。经过上述计算，可得第 i 条支链的动能、重力势能、拉格朗日函数分别为

$$\begin{cases}T_{G_iS_iM_i}(\boldsymbol{q}_{r_i},\dot{\boldsymbol{q}}_{r_i})=T_{S_iM_i}+T_{G_iS_i}=\dfrac{1}{2}\dot{\boldsymbol{q}}_{r_i}^{\mathrm{T}}\cdot\boldsymbol{M}_{G_iS_iM_i}(\boldsymbol{q}_{r_i})\cdot\dot{\boldsymbol{q}}_{r_i}\\ P_{G_iS_iM_i}(\boldsymbol{q}_{r_i})=P_{S_iM_i}+P_{G_iS_i}\\ L_i=T_{G_iS_iM_i}(\boldsymbol{q}_{r_i},\dot{\boldsymbol{q}}_{r_i})-P_{G_iS_iM_i}(\boldsymbol{q}_{r_i})\end{cases}\tag{3.38}$$

式中：$\boldsymbol{M}_{G_iS_iM_i}(\boldsymbol{q}_{r_i})=\overline{\boldsymbol{M}}_{S_iM_i}+\boldsymbol{M}_{G_iS_i}$是支链 3×3 的惯性矩阵。进一步计算可得

$$\begin{cases}\dfrac{\partial L_i}{\partial\dot{\boldsymbol{q}}_{r_i}}=\boldsymbol{M}_{G_iS_iM_i}(\boldsymbol{q}_{r_i})\cdot\dot{\boldsymbol{q}}_{r_i}\\ \dfrac{d}{dt}\left(\dfrac{\partial L_i}{\partial\dot{\boldsymbol{q}}_{r_i}}\right)=\boldsymbol{M}_{G_iS_iM_i}(\boldsymbol{q}_{r_i})\cdot\ddot{\boldsymbol{q}}_{r_i}+\dfrac{\partial\boldsymbol{M}_{G_iS_iM_i}}{\partial\boldsymbol{q}_{r_i}^{\mathrm{T}}}\cdot(\dot{\boldsymbol{q}}_{r_i}\otimes\boldsymbol{E}_3)\cdot\dot{\boldsymbol{q}}_{r_i}\\ \dfrac{\partial L_i}{\partial\boldsymbol{q}_{r_i}}=\dfrac{1}{2}\cdot(\boldsymbol{E}_3\otimes\dot{\boldsymbol{q}}_{r_i})^{\mathrm{T}}\cdot\dfrac{\partial\boldsymbol{M}_{G_iS_iM_i}}{\partial\boldsymbol{q}_{r_i}}\cdot\dot{\boldsymbol{q}}_{r_i}-m_{S_iM_i}\cdot g\cdot\dfrac{\partial\boldsymbol{O}_S\boldsymbol{E}_{i(3)}}{\partial\boldsymbol{q}_{r_i}}\end{cases}\tag{3.39}$$

所以，通过拉格朗日方程建立第 i 条支链的动力学模型为

$$\boldsymbol{M}_{G_iS_iM_i}(\boldsymbol{q}_{r_i})\cdot\ddot{\boldsymbol{q}}_{r_i}+\boldsymbol{C}_{G_iS_iM_i}(\boldsymbol{q}_{r_i},\dot{\boldsymbol{q}}_{r_i})\cdot\dot{\boldsymbol{q}}_{r_i}+\boldsymbol{G}_{G_iS_iM_i}(\boldsymbol{q}_{r_i})=\boldsymbol{F}_{G_iS_iM_i}(\tau_i)\tag{3.40}$$

式中：$\boldsymbol{C}_{G_iS_iM_i}(\boldsymbol{q}_{r_i},\dot{\boldsymbol{q}}_{r_i})$、$\boldsymbol{G}_{G_iS_iM_i}(\boldsymbol{q}_{r_i})$、$\boldsymbol{F}_{G_iS_iM_i}(\tau_i)$分别是 3×3 的科氏力/离心力矩阵、3×1 的重力向量、3×1 的广义力向量。具体地，有

$$\begin{cases} \boldsymbol{C}_{G_iS_iM_i}(\boldsymbol{q}_{r_i},\dot{\boldsymbol{q}}_{r_i})=\dfrac{\partial \boldsymbol{M}_{G_iS_iM_i}}{\partial \boldsymbol{q}_{r_i}^{\mathrm{T}}}\cdot(\dot{\boldsymbol{q}}_{r_i}\otimes\boldsymbol{E}_3)-\dfrac{1}{2}\cdot(\boldsymbol{E}_3\otimes\dot{\boldsymbol{q}}_{r_i})^{\mathrm{T}}\cdot\dfrac{\partial \boldsymbol{M}_{G_iS_iM_i}}{\partial \boldsymbol{q}_{r_i}} \\ \boldsymbol{G}_{G_iS_iM_i}(\boldsymbol{q}_{r_i})=m_{S_iM_i}\cdot g\cdot\dfrac{\partial \boldsymbol{O}_S\boldsymbol{E}_{i(3)}}{\partial \boldsymbol{q}_{r_i}} \\ \boldsymbol{F}_{G_iS_iM_i}=\begin{bmatrix}\tau_i\\ \boldsymbol{0}_{2\times1}\end{bmatrix} \end{cases} \tag{3.41}$$

这样，支链 i 的动力学模型就在 $\boldsymbol{q}_{r_i}$ 表示的空间中建立。

3.3.3 整体机构

对于整体机构，不考虑支链和末端执行器之间的约束，可得

$$\boldsymbol{M}(\boldsymbol{q})\cdot\ddot{\boldsymbol{q}}+\boldsymbol{C}(\boldsymbol{q},\dot{\boldsymbol{q}})\cdot\dot{\boldsymbol{q}}+\boldsymbol{G}(\boldsymbol{q})=\boldsymbol{F}(\boldsymbol{\tau},\boldsymbol{q}_{EE}) \tag{3.42}$$

式中：

$$\begin{cases} \boldsymbol{q}=[\boldsymbol{q}_{r_1}^{\mathrm{T}}(\boldsymbol{q}_{EE}) \quad \boldsymbol{q}_{r2}^{\mathrm{T}} \quad \cdots \quad \boldsymbol{q}_{r_6}^{\mathrm{T}}(\boldsymbol{q}_{EE}) \quad \boldsymbol{q}_{EE}^{\mathrm{T}}]^{\mathrm{T}} \\ \boldsymbol{M}(\boldsymbol{q})=\mathrm{diag}(\boldsymbol{M}_{G_1S_1M_1}(\boldsymbol{q}_{r_1}) \quad \boldsymbol{M}_{G_2S_2M_2}(\boldsymbol{q}_{r_2}) \quad \cdots \quad \boldsymbol{M}_{G_6S_6M_6}(\boldsymbol{q}_{r_6}) \quad \boldsymbol{M}_{EE}(\boldsymbol{q}_{EE})) \\ \boldsymbol{C}(\boldsymbol{q},\dot{\boldsymbol{q}})=\mathrm{diag}(\boldsymbol{C}_{G_1S_1M_1}(\boldsymbol{q}_{r_1},\dot{\boldsymbol{q}}_{r_1}) \quad \boldsymbol{C}_{G_2S_2M_2}(\boldsymbol{q}_{r_2},\dot{\boldsymbol{q}}_{r_2}) \quad \cdots \quad \boldsymbol{C}_{G_6S_6M_6}(\boldsymbol{q}_{r_6},\dot{\boldsymbol{q}}_{r_6}) \quad \boldsymbol{C}_{EE}(\boldsymbol{q}_{EE},\dot{\boldsymbol{q}}_{EE})) \\ \boldsymbol{G}(\boldsymbol{q})=[\boldsymbol{G}_{G_1S_1M_1}^{\mathrm{T}}(\boldsymbol{q}_{r_1}) \quad \boldsymbol{G}_{G_2S_2M_2}^{\mathrm{T}}(\boldsymbol{q}_{r_2}) \quad \cdots \quad \boldsymbol{G}_{G_6S_6M_6}^{\mathrm{T}}(\boldsymbol{q}_{r_6}) \quad \boldsymbol{G}_{EE}^{\mathrm{T}}(\boldsymbol{q}_{EE})]^{\mathrm{T}} \\ \boldsymbol{F}(\boldsymbol{\tau},\boldsymbol{q}_{EE})=[\boldsymbol{F}_{G_1S_1M_1}^{\mathrm{T}}(\tau_1) \quad \boldsymbol{F}_{G_2S_2M_2}^{\mathrm{T}}(\tau_2) \quad \cdots \quad \boldsymbol{F}_{G_6S_6M_6}^{\mathrm{T}}(\tau_6) \quad \boldsymbol{F}_{EE}^{\mathrm{T}}(\boldsymbol{q}_{EE})]^{\mathrm{T}} \end{cases} \tag{3.43}$$

分别为不含末端执行器和支链之间约束的整体机构广义坐标向量、惯性矩阵、科氏力/离心力矩阵、重力向量、广义力向量。实际上，由于支链和末端执行器之间的闭环连接，因此形成 18 个完整约束的标量方程

$$\boldsymbol{\Phi}(\boldsymbol{q})=\begin{bmatrix} \boldsymbol{O}_S\boldsymbol{G}_1+\boldsymbol{G}_1\boldsymbol{S}_1+\boldsymbol{S}_1\boldsymbol{M}_1-\boldsymbol{O}_S\boldsymbol{O}_M-\boldsymbol{O}_M\boldsymbol{M}_1 \\ \boldsymbol{O}_S\boldsymbol{G}_2+\boldsymbol{G}_2\boldsymbol{S}_2+\boldsymbol{S}_2\boldsymbol{M}_2-\boldsymbol{O}_S\boldsymbol{O}_M-\boldsymbol{O}_M\boldsymbol{M}_2 \\ \vdots \\ \boldsymbol{O}_S\boldsymbol{G}_6+\boldsymbol{G}_6\boldsymbol{S}_6+\boldsymbol{S}_6\boldsymbol{M}_6-\boldsymbol{O}_S\boldsymbol{O}_M-\boldsymbol{O}_M\boldsymbol{M}_6 \end{bmatrix}=\boldsymbol{0}_{18\times1} \tag{3.44}$$

使用拉格朗日乘子表达约束力，在式（3.42）和式（3.44）的基础上可得

$$\boldsymbol{M}(\boldsymbol{q})\cdot\ddot{\boldsymbol{q}}+\boldsymbol{C}(\boldsymbol{q},\dot{\boldsymbol{q}})\cdot\dot{\boldsymbol{q}}+\boldsymbol{G}(\boldsymbol{q})+\boldsymbol{\Phi}_{\boldsymbol{q}}^{\mathrm{T}}\cdot\boldsymbol{\lambda}=\boldsymbol{F}(\boldsymbol{\tau},\boldsymbol{q}_{EE}) \tag{3.45}$$

式中：$\boldsymbol{\Phi}_{\boldsymbol{q}}=\mathrm{Jacobian}(\boldsymbol{\Phi}(\boldsymbol{q}),\boldsymbol{q})$ 是 18×22 的约束 Jacobian 矩阵；$\boldsymbol{\lambda}$ 是 18×1 的未知拉格朗日乘子向量；$\boldsymbol{\Phi}_{\boldsymbol{q}}^{\mathrm{T}}\cdot\boldsymbol{\lambda}$ 表示闭环约束处的广义约束力大小。从第 2 章的运动学分析中可知，$\boldsymbol{q}$ 中的 22 个广义坐标并非完全独立，支链的运动坐标 $\boldsymbol{q}_{r_i}(i=1,2,\cdots,6)$ 是机构自由度 $\boldsymbol{q}_{EE}$ 的函数。所以，$\boldsymbol{q}$ 不能用作独立的广义坐标向量。从式（2.32）和式（2.35）可得

$$\begin{cases}\dot{\boldsymbol{q}}=\boldsymbol{M}_{p1}\cdot\dot{\boldsymbol{q}}_{EE}\\ \ddot{\boldsymbol{q}}=\boldsymbol{M}_{p1}\cdot\ddot{\boldsymbol{q}}_{EE}+\boldsymbol{M}_{p2}\cdot\dot{\boldsymbol{q}}_{EE}\\ \boldsymbol{M}_{p1}=\begin{bmatrix}\boldsymbol{M}_{31}\\ \boldsymbol{M}_{32}\\ \vdots\\ \boldsymbol{M}_{36}\\ \boldsymbol{E}_{4}\end{bmatrix}_{22\times4},\ \boldsymbol{M}_{p2}=\dot{\boldsymbol{M}}_{p1}=\begin{bmatrix}\dot{\boldsymbol{M}}_{31}\\ \dot{\boldsymbol{M}}_{32}\\ \vdots\\ \dot{\boldsymbol{M}}_{36}\\ \boldsymbol{0}_{4}\end{bmatrix}_{22\times4}\end{cases}\tag{3.46}$$

将式（3.46）代入式（3.45）中可得

$$\boldsymbol{M}(\boldsymbol{q})\cdot(\boldsymbol{M}_{p1}\cdot\ddot{\boldsymbol{q}}_{EE}+\boldsymbol{M}_{p2}\cdot\dot{\boldsymbol{q}}_{EE})+\boldsymbol{C}(\boldsymbol{q},\dot{\boldsymbol{q}})\cdot\boldsymbol{M}_{p1}\cdot\dot{\boldsymbol{q}}_{EE}+\boldsymbol{G}(\boldsymbol{q})+\boldsymbol{\Phi}_{\boldsymbol{q}}^{\mathrm{T}}\cdot\boldsymbol{\lambda}=\boldsymbol{F}(\boldsymbol{\tau},\boldsymbol{q}_{EE})\tag{3.47}$$

为避免求解该方程包含的未知拉格朗日乘子，使用如下的零空间法。式（3.44）对时间求导可得

$$\dot{\boldsymbol{\Phi}}=\boldsymbol{\Phi}_{\boldsymbol{q}}\cdot\dot{\boldsymbol{q}}=\boldsymbol{0}_{18\times1}\tag{3.48}$$

将式（3.46）中的第一个方程带入式（3.48）可得

$$\boldsymbol{\Phi}_{\boldsymbol{q}}\cdot\boldsymbol{M}_{p1}\cdot\dot{\boldsymbol{q}}_{EE}=\boldsymbol{0}_{18\times1}\tag{3.49}$$

式中：$\dot{\boldsymbol{q}}_{EE}$ 是独立广义坐标向量 $\boldsymbol{q}_{EE}$ 的一阶时间导数，其值能任意设置，所以从式（3.49）可得

$$\boldsymbol{\Phi}_{\boldsymbol{q}}\cdot\boldsymbol{M}_{p1}=\boldsymbol{0}_{18\times4}\tag{3.50}$$

或者等效地有 $\boldsymbol{M}_{p1}^{\mathrm{T}}\cdot\boldsymbol{\Phi}_{\boldsymbol{q}}^{\mathrm{T}}=\boldsymbol{0}_{4\times18}$。这样，对（3.47）两边同时左乘 $\boldsymbol{M}_{p1}^{\mathrm{T}}$ 并整理得

$$\boldsymbol{M}_{r}\cdot\ddot{\boldsymbol{q}}_{EE}+\boldsymbol{C}_{r}\cdot\dot{\boldsymbol{q}}_{EE}+\boldsymbol{G}_{r}=\boldsymbol{J}_{\theta}^{\mathrm{T}}\cdot\boldsymbol{\tau}+\boldsymbol{F}_{EE}\tag{3.51}$$

式中：

$$\begin{cases}\boldsymbol{M}_{r}=\boldsymbol{M}_{p1}^{\mathrm{T}}\cdot\boldsymbol{M}(\boldsymbol{q})\cdot\boldsymbol{M}_{p1}\\ \boldsymbol{C}_{r}=\boldsymbol{M}_{p1}^{\mathrm{T}}\cdot(\boldsymbol{M}(\boldsymbol{q})\cdot\boldsymbol{M}_{p2}+\boldsymbol{C}(\boldsymbol{q},\dot{\boldsymbol{q}})\cdot\boldsymbol{M}_{p1})\\ \boldsymbol{G}_{r}=\boldsymbol{M}_{p1}^{\mathrm{T}}\cdot\boldsymbol{G}(\boldsymbol{q})\end{cases}\tag{3.52}$$

这样就不需求出拉格朗日乘子的具体数值。其中，$\boldsymbol{J}_{\theta}$ 是 $\boldsymbol{\theta}$ 和 $\boldsymbol{q}_{EE}$ 之间的 Jacobian 矩阵，可见式（2.33）。

式（3.51）即为使用拉格朗日方程法建立的机构动力学模型。该式中有四个方程和六个未知驱动力矩，表明目标机构有六个主动关节，即存在驱动冗余。和 3.2 节中通过牛顿-欧拉方程建立的模型相比，方程数目和未知数数目都少两个。通过 Moore-Penrose 伪逆矩阵，得到驱动力矩的显式表达为

$$\boldsymbol{\tau}=(\boldsymbol{J}_{\theta}^{\mathrm{T}})^{+}\cdot(\boldsymbol{M}_{r}\cdot\ddot{\boldsymbol{q}}_{EE}+\boldsymbol{C}_{r}\cdot\dot{\boldsymbol{q}}_{EE}+\boldsymbol{G}_{r}-\boldsymbol{F}_{EE})\tag{3.53}$$

式中：$(\boldsymbol{J}_{\theta}^{\mathrm{T}})^{+}$ 是 $\boldsymbol{J}_{\theta}^{\mathrm{T}}$ 的伪逆矩阵。式（3.53）的物理意义为驱动力矩向量 $\boldsymbol{\tau}$ 二范数的最小化。

3.4 拉格朗日–达朗贝尔原理

用该原理建立机构的动力学模型，是在通过拉格朗日方程建立支链和末端执行器间无约束模型的基础上开展的，独立的末端执行器和支链的动力学模型已在3.3节中建立完毕。将不含内部约束的机构模型，即式（3.42）改写为

$$\begin{bmatrix} \boldsymbol{M}_{q_r}(\boldsymbol{q}_r)\cdot\ddot{\boldsymbol{q}}_r(\boldsymbol{q}_{EE},\dot{\boldsymbol{q}}_{EE},\ddot{\boldsymbol{q}}_{EE})+\boldsymbol{C}_{q_r}(\boldsymbol{q}_r,\dot{\boldsymbol{q}}_r)\cdot\dot{\boldsymbol{q}}_r(\boldsymbol{q}_{EE},\dot{\boldsymbol{q}}_{EE})+\boldsymbol{G}_{q_r}(\boldsymbol{q}_r) \\ \boldsymbol{M}_{EE}(\boldsymbol{q}_{EE})\cdot\ddot{\boldsymbol{q}}_{EE}+\boldsymbol{C}_{EE}(\boldsymbol{q}_{EE},\dot{\boldsymbol{q}}_{EE})\cdot\dot{\boldsymbol{q}}_{EE}+\boldsymbol{G}_{EE}(\boldsymbol{q}_{EE}) \end{bmatrix}=\begin{bmatrix} \boldsymbol{F}_{q_r}(\boldsymbol{\tau}) \\ \boldsymbol{F}_{EE}(\boldsymbol{q}_{EE}) \end{bmatrix} \tag{3.54}$$

式中：

$$\begin{cases} \boldsymbol{q}_r(\boldsymbol{q}_{EE})=[\boldsymbol{q}_{r_1}^{\mathrm{T}}(\boldsymbol{q}_{EE}) \quad \boldsymbol{q}_{r_2}^{\mathrm{T}}(\boldsymbol{q}_{EE}) \quad \cdots \quad \boldsymbol{q}_{r_6}^{\mathrm{T}}(\boldsymbol{q}_{EE})]^{\mathrm{T}} \\ \boldsymbol{M}_{q_r}(\boldsymbol{q}_r)=\mathrm{diag}(\boldsymbol{M}_{G_1S_1M_1}(\boldsymbol{q}_{r_1}) \quad \boldsymbol{M}_{G_2S_2M_2}(\boldsymbol{q}_{r_2}) \quad \cdots \quad \boldsymbol{M}_{G_6S_6M_6}(\boldsymbol{q}_{r_6})) \\ \boldsymbol{C}_{q_r}(\boldsymbol{q}_r,\dot{\boldsymbol{q}}_r)=\mathrm{diag}(\boldsymbol{C}_{G_1S_1M_1}(\boldsymbol{q}_{r_1},\dot{\boldsymbol{q}}_{r_1}) \quad \boldsymbol{C}_{G_2S_2M_2}(\boldsymbol{q}_{r_2},\dot{\boldsymbol{q}}_{r_2}) \quad \cdots \quad \boldsymbol{C}_{G_6S_6M_6}(\boldsymbol{q}_{r_6},\dot{\boldsymbol{q}}_{r_6})) \\ \boldsymbol{G}_{q_r}(\boldsymbol{q}_r)=[\boldsymbol{G}_{G_1S_1M_1}^{\mathrm{T}}(\boldsymbol{q}_{r_1}) \quad \boldsymbol{G}_{G_2S_2M_2}^{\mathrm{T}}(\boldsymbol{q}_{r_2}) \quad \cdots \quad \boldsymbol{G}_{G_6S_6M_6}^{\mathrm{T}}(\boldsymbol{q}_{r_6})]^{\mathrm{T}} \\ \boldsymbol{F}_{q_r}(\boldsymbol{\tau})=[\boldsymbol{F}_{G_1S_1M_1}^{\mathrm{T}}(\tau_1) \quad \boldsymbol{F}_{G_2S_2M_2}^{\mathrm{T}}(\tau_2) \quad \cdots \quad \boldsymbol{F}_{G_6S_6M_6}^{\mathrm{T}}(\tau_6)]^{\mathrm{T}} \end{cases} \tag{3.55}$$

根据达朗贝尔原理可得

$$\begin{aligned} &(\boldsymbol{L}_{q_r}(\boldsymbol{q}_r,\dot{\boldsymbol{q}}_r,\ddot{\boldsymbol{q}}_r)-\boldsymbol{F}_{q_r}(\tau))^{\mathrm{T}}\cdot\delta\boldsymbol{q}_r+(\boldsymbol{L}_{EE}(\boldsymbol{q}_{EE},\dot{\boldsymbol{q}}_{EE},\ddot{\boldsymbol{q}}_{EE})-\boldsymbol{F}_{EE}(\boldsymbol{q}_{EE}))^{\mathrm{T}}\cdot\delta\boldsymbol{q}_{EE} \\ &=((\boldsymbol{L}_{q_r}(\boldsymbol{q}_r,\dot{\boldsymbol{q}}_r,\ddot{\boldsymbol{q}}_r)-\boldsymbol{F}_{q_r}(\tau))^{\mathrm{T}}\cdot\frac{\partial\boldsymbol{q}_r}{\partial\boldsymbol{q}_{EE}^{\mathrm{T}}}+(\boldsymbol{L}_{EE}(\boldsymbol{q}_{EE},\dot{\boldsymbol{q}}_{EE},\ddot{\boldsymbol{q}}_{EE})-\boldsymbol{F}_{EE}(\boldsymbol{q}_{EE}))^{\mathrm{T}})\cdot\delta\boldsymbol{q}_{EE}=0 \end{aligned} \tag{3.56}$$

式中：$\boldsymbol{L}_{q_r}(\boldsymbol{q}_r,\dot{\boldsymbol{q}}_r,\ddot{\boldsymbol{q}}_r)$和$\boldsymbol{L}_{EE}(\boldsymbol{q}_{EE},\dot{\boldsymbol{q}}_{EE},\ddot{\boldsymbol{q}}_{EE})$分别为式（3.54）中支链和末端执行器方程等式左边部分，且

$$\frac{\partial\boldsymbol{q}_r}{\partial\boldsymbol{q}_{EE}^{\mathrm{T}}}=\begin{bmatrix} \boldsymbol{M}_{31} \\ \boldsymbol{M}_{32} \\ \vdots \\ \boldsymbol{M}_{36} \end{bmatrix}=\mathrm{Jacobian}(\boldsymbol{q}_r,\boldsymbol{q}_{EE}) \tag{3.57}$$

式中：$\delta\boldsymbol{q}_r$和$\delta\boldsymbol{q}_{EE}$分别是$\boldsymbol{q}_r$和$\boldsymbol{q}_{EE}$的虚位移向量。因为$\delta\boldsymbol{q}_{EE}$是独立向量，所以可得

$$(\boldsymbol{L}_{q_r}(\boldsymbol{q}_r,\dot{\boldsymbol{q}}_r,\ddot{\boldsymbol{q}}_r)-\boldsymbol{F}_{q_r}(\tau))^{\mathrm{T}}\cdot\frac{\partial\boldsymbol{q}_r}{\partial\boldsymbol{q}_{EE}^{\mathrm{T}}}+(\boldsymbol{L}_{EE}(\boldsymbol{q}_{EE},\dot{\boldsymbol{q}}_{EE},\ddot{\boldsymbol{q}}_{EE})-\boldsymbol{F}_{EE}(\boldsymbol{q}_{EE}))^{\mathrm{T}}=\boldsymbol{0}_{1\times4} \tag{3.58}$$

将式（3.54）和式（3.57）代入式（3.58）并转置结果可得和式（3.51）相同的表达式：

$$\boldsymbol{M}_r\cdot\ddot{\boldsymbol{q}}_{EE}+\boldsymbol{C}_r\cdot\dot{\boldsymbol{q}}_{EE}+\boldsymbol{G}_r-\boldsymbol{F}_{EE}=\boldsymbol{J}_\theta^{\mathrm{T}}\cdot\boldsymbol{\tau} \tag{3.59}$$

使用伪逆矩阵可得最小化驱动力矩的显式表达为

$$\boldsymbol{\tau}=(\boldsymbol{J}_{\theta}^{\mathrm{T}})^{+}\cdot(\boldsymbol{M}_{r}\cdot\ddot{\boldsymbol{q}}_{EE}+\boldsymbol{C}_{r}\cdot\dot{\boldsymbol{q}}_{EE}+\boldsymbol{G}_{r}-\boldsymbol{F}_{EE}) \tag{3.60}$$

所以，通过该方法建立的模型也不含点接触高副处的约束力。

3.5 Udwadia-Kalaba 方程

通过 Udwadia-Kalaba 方程建立的动力学逆解模型，也是在通过拉格朗日方程建立的无约束模型基础上开展的，即在式（3.42）中加上约束力。为便于使用 Udwadia-Kalaba 法，机构的广义力向量改写为

$$\boldsymbol{F}(\boldsymbol{\tau},\boldsymbol{q}_{EE})=\boldsymbol{S}_{1}\cdot\boldsymbol{\tau}+\boldsymbol{S}_{2}(\boldsymbol{q}_{EE}) \tag{3.61}$$

式中：$\boldsymbol{S}_1$是从$\boldsymbol{F}(\boldsymbol{\tau},\boldsymbol{q}_{EE})$中提取$\boldsymbol{\tau}$六个元素的 22×6 布尔矩阵，且

$$\boldsymbol{S}_1=\begin{bmatrix} 1 & \boldsymbol{0}_{1\times5} & \\ \boldsymbol{0}_{2\times6} & & \\ 0 & 1 & \boldsymbol{0}_{1\times4} \\ \boldsymbol{0}_{2\times6} & & \\ \boldsymbol{0}_{1\times2} & 1 & \boldsymbol{0}_{1\times3} \\ \boldsymbol{0}_{2\times6} & & \\ \boldsymbol{0}_{1\times3} & 1 & \boldsymbol{0}_{1\times2} \\ \boldsymbol{0}_{2\times6} & & \\ \boldsymbol{0}_{1\times4} & 1 & 0 \\ \boldsymbol{0}_{2\times6} & & \\ \boldsymbol{0}_{1\times5} & 1 & \\ \boldsymbol{0}_{6} & & \end{bmatrix} \tag{3.62}$$

$$\boldsymbol{S}_2(\boldsymbol{q}_{EE})=\begin{bmatrix}\boldsymbol{0}_{18\times1}\\ \boldsymbol{F}_{EE}(\boldsymbol{q}_{EE})\end{bmatrix}$$

根据 Udwadia-Kalaba 法，约束力向量可表达为

$$\boldsymbol{F}^{C}(\boldsymbol{\tau},\boldsymbol{q},\dot{\boldsymbol{q}},\ddot{\boldsymbol{q}})=\boldsymbol{F}_{0}^{C}(\boldsymbol{q},\dot{\boldsymbol{q}},\ddot{\boldsymbol{q}})+\boldsymbol{D}(\boldsymbol{q})\cdot\boldsymbol{F}(\boldsymbol{\tau},\boldsymbol{q}) \tag{3.63}$$

式中：

$$\begin{cases}\boldsymbol{F}_{0}^{C}(\boldsymbol{q},\dot{\boldsymbol{q}},\ddot{\boldsymbol{q}})=\boldsymbol{M}^{1/2}(\boldsymbol{q})\cdot\boldsymbol{B}^{+}(\boldsymbol{q})\cdot(\boldsymbol{b}_{0}(\boldsymbol{q},\ddot{\boldsymbol{q}})+\boldsymbol{\Phi}_{q}(\boldsymbol{q})\cdot\boldsymbol{M}^{-1}(\boldsymbol{q})\cdot(\boldsymbol{C}(\boldsymbol{q},\ddot{\boldsymbol{q}})\cdot\dot{\boldsymbol{q}}+\boldsymbol{G}(\boldsymbol{q})))\\ \boldsymbol{D}(\boldsymbol{q})=-\boldsymbol{M}^{1/2}(\boldsymbol{q})\cdot\boldsymbol{B}^{+}(\boldsymbol{q})\cdot\boldsymbol{\Phi}_{q}(\boldsymbol{q})\cdot\boldsymbol{M}^{-1}(\boldsymbol{q})\\ \boldsymbol{B}(\boldsymbol{q})=\boldsymbol{\Phi}_{q}(\boldsymbol{q})\cdot\boldsymbol{M}^{-1/2}(\boldsymbol{q})\\ \boldsymbol{b}_{0}(\boldsymbol{q},\ddot{\boldsymbol{q}})=\boldsymbol{\Phi}_{q}(\boldsymbol{q})\cdot\ddot{\boldsymbol{q}}\end{cases} \tag{3.64}$$

式中：$\boldsymbol{B}^{+}(\boldsymbol{q})$是$\boldsymbol{B}(\boldsymbol{q})$的 Moore-Penrose 伪逆矩阵。详细的约束力向量推导可见文献[69]。因此，包括约束力在内的动力学模型为

$$\boldsymbol{M}(\boldsymbol{q})\cdot\ddot{\boldsymbol{q}}+\boldsymbol{C}(\boldsymbol{q},\dot{\boldsymbol{q}})\cdot\dot{\boldsymbol{q}}+\boldsymbol{G}(\boldsymbol{q})=\boldsymbol{F}(\boldsymbol{\tau},\boldsymbol{q})+\boldsymbol{F}^{C}(\boldsymbol{\tau},\boldsymbol{q},\dot{\boldsymbol{q}},\ddot{\boldsymbol{q}}) \tag{3.65}$$

将式（3.61）和式（3.63）代入式（3.65）中，并重整结果为

$$\boldsymbol{M}(\boldsymbol{q})\cdot\ddot{\boldsymbol{q}}+\boldsymbol{C}(\boldsymbol{q},\dot{\boldsymbol{q}})\cdot\dot{\boldsymbol{q}}+\boldsymbol{G}(\boldsymbol{q})-\boldsymbol{F}_0^C(\boldsymbol{q},\dot{\boldsymbol{q}},\ddot{\boldsymbol{q}})-(\boldsymbol{E}_{22}+\boldsymbol{D}(\boldsymbol{q}))\cdot\boldsymbol{S}_2(\boldsymbol{q}_{EE})=(\boldsymbol{E}_{22}+\boldsymbol{D}(\boldsymbol{q}))\cdot\boldsymbol{S}_1\cdot\boldsymbol{\tau} \tag{3.66}$$

式中：$\boldsymbol{E}_{22}$是 22×22 的单位矩阵。将式（3.46）代入（3.66）中可得

$$\overline{\boldsymbol{M}}_{UK}(\boldsymbol{q})\cdot\ddot{\boldsymbol{q}}_{EE}+\overline{\boldsymbol{C}}_{UK}(\boldsymbol{q},\dot{\boldsymbol{q}})\cdot\dot{\boldsymbol{q}}_{EE}+\overline{\boldsymbol{G}}_{UK}(\boldsymbol{q},\dot{\boldsymbol{q}},\ddot{\boldsymbol{q}})=(\boldsymbol{E}_{22}+\boldsymbol{D}(\boldsymbol{q}))\cdot\boldsymbol{S}_1\cdot\boldsymbol{\tau} \tag{3.67}$$

式中：

$$\begin{cases}\overline{\boldsymbol{M}}_{UK}(\boldsymbol{q})=\boldsymbol{M}(\boldsymbol{q})\cdot\boldsymbol{M}_{p1}(\boldsymbol{q}_{EE})\\ \overline{\boldsymbol{C}}_{UK}(\boldsymbol{q},\dot{\boldsymbol{q}})=\boldsymbol{M}(\boldsymbol{q}_{EE})\cdot\dot{\boldsymbol{M}}_{p1}(\boldsymbol{q}_{EE})+\boldsymbol{C}(\boldsymbol{q},\dot{\boldsymbol{q}})\cdot\boldsymbol{M}_{p1}(\boldsymbol{q}_{EE})\\ \overline{\boldsymbol{G}}_{UK}(\boldsymbol{q},\dot{\boldsymbol{q}},\ddot{\boldsymbol{q}})=\boldsymbol{G}(\boldsymbol{q})-\boldsymbol{F}_0^C(\boldsymbol{q},\dot{\boldsymbol{q}},\ddot{\boldsymbol{q}})+(\boldsymbol{E}_{22}+\boldsymbol{D}(\boldsymbol{q}))\cdot\boldsymbol{S}_2(\boldsymbol{q}_{EE})\end{cases} \tag{3.68}$$

左乘$\boldsymbol{M}_{p1}^{\mathrm{T}}(\boldsymbol{q}_{EE})$到式（3.68）中的每一项可得机构的动力学模型为

$$\boldsymbol{M}_{UK}(\boldsymbol{q})\cdot\ddot{\boldsymbol{q}}_{EE}+\boldsymbol{C}_{UK}(\boldsymbol{q},\dot{\boldsymbol{q}})\cdot\dot{\boldsymbol{q}}_{EE}+\boldsymbol{G}_{UK}(\boldsymbol{q},\dot{\boldsymbol{q}},\ddot{\boldsymbol{q}})=\boldsymbol{S}_{UK}(\boldsymbol{q})\cdot\boldsymbol{\tau} \tag{3.69}$$

式中：

$$\begin{cases}\boldsymbol{M}_{UK}(\boldsymbol{q})=\boldsymbol{M}_{p1}^{\mathrm{T}}(\boldsymbol{q})\cdot\overline{\boldsymbol{M}}_{UK}(\boldsymbol{q})\\ \boldsymbol{C}_{UK}(\boldsymbol{q},\dot{\boldsymbol{q}})=\boldsymbol{M}_{p1}^{\mathrm{T}}(\boldsymbol{q})\cdot\overline{\boldsymbol{C}}_{UK}(\boldsymbol{q},\dot{\boldsymbol{q}})\\ \boldsymbol{G}_{UK}(\boldsymbol{q},\dot{\boldsymbol{q}},\ddot{\boldsymbol{q}})=\boldsymbol{M}_{p1}^{\mathrm{T}}(\boldsymbol{q})\cdot\overline{\boldsymbol{G}}_{UK}(\boldsymbol{q},\dot{\boldsymbol{q}},\ddot{\boldsymbol{q}})\end{cases} \tag{3.70}$$

分别是 4×4 的惯性矩阵、4×4 的科氏力/离心力矩阵、4×1 的重力向量，并且$\boldsymbol{S}_{UK}(\boldsymbol{q})=\boldsymbol{M}_{p1}^{\mathrm{T}}(\boldsymbol{q})\cdot(\boldsymbol{E}_{22}+\boldsymbol{D}(\boldsymbol{q}))\cdot\boldsymbol{S}_1$。同样，该式有四个方程和六个未知数，表明机构含有冗余驱动，且不包含点接触高副处的约束力。驱动力最小化的显式方程为

$$\boldsymbol{\tau}=\boldsymbol{S}_{UK}^{+}(\boldsymbol{q})\cdot(\boldsymbol{M}_{UK}(\boldsymbol{q})\cdot\ddot{\boldsymbol{q}}_{EE}+\boldsymbol{C}_{UK}(\boldsymbol{q},\dot{\boldsymbol{q}})\cdot\dot{\boldsymbol{q}}_{EE}+\boldsymbol{G}_{UK}(\boldsymbol{q},\dot{\boldsymbol{q}},\ddot{\boldsymbol{q}})) \tag{3.71}$$

式中：$\boldsymbol{S}_{UK}^{+}(\boldsymbol{q})$是 4×6 矩阵$\boldsymbol{S}_{UK}(\boldsymbol{q})$的 Moore-Penrose 伪逆矩阵。

3.6 Khalil-Ibrahim 法

在使用该方法建立动力学模型的过程中，仍然假设支链和末端执行器在被动球关节M_i处分离，这样六条支链和末端执行器先当作独立部分对待。末端执行器和支链的动力学模型分别用牛顿-欧拉方程和拉格朗日方程建立，M_i处的约束力作为中间变量起到连接上述两个模型的作用。和 3.3 节中完全采用拉格朗日方程不同的是，这里需要计入M_i处的约束力。另外，根据文献［47］的说明，支链动力学模型也能用其他方法建立，本节使用拉格朗日方程只是因为在 3.3 节中已经使用该方程分别建立了支链和末端执行器的动力学模型。

3.6.1 末端执行器

使用牛顿-欧拉法则，建立了通过式（3.3）表达的末端执行器的动力学模型：

$$\boldsymbol{M}_{2b}\cdot\boldsymbol{F}_{M_{1\_6}}=\boldsymbol{M}_{3b}-\boldsymbol{M}_{4b}\cdot\boldsymbol{F}_Z \tag{3.72}$$

式中符号含义可见 3.2.1 节。

3.6.2 第 *i* 条支链

支链的动力学方程和式（3.40）的左边部分一致，但因为上式使用了牛顿-欧拉法

则得到末端执行器的动力学模型，考虑了 M_i 处约束力，所以此时支链的动力学也需要计入该处约束力，即

$$\boldsymbol{M}_{G_iS_iM_i}(\boldsymbol{q}_{r_i})\cdot\ddot{\boldsymbol{q}}_{r_i}+\boldsymbol{C}_{G_iS_iM_i}(\boldsymbol{q}_{r_i},\dot{\boldsymbol{q}}_{r_i})\cdot\dot{\boldsymbol{q}}_{r_i}+\boldsymbol{G}_{G_iS_iM_i}(\boldsymbol{q}_{r_i})=\boldsymbol{F}_{H_i}(\tau_i,\boldsymbol{F}_{M_i}) \tag{3.73}$$

式（3.73）左边的符号含义和式（3.40）一致，特别地，3×1 的广义力向量为

$$\boldsymbol{F}_{H_i}(\tau_i,\boldsymbol{F}_{M_i})=\begin{bmatrix}\tau_i\\ \boldsymbol{0}_{2\times1}\end{bmatrix}+\overline{\boldsymbol{F}}_{M_i} \tag{3.74}$$

式中：$\overline{\boldsymbol{F}}_{M_i}$ 是将末端执行器给连杆 $\boldsymbol{S}_i\boldsymbol{M}_i$ 的反作用力 $-\boldsymbol{F}_{M_i}$ 映射到对应 $\boldsymbol{q}_{r_i}$ 三个元素的广义力向量。仍然使用功率等效原理进行换算：$-\boldsymbol{F}_{M_i}$ 在连杆 $\boldsymbol{S}_i\boldsymbol{M}_i$ 做功的功率为

$$\left(\begin{bmatrix}\boldsymbol{E}_i\boldsymbol{M}_i\times\\ \boldsymbol{E}_3\end{bmatrix}\cdot(-\boldsymbol{F}_{M_i})\right)^{\mathrm{T}}\cdot\begin{bmatrix}\boldsymbol{\omega}_{S_iM_i}\\ \boldsymbol{V}_{E_i}\end{bmatrix}=\overline{\boldsymbol{F}}_{M_i}^{\mathrm{T}}\cdot\dot{\boldsymbol{q}}_{r_i} \tag{3.75}$$

通过式（2.36）和式（2.41），可得

$$\overline{\boldsymbol{F}}_{M_i}=\boldsymbol{J}_{M_i}\cdot(-\boldsymbol{F}_{M_i}) \tag{3.76}$$

式中：$\boldsymbol{J}_{M_i}=\begin{bmatrix}{}^{S}_{N_{i0}}\boldsymbol{R}\cdot\boldsymbol{R}_{N_i}\\ \boldsymbol{J}_{E_i}\end{bmatrix}^{\mathrm{T}}\cdot\begin{bmatrix}\boldsymbol{E}_i\boldsymbol{M}_i\times\\ \boldsymbol{E}_3\end{bmatrix}$ 是将 $-\boldsymbol{F}_{M_i}$ 映射到 $\boldsymbol{q}_{r_i}$ 三个元素上的系数矩阵，大小为 3×3。这样，由式（3.73）、式（3.74）、式（3.76），可得

$$\boldsymbol{F}_{M_i}=\boldsymbol{B}_i+\boldsymbol{C}_i\cdot\tau_i \tag{3.77}$$

式中：$\boldsymbol{B}_i=-\boldsymbol{J}_{M_i}^{-1}\cdot\boldsymbol{L}_{H_i}$，$\boldsymbol{C}_i=\boldsymbol{J}_{M_i(:,1)}^{-1}$。其中 $\boldsymbol{L}_{H_i}$ 表示式（3.73）左手边广义力之和，$\boldsymbol{J}_{M_i(:,1)}^{-1}$ 表示 $\boldsymbol{J}_{M_i}^{-1}$ 的第一列。

3.6.3　整体机构

将式（3.77）代入式（3.72）中，可得整体机构的动力学模型为

$$\boldsymbol{D}\cdot\boldsymbol{\tau}+\boldsymbol{M}_T\cdot\boldsymbol{F}_Z=\boldsymbol{N}_{EE}-\boldsymbol{W}_{F_B}-\sum_{i=1}^{6}\boldsymbol{A}_i\cdot\boldsymbol{B}_i \tag{3.78}$$

式中：$\boldsymbol{D}=[\boldsymbol{A}_1\cdot\boldsymbol{C}_1\quad\boldsymbol{A}_2\cdot\boldsymbol{C}_2\quad\cdots\quad\boldsymbol{A}_6\cdot\boldsymbol{C}_6]$ 为驱动力矩向量 $\boldsymbol{\tau}$ 的 6×6 系数矩阵；$\boldsymbol{M}_T$ 是高副约束力向量的 6×2 系数矩阵。和通过牛顿–欧拉法建立的模型一样，该模型也有六个方程和八个包括驱动力矩和高副约束力在内的未知数，也表明模型含有不确定解。显然，这是由于基座对末端执行器的直接约束，引入了两个未知约束力 $F_{Z_i}(i=L,R)$。求解方式和 3.2.4 节中一样，设置五个优化目标分别进行满足约束条件下的单目标优化。

3.7　虚功原理

在使用虚功原理建立机构的动力学逆解模型时，仍然需要注意的是，髁球受到的基座约束力 $\boldsymbol{F}_{T_i}(i=L,R)$ 是双面理想约束，不产生虚功，所以在模型中不会出现 $\boldsymbol{F}_{T_i}$。对于末端执行器，在其质心受到的 6×1 外力和惯性力螺旋之和为

$$\boldsymbol{W}_{EE}=-\boldsymbol{M}_{3b} \tag{3.79}$$

$\boldsymbol{M}_{3b}$ 见式（3.3）。作用在连杆 $\boldsymbol{S}_i\boldsymbol{M}_i$ 上的合力螺旋为

$$\boldsymbol{W}_{S_iM_i}=-\begin{bmatrix} m_{S_iM_i}\cdot(\dot{\boldsymbol{V}}_{E_i}+\boldsymbol{g}) \\ \boldsymbol{I}_{S_iM_i}\cdot\dot{\boldsymbol{\omega}}_{S_iM_i}+\boldsymbol{\omega}_{S_iM_i}\times(\boldsymbol{I}_{S_iM_i}\cdot\boldsymbol{\omega}_{S_iM_i}) \end{bmatrix} \tag{3.80}$$

作用在曲柄 $\boldsymbol{G}_i\boldsymbol{S}_i$ 上沿着转动方向的一维合力矩为

$$W_{G_iS_i}=\tau_i-I_i\cdot\ddot{\theta}_i \tag{3.81}$$

机构中每个刚体的虚位移必须满足关节约束。设 $\delta\boldsymbol{q}_{EE}$ 表示末端执行器四个自由度方向上的虚位移，通过式（2.9）和式（2.14），末端执行器的六维虚位移可表示为

$$\delta\boldsymbol{\chi}_{EE}=\begin{bmatrix}\boldsymbol{M}_{1b}\\ \boldsymbol{M}_{0b}\end{bmatrix}\cdot\delta\boldsymbol{q}_{EE} \tag{3.82}$$

通过式（2.36）和式（2.41），连杆 $\boldsymbol{S}_i\boldsymbol{M}_i$ 的六维虚位移为

$$\delta\boldsymbol{\chi}_{S_iM_i}=\boldsymbol{J}_{S_iM_i}\cdot\delta\boldsymbol{q}_{EE} \tag{3.83}$$

式中：$\boldsymbol{J}_{S_iM_i}=\begin{bmatrix}\boldsymbol{J}_{E_i}\\ {}^{S}_{N_{i0}}\boldsymbol{R}\cdot\boldsymbol{R}_{N_i}\end{bmatrix}\cdot\boldsymbol{M}_{3i}$。最后，由式（2.33）可得，曲柄 $\boldsymbol{G}_i\boldsymbol{S}_i$ 的一维虚位移为

$$\delta\chi_{G_iS_i}=\boldsymbol{J}_{\theta(i,:)}\cdot\delta\boldsymbol{q}_{EE} \tag{3.84}$$

式中：$\boldsymbol{J}_{\theta(i,:)}(i=1,2,\cdots,6)$ 表示 $\boldsymbol{J}_\theta$ 的第 i 行。根据虚功原理，整体机构所做虚功之和为零，即

$$\delta\boldsymbol{\chi}_{EE}^{\mathrm{T}}\cdot\boldsymbol{W}_{EE}+\sum_{i=1}^{6}\delta\boldsymbol{\chi}_{S_iM_i}^{\mathrm{T}}\cdot\boldsymbol{W}_{S_iM_i}+\sum_{i=1}^{6}\delta\chi_{G_iS_i}^{\mathrm{T}}\cdot(\tau_i-I_{G_iS_i}\cdot\ddot{\theta}_i)=0 \tag{3.85}$$

将式（3.79）~式（3.84）代入式（3.85）可得

$$\delta\boldsymbol{q}_{EE}^{\mathrm{T}}\cdot\left(-\begin{bmatrix}\boldsymbol{M}_{1b}\\ \boldsymbol{M}_{0b}\end{bmatrix}^{\mathrm{T}}\cdot\boldsymbol{M}_{3b}+\sum_{i=1}^{6}\boldsymbol{J}_{S_iM_i}^{\mathrm{T}}\cdot\boldsymbol{W}_{S_iM_i}+\boldsymbol{J}_\theta^{\mathrm{T}}\cdot\boldsymbol{\tau}-\boldsymbol{J}_\theta^{\mathrm{T}}\cdot\boldsymbol{M}_{9b}\right)=0 \tag{3.86}$$

因为该式对任意独立广义坐标向量构成的虚位移 $\delta\boldsymbol{q}_{EE}$ 都成立，所以可得

$$\boldsymbol{J}_\theta^{\mathrm{T}}\cdot\boldsymbol{\tau}=\begin{bmatrix}\boldsymbol{M}_{1b}\\ \boldsymbol{M}_{0b}\end{bmatrix}^{\mathrm{T}}\cdot\boldsymbol{M}_{3b}-\sum_{i=1}^{6}\boldsymbol{J}_{S_iM_i}^{\mathrm{T}}\cdot\boldsymbol{W}_{S_iM_i}+\boldsymbol{J}_\theta^{\mathrm{T}}\cdot\boldsymbol{M}_{9b} \tag{3.87}$$

该式也同样含有四个方程和六个未知驱动力矩，表明机构具有冗余驱动。和通过拉格朗日方程、拉格朗日-达朗贝尔原理、Udwadia-Kalaba 方程建立的模型类似，显式表达的最小化驱动力矩为

$$\boldsymbol{\tau}=(\boldsymbol{J}_\theta^{\mathrm{T}})^{+}\cdot\left(\begin{bmatrix}\boldsymbol{M}_{1b}\\ \boldsymbol{M}_{0b}\end{bmatrix}^{\mathrm{T}}\cdot\boldsymbol{M}_{3b}-\sum_{i=1}^{6}\boldsymbol{J}_{S_iM_i}^{\mathrm{T}}\cdot\boldsymbol{W}_{S_iM_i}+\boldsymbol{J}_\theta^{\mathrm{T}}\cdot\boldsymbol{M}_{9b}\right) \tag{3.88}$$

3.8 广义动量矩原理

在使用该方法建立的动力学模型中，需要注意的是，基座给末端执行器在点接触高副作用的是理想约束力，而非主动力，因此不会在通过该方法建立的模型中出现。每个运动体中，动能部分和势能部分形成的广义力，分别通过广义力矩和重力势能对时间和独立广义坐标 $\boldsymbol{q}_{EE}$ 的微分得到。最终的动力学方程由功率等效法则得到，即机构广义力功率等于驱动力和来自环境的外力功率之和。

3.8.1 末端执行器

首先分析末端执行器的动力学，其广义动量矩为

$$\boldsymbol{Q}_{EE}=\overline{\boldsymbol{M}}_{EE}\cdot\begin{bmatrix}\boldsymbol{V}_{O_M}\\ \boldsymbol{\omega}_{EE}\end{bmatrix}=\boldsymbol{B}_{EE}\cdot\dot{\boldsymbol{q}}_{EE}\tag{3.89}$$

式中：$\overline{\boldsymbol{M}}_{EE}$是 6×6 的惯性二元矩阵，已在式（3.25）中第一次出现。由式（2.9）和式（2.14）可得，$\boldsymbol{B}_{EE}=\overline{\boldsymbol{M}}_{EE}\cdot\begin{bmatrix}\boldsymbol{M}_{1b}\\ \boldsymbol{M}_{0b}\end{bmatrix}$。作用在末端执行器的广义力动能部分计算为

$$\boldsymbol{F}_{EE}^{K}=\dot{\boldsymbol{Q}}_{EE}=\dot{\boldsymbol{B}}_{EE}\cdot\dot{\boldsymbol{q}}_{EE}+\boldsymbol{B}_{EE}\cdot\ddot{\boldsymbol{q}}_{EE}\tag{3.90}$$

另外，广义力的势能部分计算为

$$\boldsymbol{F}_{EE}^{G}=\frac{\partial P_{EE}}{\partial\boldsymbol{q}_{EE}}\tag{3.91}$$

式中：P_{EE}是通过式（3.27）计算的重力势能。由此可得末端执行器上广义力的功率为

$$P_{EE}=\begin{bmatrix}\boldsymbol{V}_{O_M}\\ \boldsymbol{\omega}_{EE}\end{bmatrix}^{\mathrm{T}}\cdot\boldsymbol{F}_{EE}^{K}+\boldsymbol{q}_{EE}^{\mathrm{T}}\cdot\boldsymbol{F}_{EE}^{G}=\boldsymbol{q}_{EE}^{\mathrm{T}}\cdot\overline{\boldsymbol{P}}_{EE}\tag{3.92}$$

式中：

$$\overline{\boldsymbol{P}}_{EE}=\begin{bmatrix}\boldsymbol{M}_{1b}\\ \boldsymbol{M}_{0b}\end{bmatrix}^{\mathrm{T}}\cdot\boldsymbol{F}_{EE}^{K}+\boldsymbol{F}_{EE}^{G}$$

3.8.2 第 i 条支链

连杆 $\boldsymbol{S}_i\boldsymbol{M}_i$的广义动量矩为

$$\boldsymbol{Q}_{S_iM_i}=\overline{\boldsymbol{M}}_{S_iM_i}\cdot\begin{bmatrix}\boldsymbol{V}_{E_i}\\ \boldsymbol{\omega}_{S_iM_i}\end{bmatrix}=\boldsymbol{B}_{S_iM_i}\cdot\dot{\boldsymbol{q}}_{EE}\tag{3.93}$$

式中：$\overline{\boldsymbol{M}}_{S_iM_i}$是 6×6 惯性二元矩阵，在式（3.33）中第一次出现。由式（2.36）和式（2.41）可得

$$\boldsymbol{B}_{S_iM_i}=\overline{\boldsymbol{M}}_{S_iM_i}\cdot\boldsymbol{J}_{S_iM_i}\tag{3.94}$$

式中：$\boldsymbol{J}_{S_iM_i}=\begin{bmatrix}{}_{N_{i0}}^{S}\boldsymbol{R}\cdot\boldsymbol{R}_{N_i}\\ \boldsymbol{J}_{E_i}\end{bmatrix}\cdot\boldsymbol{M}_{3i}$。作用在连杆 $\boldsymbol{S}_i\boldsymbol{M}_i$上广义力的动能部分可计算为

$$\boldsymbol{F}_{S_iM_i}^{K}=\dot{\boldsymbol{Q}}_{S_iM_i}=\dot{\boldsymbol{B}}_{S_iM_i}\cdot\dot{\boldsymbol{q}}_{EE}+\boldsymbol{B}_{S_iM_i}\cdot\ddot{\boldsymbol{q}}_{EE}\tag{3.95}$$

连杆 $\boldsymbol{S}_i\boldsymbol{M}_i$的重力势能已经在式（3.36）中得到。所以广义力的势能部分可计算为

$$\boldsymbol{F}_{S_iM_i}^{G}=\frac{\partial P_{S_iM_i}}{\partial\boldsymbol{q}_{EE}}\tag{3.96}$$

连杆 $\boldsymbol{S}_i\boldsymbol{M}_i$的广义力功率为

$$P_{S_iM_i}=\begin{bmatrix}\boldsymbol{V}_{E_i}\\ \boldsymbol{\omega}_{S_iM_i}\end{bmatrix}^{\mathrm{T}}\cdot\boldsymbol{F}_{S_iM_i}^{K}+\boldsymbol{q}_{EE}^{\mathrm{T}}\cdot\boldsymbol{F}_{S_iM_i}^{G}=\boldsymbol{q}_{EE}^{\mathrm{T}}\cdot\overline{\boldsymbol{P}}_{S_iM_i}\tag{3.97}$$

式中：

$$\overline{\boldsymbol{P}}_{S_iM_i}=\boldsymbol{J}_{S_iM_i}^{\mathrm{T}}\cdot\boldsymbol{F}_{S_iM_i}^{K}+\boldsymbol{F}_{S_iM_i}^{G}$$

曲柄 $\boldsymbol{G}_i\boldsymbol{S}_i$ 的广义动量矩为

$$\boldsymbol{Q}_{G_iS_i}=\mathrm{diag}(m_{G_iS_i}\cdot\boldsymbol{E}_3\quad\boldsymbol{I}_{G_iS_i})\cdot\begin{bmatrix}\boldsymbol{V}_{G_i}\\\boldsymbol{\omega}_{G_iS_i}\end{bmatrix}=\boldsymbol{B}_{G_iS_i}\cdot\dot{\theta}_i \tag{3.98}$$

因为曲柄质心是固定点，$\boldsymbol{V}_{G_i}=\boldsymbol{0}_{3\times1}$，从而可求得 $\boldsymbol{B}_{G_iS_i}=\begin{bmatrix}\boldsymbol{0}_{3\times1}\\{}_{C_{i0}}^{S}\boldsymbol{R}_{(:,3)}\cdot\boldsymbol{I}_{G_iS_i}\end{bmatrix}$ 是一个恒定的6×1向量。所以，广义力的动能部分为

$$\boldsymbol{F}_{G_iS_i}^{K}=\dot{\boldsymbol{Q}}_{G_iS_i}=\boldsymbol{B}_{G_iS_i}\cdot\ddot{\theta}_i \tag{3.99}$$

重力势能为一个常数，可表达为

$$P_{G_iS_i}=m_{G_iS_i}\cdot g\cdot\boldsymbol{O}_S\boldsymbol{G}_{i(3)} \tag{3.100}$$

式中：$\boldsymbol{O}_S\boldsymbol{G}_{i(3)}$ 是 $\boldsymbol{O}_S\boldsymbol{G}_i$ 的第三项，因此，广义力的重力势能部分为

$$\boldsymbol{F}_{G_iS_i}^{G}=\frac{\partial P_{G_iS_i}}{\partial\boldsymbol{q}_{EE}}=\boldsymbol{0}_{4\times1} \tag{3.101}$$

曲柄 $\boldsymbol{G}_i\boldsymbol{S}_i$ 的广义力功率为

$$P_{G_iS_i}=\begin{bmatrix}\boldsymbol{V}_{G_i}\\\boldsymbol{\omega}_{G_iS_i}\end{bmatrix}^{\mathrm{T}}\cdot\boldsymbol{F}_{G_iS_i}^{K}=I_{G_iS_i}\cdot\ddot{\theta}_i\cdot\dot{\theta}_i \tag{3.102}$$

具有较简单的解析表达。

3.8.3 整体机构

根据广义动量矩定理，机构在某个运动瞬时，作用在所有运动体上广义力的功率之和等于外力功率之和。对于该机构，广义力为驱动力矩 $\boldsymbol{\tau}$ 和咀嚼反力 $\boldsymbol{F}_B$，所以有

$$P_{EE}+\sum_{i=1}^{6}(P_{S_iM_i}+P_{G_iS_i})=\dot{\boldsymbol{\theta}}^{\mathrm{T}}\cdot\boldsymbol{\tau}+\begin{bmatrix}\boldsymbol{V}_{O_M}\\\boldsymbol{\omega}_{EE}\end{bmatrix}^{\mathrm{T}}\cdot\boldsymbol{W}_{F_B} \tag{3.103}$$

将式（2.33）、式（2.9）、式（2.14）代入式（3.103）中并重组可得

$$\dot{\boldsymbol{q}}_{EE}^{\mathrm{T}}\cdot\left(\overline{\boldsymbol{P}}_{EE}+\sum_{i=1}^{6}\overline{\boldsymbol{P}}_{S_iM_i}+\boldsymbol{J}_{\theta}^{\mathrm{T}}\cdot\boldsymbol{M}_{9b}-\boldsymbol{F}_{EE}\right)=\dot{\boldsymbol{q}}_{EE}^{\mathrm{T}}\cdot\boldsymbol{J}_{\theta}^{\mathrm{T}}\cdot\boldsymbol{\tau} \tag{3.104}$$

式中：$\boldsymbol{F}_{EE}$ 是咀嚼反力 $\boldsymbol{F}_B$ 形成的广义力向量，已经在式（3.32）中推导出表达式。同样，因为 $\boldsymbol{q}_{EE}$ 是独立的广义坐标向量，$\dot{\boldsymbol{q}}_{EE}$ 的值能任意变化，所以有

$$\overline{\boldsymbol{P}}_{EE}+\sum_{i=1}^{6}\overline{\boldsymbol{P}}_{S_iM_i}+\boldsymbol{J}_{\theta}^{\mathrm{T}}\cdot\boldsymbol{M}_{9b}-\boldsymbol{F}_{EE}=\boldsymbol{J}_{\theta}^{\mathrm{T}}\cdot\boldsymbol{\tau} \tag{3.105}$$

该式即为通过广义动量矩原理建立的动力学模型，具有四个方程和六个未知数。驱动力矩最小化求解为

$$\boldsymbol{\tau}=(\boldsymbol{J}_{\theta}^{\mathrm{T}})^{+}\cdot\left(\overline{\boldsymbol{P}}_{EE}+\sum_{i=1}^{6}\overline{\boldsymbol{P}}_{S_iM_i}+\boldsymbol{J}_{\theta}^{\mathrm{T}}\cdot\boldsymbol{M}_{9b}-\boldsymbol{F}_{EE}\right) \tag{3.106}$$

由此可得机构每部分对驱动力矩的贡献。例如，末端执行器、所有连杆、所有曲柄、咀嚼反力对驱动力矩的贡献为

$$\begin{cases}\boldsymbol{\tau}_{EE}=(\boldsymbol{J}_{\theta}^{\mathrm{T}})^{+}\cdot\overline{\boldsymbol{P}}_{EE}\\ \boldsymbol{\tau}_{SM}=(\boldsymbol{J}_{\theta}^{\mathrm{T}})^{+}\cdot\sum_{i=1}^{6}\overline{\boldsymbol{P}}_{S_iM_i}\\ \boldsymbol{\tau}_{GS}=(\boldsymbol{J}_{\theta}^{\mathrm{T}})^{+}\cdot\boldsymbol{J}_{\theta}^{\mathrm{T}}\cdot\boldsymbol{M}_{9b}\\ \boldsymbol{\tau}_{F_B}=-(\boldsymbol{J}_{\theta}^{\mathrm{T}})^{+}\cdot\boldsymbol{F}_{EE}\end{cases}\tag{3.107}$$

进一步细化，还能分别得到末端执行器的动能和势能部分、每条连杆和曲柄的动能和势能部分对驱动力矩的贡献：

$$\begin{cases}\boldsymbol{\tau}_{EE}^{K}=(\boldsymbol{J}_{\theta}^{\mathrm{T}})^{+}\cdot\begin{bmatrix}\boldsymbol{M}_{1b}\\ \boldsymbol{M}_{0b}\end{bmatrix}^{\mathrm{T}}\cdot\boldsymbol{F}_{EE}^{K},\ \boldsymbol{\tau}_{EE}^{G}=(\boldsymbol{J}_{\theta}^{\mathrm{T}})^{+}\cdot\boldsymbol{F}_{EE}^{G}\\ \boldsymbol{\tau}_{S_iM_i}^{K}=(\boldsymbol{J}_{\theta}^{\mathrm{T}})^{+}\cdot\left(\begin{bmatrix}\boldsymbol{J}_{E_i}\\ {}_{N_{i0}}^{S}\boldsymbol{R}\cdot\boldsymbol{R}_{\omega S_iM_i}\end{bmatrix}\cdot\boldsymbol{M}_{3i}\right)^{\mathrm{T}}\cdot\boldsymbol{F}_{S_iM_i}^{K}\\ \boldsymbol{\tau}_{G_iS_i}^{K}=(\boldsymbol{J}_{\theta}^{\mathrm{T}})^{+}\cdot\boldsymbol{J}_{\theta}^{\mathrm{T}}\cdot\overline{\boldsymbol{M}}_{9bi}(i=1,2,\cdots,6)\\ \boldsymbol{\tau}_{S_iM_i}^{G}=(\boldsymbol{J}_{\theta}^{\mathrm{T}})^{+}\cdot\boldsymbol{F}_{S_iM_i}^{G},\ \overline{\boldsymbol{M}}_{9bi}=\begin{bmatrix}\boldsymbol{0}_{(i-1)\times1}\\ I_{G_iS_i}\cdot\ddot{\theta}_i\\ \boldsymbol{0}_{(6-i)\times1}\end{bmatrix}_{6\times1}\end{cases}\tag{3.108}$$

从 $\boldsymbol{\tau}_{G_iS_i}^{K}$ 的表达式可以看出，尽管曲柄直接连接主动关节，若机构的主动关节数等于自由度数，则 $(\boldsymbol{J}_{\theta}^{\mathrm{T}})^{+}\cdot\boldsymbol{J}_{\theta}^{\mathrm{T}}$ 就为单位矩阵，从而 $\boldsymbol{\tau}_{G_iS_i}^{K}=\overline{\boldsymbol{M}}_{9bi}$，即第 i 个曲柄的转动力矩只来自第 i 个主动关节。但是因为冗余驱动，$(\boldsymbol{J}_{\theta}^{\mathrm{T}})^{+}\cdot\boldsymbol{J}_{\theta}^{\mathrm{T}}$ 并不简单地等于单位矩阵，从而 $\boldsymbol{\tau}_{G_iS_i}^{K}\neq\overline{\boldsymbol{M}}_{9bi}$，即第 i 个曲柄的转动也会受到来自别的支链的作用，反应了冗余驱动带来主动关节之间的耦合影响。

3.9　NOC 法

3.9.1　末端执行器

在 2.2.1 节中已经推导了末端执行器的角速度和线速度，如式（2.9）和式（2.14），这样，其速度螺旋就为

$$\boldsymbol{t}_{EE}=\begin{bmatrix}\boldsymbol{\omega}_{EE}\\ \boldsymbol{V}_{O_M}\end{bmatrix}=\boldsymbol{T}_{EE}\cdot\dot{\boldsymbol{q}}_{EE}\tag{3.109}$$

式中：$\boldsymbol{T}_{EE}=\begin{bmatrix}\boldsymbol{M}_{0b}\\ \boldsymbol{M}_{1b}\end{bmatrix}$在该方法中定义为 6×4 的速度螺旋整形矩阵，作用是将独立广义坐标向量的一阶导映射到速度螺旋上。使用牛顿-欧拉法则建立的末端执行器动力学方程式（3.3）可以改写为

$$\boldsymbol{M}_{EE}\cdot\dot{\boldsymbol{t}}_{EE}=-\boldsymbol{W}_{EE}\cdot\boldsymbol{M}_{EE}\cdot\boldsymbol{t}_{EE}+\boldsymbol{w}_{EE}^{G}+\boldsymbol{w}_{F_B}+\boldsymbol{w}_{EE}^{C}\tag{3.110}$$

式中：$\dot{\boldsymbol{t}}_{EE}$是速度螺旋的一阶时间导数；$\boldsymbol{W}_{EE}$是 6×6 的角速度动力学二元矩阵；$\boldsymbol{M}_{EE}$是

6×6 的惯性二元矩阵；$\boldsymbol{w}_{EE}^{G}$和$\boldsymbol{w}_{F_B}$分别是由重力和咀嚼反力构成的 6×1 外力螺旋；$\boldsymbol{w}_{EE}^{C}$是由被动球关节 M_i和点接触高副约束力构成的 6×1 约束力螺旋。且

$$\begin{cases}\dot{\boldsymbol{t}}_{EE}=\dot{\boldsymbol{T}}_{EE}\cdot\dot{\boldsymbol{q}}_{EE}+\boldsymbol{T}_{EE}\cdot\ddot{\boldsymbol{q}}_{EE}\\ \boldsymbol{W}_{EE}=\mathrm{diag}(\boldsymbol{\omega}_{EE}\times\boldsymbol{0}_3)\\ \boldsymbol{M}_{EE}=\mathrm{diag}(\boldsymbol{I}_{EE}\quad m_{EE}\cdot\boldsymbol{E}_3)\\ \boldsymbol{w}_{EE}^{G}=\begin{bmatrix}\boldsymbol{0}_{3\times1}\\-m_{EE}\cdot\boldsymbol{g}\end{bmatrix}\\ \boldsymbol{w}_{F_B}=\begin{bmatrix}\boldsymbol{E}_3\\\boldsymbol{O}_M\boldsymbol{B}\times\end{bmatrix}\cdot\boldsymbol{F}_B\end{cases}\tag{3.111}$$

根据 NOC 方法，式（3.111）左乘$\boldsymbol{T}_{EE}^{\mathrm{T}}$可得

$$\boldsymbol{I}_{EE}\cdot\ddot{\boldsymbol{q}}_{EE}+\boldsymbol{C}_{EE}\cdot\dot{\boldsymbol{q}}_{EE}=\boldsymbol{T}_{EE}^{\mathrm{T}}\cdot(\boldsymbol{w}_{EE}^{G}+\boldsymbol{w}_{F_B})+\boldsymbol{T}_{EE}^{\mathrm{T}}\cdot\boldsymbol{w}_{EE}^{C}\tag{3.112}$$

式中：

$$\begin{cases}\boldsymbol{I}_{EE}=\boldsymbol{T}_{EE}^{\mathrm{T}}\cdot\boldsymbol{M}_{EE}\cdot\boldsymbol{T}_{EE}\\ \boldsymbol{C}_{EE}=\boldsymbol{T}_{EE}^{\mathrm{T}}\cdot(\boldsymbol{M}_{EE}\cdot\dot{\boldsymbol{T}}_{EE}+\boldsymbol{W}_{EE}\cdot\boldsymbol{M}_{EE}\cdot\boldsymbol{T}_{EE})\end{cases}\tag{3.113}$$

分别是 4×4 的广义惯性二元矩阵和 4×4 的广义科氏力/离心力二元矩阵。这样，末端执行器的动力学方程就在任务空间建立。

3.9.2 第 i 条支链

从连杆 $\boldsymbol{S}_i\boldsymbol{M}_i$通过式（2.36）和（2.41）表达的角速度和线速度，可得其速度螺旋为

$$\boldsymbol{t}_{S_iM_i}=\begin{bmatrix}\boldsymbol{\omega}_{S_iM_i}\\\boldsymbol{V}_{E_i}\end{bmatrix}=\boldsymbol{T}_{S_iM_i}\cdot\dot{\boldsymbol{q}}_{EE}\tag{3.114}$$

式中：$\boldsymbol{T}_{S_iM_i}=\begin{bmatrix}{}^{S}_{N_{i0}}\boldsymbol{R}\cdot\boldsymbol{R}_{N_i}\\\boldsymbol{J}_{E_i}\end{bmatrix}\cdot\boldsymbol{M}_{3i}$定义为速度螺旋整形矩阵。和末端执行器类似，连杆$\boldsymbol{S}_i\boldsymbol{M}_i$的牛顿-欧拉方程可改写为

$$\boldsymbol{M}_{S_iM_i}\cdot\dot{\boldsymbol{t}}_{S_iM_i}=-\boldsymbol{W}_{S_iM_i}\cdot\boldsymbol{M}_{S_iM_i}\cdot\boldsymbol{t}_{S_iM_i}+\boldsymbol{w}_{S_iM_i}^{G}+\boldsymbol{w}_{S_iM_i}^{C}\tag{3.115}$$

式中：$\dot{\boldsymbol{t}}_{S_iM_i}$是$\boldsymbol{t}_{S_iM_i}$的一阶时间导数；$\boldsymbol{W}_{S_iM_i}$是 6×6 的角速度动力学二元矩阵；$\boldsymbol{M}_{S_iM_i}$是 6×6 的惯性二元矩阵；$\boldsymbol{w}_{S_iM_i}^{G}$是 6×1 的重力向量；$\boldsymbol{w}_{S_iM_i}^{C}$是两端被动球关节 S_i和 M_i处约束力构成的 6×1 约束力螺旋。且

$$\begin{cases}\dot{\boldsymbol{t}}_{S_iM_i}=\dot{\boldsymbol{T}}_{S_iM_i}\cdot\dot{\boldsymbol{q}}_{EE}+\boldsymbol{T}_{S_iM_i}\cdot\ddot{\boldsymbol{q}}_{EE}\\ \boldsymbol{W}_{S_iM_i}=\mathrm{diag}(\boldsymbol{\omega}_{S_iM_i}\times\boldsymbol{0}_3)\\ \boldsymbol{M}_{S_iM_i}=\mathrm{diag}(\boldsymbol{I}_{S_iM_i}\quad m_{S_iM_i}\cdot\boldsymbol{E}_3)\\ \boldsymbol{w}_{S_iM_i}^{G}=\begin{bmatrix}\boldsymbol{0}_{3\times1}\\-m_{S_iM_i}\cdot\boldsymbol{g}\end{bmatrix}\end{cases}\tag{3.116}$$

用 $\boldsymbol{T}_{S_iM_i}^{\mathrm{T}}$ 左乘式（3.115）可得

$$\boldsymbol{I}_{S_iM_i} \cdot \ddot{\boldsymbol{q}}_{EE} + \boldsymbol{C}_{S_iM_i} \cdot \dot{\boldsymbol{q}}_{EE} = \boldsymbol{T}_{S_iM_i}^{\mathrm{T}} \cdot \boldsymbol{w}_{S_iM_i}^{G} + \boldsymbol{T}_{S_iM_i}^{\mathrm{T}} \cdot \boldsymbol{w}_{S_iM_i}^{C} \tag{3.117}$$

式中：

$$\begin{cases} \boldsymbol{I}_{S_iM_i} = \boldsymbol{T}_{S_iM_i}^{\mathrm{T}} \cdot \boldsymbol{M}_{S_iM_i} \cdot \boldsymbol{T}_{S_iM_i} \\ \boldsymbol{C}_{S_iM_i} = \boldsymbol{T}_{S_iM_i}^{\mathrm{T}} \cdot (\boldsymbol{M}_{S_iM_i} \cdot \dot{\boldsymbol{T}}_{S_iM_i} + \boldsymbol{W}_{S_iM_i} \cdot \boldsymbol{M}_{S_iM_i} \cdot \boldsymbol{T}_{S_iM_i}) \end{cases} \tag{3.118}$$

分别是 4×4 的广义惯性二元矩阵和 4×4 的广义科氏力/离心力二元矩阵。

曲柄 $\boldsymbol{G}_i\boldsymbol{S}_i$ 只能绕通过其质心的 Z_{C_i} 轴转动，所以它的 6×1 的速度螺旋为

$$\boldsymbol{t}_{G_iS_i} = \begin{bmatrix} \boldsymbol{\omega}_{G_iS_i} \\ \boldsymbol{0}_{3\times1} \end{bmatrix} = \boldsymbol{T}_{G_iS_i} \cdot \dot{\boldsymbol{q}}_{EE} \tag{3.119}$$

式中：$\boldsymbol{T}_{G_iS_i} = \begin{bmatrix} {}_{C_{i0}}^{S}\boldsymbol{R}_{(:,3)} \\ \boldsymbol{0}_{3\times1} \end{bmatrix} \cdot J_{\theta(i,:)}$ 是它的速度螺旋整型矩阵；${}_{C_{i0}}^{S}\boldsymbol{R}_{(:,3)}$ 是 ${}_{C_{i0}}^{S}\boldsymbol{R}$ 的第三列，$\boldsymbol{J}_{\theta(i,:)}$ $(i=1,2,\cdots,6)$ 是 $\boldsymbol{J}_\theta$ 的第 i 行。它的动力学方程为

$$\boldsymbol{M}_{G_iS_i} \cdot \dot{\boldsymbol{t}}_{G_iS_i} = -\boldsymbol{W}_{G_iS_i} \cdot \boldsymbol{M}_{G_iS_i} \cdot \boldsymbol{t}_{G_iS_i} + \boldsymbol{w}_{G_iS_i}^{A} + \boldsymbol{w}_{G_iS_i}^{G} + \boldsymbol{w}_{G_iS_i}^{C} \tag{3.120}$$

式中：$\dot{\boldsymbol{t}}_{G_iS_i}$ 是 $\boldsymbol{t}_{G_iS_i}$ 的一阶时间导数；$\boldsymbol{w}_{G_iS_i}$ 是 6×6 的角速度动力学二元矩阵；$\boldsymbol{M}_{G_iS_i}$ 是 6×6 的惯性二元矩阵；$\boldsymbol{w}_{G_iS_i}^{A}$ 和 $\boldsymbol{w}_{G_iS_i}^{G}$ 分别是由驱动力矩和重力构成的 6×1 的外力螺旋；$\boldsymbol{w}_{G_iS_i}^{C}$ 是来自被动球关节 S_i 和激励器的约束力构成的 6×1 约束力螺旋。且

$$\begin{cases} \dot{\boldsymbol{t}}_{G_iS_i} = \dot{\boldsymbol{T}}_{G_iS_i} \cdot \dot{\boldsymbol{q}}_{EE} + \boldsymbol{T}_{G_iS_i} \cdot \ddot{\boldsymbol{q}}_{EE} \\ \boldsymbol{W}_{G_iS_i} = \mathrm{diag}(\omega_{G_iS_i}\times \quad \boldsymbol{0}_3) \\ \boldsymbol{M}_{G_iS_i} = \mathrm{diag}(\boldsymbol{I}_{G_iS_i} \quad m_{G_iS_i} \cdot \boldsymbol{E}_3) \\ \boldsymbol{w}_{G_iS_i}^{A} = \begin{bmatrix} {}_{C_{i0}}^{S}\boldsymbol{R}_{(:,3)} \\ \boldsymbol{0}_{3\times1} \end{bmatrix} \cdot \tau_i \\ \boldsymbol{w}_{G_iS_i}^{G} = \begin{bmatrix} \boldsymbol{0}_{3\times1} \\ -m_{C_i} \cdot \boldsymbol{g} \end{bmatrix} \end{cases} \tag{3.121}$$

用 $\boldsymbol{T}_{G_iS_i}^{\mathrm{T}}$ 左乘式（3.121）并整理结果可得

$$\boldsymbol{I}_{G_iS_i} \cdot \ddot{\boldsymbol{q}}_{EE} + \boldsymbol{C}_{G_iS_i} \cdot \dot{\boldsymbol{q}}_{EE} = \boldsymbol{T}_{G_iS_i}^{\mathrm{T}} \cdot \boldsymbol{w}_{G_iS_i}^{G} + \boldsymbol{J}_{\theta(i,:)}^{\mathrm{T}} \cdot \tau_i + \boldsymbol{T}_{G_iS_i}^{\mathrm{T}} \cdot \boldsymbol{w}_{G_iS_i}^{C} \tag{3.122}$$

式中：

$$\begin{cases} \boldsymbol{I}_{G_iS_i} = \boldsymbol{J}_{\theta(i,:)}^{\mathrm{T}} \cdot I_{G_iS_i} \cdot \boldsymbol{J}_{\theta(i,:)} \\ \boldsymbol{C}_{G_iS_i} = \boldsymbol{J}_{\theta(i,:)}^{\mathrm{T}} \cdot I_{G_iS_i} \cdot \dot{\boldsymbol{J}}_{\theta(i,:)} \end{cases} \tag{3.123}$$

分别是 4×4 的广义惯性矩阵和 4×4 的广义科氏力/离心力矩阵。

3.9.3　整体机构

将式（3.112）、式（3.117）、式（3.122）相加可得整体机构的动力学模型为

$$\boldsymbol{I}_M \cdot \ddot{\boldsymbol{q}}_{EE} + \boldsymbol{C}_M \cdot \dot{\boldsymbol{q}}_{EE} = \boldsymbol{G}_M + \boldsymbol{E}_M + \boldsymbol{J}_\theta^{\mathrm{T}} \cdot \boldsymbol{\tau} + \boldsymbol{T}_{EE}^{\mathrm{T}} \cdot \boldsymbol{w}_{EE}^{C} + \sum_{i=1}^{6} (\boldsymbol{T}_{S_iM_i}^{\mathrm{T}} \cdot \boldsymbol{w}_{S_iM_i}^{C} + \boldsymbol{T}_{G_iS_i}^{\mathrm{T}} \cdot \boldsymbol{w}_{G_iS_i}^{C}) \tag{3.124}$$

式中：$\boldsymbol{I}_M$、$\boldsymbol{C}_M$、$\boldsymbol{G}_M$、$\boldsymbol{E}_M$ 分别是机构 4×4 的广义惯性二元矩阵、4×4 的广义科氏力/离心力二元矩阵、4×1 的广义重力向量、来自咀嚼反力构成的负载螺旋，且

$$\begin{cases}\boldsymbol{I}_M = \boldsymbol{I}_{EE} + \sum_{i=1}^{6} \boldsymbol{I}_{S_iM_i} + \sum_{i=1}^{6} \boldsymbol{I}_{G_iS_i} \\ \boldsymbol{C}_M = \boldsymbol{C}_{EE} + \sum_{i=1}^{6} \boldsymbol{C}_{S_iM_i} + \sum_{i=1}^{6} \boldsymbol{C}_{G_iS_i} \\ \boldsymbol{G}_M = \boldsymbol{T}_{EE}^{\mathrm{T}} \cdot \boldsymbol{w}_{EE}^{G} + \sum_{i=1}^{6} \boldsymbol{T}_{S_iM_i}^{\mathrm{T}} \cdot \boldsymbol{w}_{S_iM_i}^{G} + \sum_{i=1}^{6} \boldsymbol{T}_{G_iS_i}^{\mathrm{T}} \cdot \boldsymbol{w}_{G_iS_i}^{G} \\ \boldsymbol{E}_M = \boldsymbol{T}_{EE}^{\mathrm{T}} \cdot \boldsymbol{w}_{F_B}\end{cases} \tag{3.125}$$

值得注意的是，在本章开篇所作假设前提下，机构的所有约束都是理想的完整约束。因为机构中理想约束的唯一功能是将相邻零件连接，这样，约束力做功就为零。根据式（3.109）、式（3.114）、式（3.119），则有

$$\boldsymbol{t}_{EE}^{\mathrm{T}} \cdot \boldsymbol{w}_{EE}^{C} + \sum_{i=1}^{6} (\boldsymbol{t}_{S_iM_i}^{\mathrm{T}} \cdot \boldsymbol{w}_{S_iM_i}^{C} + \boldsymbol{t}_{G_iS_i}^{\mathrm{T}} \cdot \boldsymbol{w}_{G_iS_i}^{C}) = \dot{\boldsymbol{q}}_{EE}^{\mathrm{T}} \cdot \left[\boldsymbol{T}_{EE}^{\mathrm{T}} \cdot \boldsymbol{w}_{EE}^{C} + \sum_{i=1}^{6} (\boldsymbol{T}_{S_iM_i}^{\mathrm{T}} \cdot \boldsymbol{w}_{S_iM_i}^{C} + \boldsymbol{T}_{G_iS_i}^{\mathrm{T}} \cdot \boldsymbol{w}_{G_iS_i}^{C})\right] = 0 \tag{3.126}$$

同理，因为式（3.126）对任意大小的$\dot{\boldsymbol{q}}_{EE}$都成立，所以$\dot{\boldsymbol{q}}_{EE}^{\mathrm{T}}$右边括号中所有项之和就等于零。因此，在式（3.124）中通过 NOC 方法得到的动力学模型就可以重写为

$$\boldsymbol{I}_M \cdot \ddot{\boldsymbol{q}}_{EE} + \boldsymbol{C}_M \cdot \dot{\boldsymbol{q}}_{EE} - \boldsymbol{G}_M - \boldsymbol{E}_M = \boldsymbol{J}_{\theta}^{\mathrm{T}} \cdot \boldsymbol{\tau} \tag{3.127}$$

该式有四个线性代数方程和六个未知数，表明该四自由度机构受到六个激励器驱动。最小化的驱动力矩为

$$\boldsymbol{\tau} = (\boldsymbol{J}_{\theta}^{\mathrm{T}})^{+} \cdot (\boldsymbol{I}_M \cdot \ddot{\boldsymbol{q}}_{EE} + \boldsymbol{C}_M \cdot \dot{\boldsymbol{q}}_{EE} - \boldsymbol{G}_M - \boldsymbol{E}_M) \tag{3.128}$$

可见，通过该方法建立的动力学模型中，点接触高副的约束力被消去。

3.10 凯恩方程

3.10.1 末端执行器

通过式（2.9）和式（2.14）表示的末端执行器速度螺旋可知，在凯恩方程中，$\dot{\boldsymbol{q}}_{EE}$可以用作广义速度向量。6×1 的主动力螺旋和惯性力螺旋可分别写作

$$\boldsymbol{W}_{EE}^{A} = \begin{bmatrix} \boldsymbol{O}_M\boldsymbol{B}\times \\ \boldsymbol{E}_3 \end{bmatrix} \cdot \boldsymbol{F}_B + \begin{bmatrix} \boldsymbol{0}_{3\times1} \\ -m_{EE} \cdot \boldsymbol{g} \end{bmatrix}, \quad \boldsymbol{W}_{EE}^{*} = -\begin{bmatrix} \boldsymbol{I}_{EE} \cdot \dot{\boldsymbol{\omega}}_{EE} + \boldsymbol{\omega}_{EE} \times (\boldsymbol{I}_{EE} \cdot \boldsymbol{\omega}_{EE}) \\ m_{EE} \cdot \dot{\boldsymbol{V}}_{O_M} \end{bmatrix} \tag{3.129}$$

所以，4×1 的广义主动力向量$\boldsymbol{F}_{EE}^{1_4}$和广义惯性力向量$\boldsymbol{F}_{EE}^{1_4*}$之和可写为一个紧凑形式：

$$\boldsymbol{F}_{EE}^{1\_4A} + \boldsymbol{F}_{EE}^{1\_4*} = \boldsymbol{T}_{EE}^{\mathrm{T}} \cdot (\boldsymbol{W}_{EE}^{A} + \boldsymbol{W}_{EE}^{*}) \tag{3.130}$$

其中 6×4 速度螺旋整形矩阵$\boldsymbol{T}_{EE}$的前两列分别为对应于平动自由度一阶导$\dot{X}$和$\dot{Y}$的偏速度，后两列分别为对应于转动自由度一阶导$\dot{\alpha}$和$\dot{\beta}$的偏角速度。

3.10.2　第 *i* 条支链

作用在连杆 $\boldsymbol{S}_i\boldsymbol{M}_i$ 上的主动力螺旋和惯性力螺旋分别为

$$\boldsymbol{W}_{S_iM_i}^{A}=\begin{bmatrix}\boldsymbol{0}_{3\times1}\\-m_{S_iM_i}\cdot\boldsymbol{g}\end{bmatrix},\quad \boldsymbol{W}_{S_iM_i}^{*}=-\begin{bmatrix}\boldsymbol{I}_{S_iM_i}\cdot\dot{\boldsymbol{\omega}}_{S_iM_i}+\boldsymbol{\omega}_{S_iM_i}\times(\boldsymbol{I}_{S_iM_i}\cdot\boldsymbol{\omega}_{S_iM_i})\\m_{S_iM_i}\cdot\dot{\boldsymbol{V}}_{E_i}\end{bmatrix}\tag{3.131}$$

所以，广义主动力 $\boldsymbol{F}_{S_iM_i}^{1\_4A}$ 和广义惯性力 $\boldsymbol{F}_{S_iM_i}^{1\_4*}$ 之和为

$$\boldsymbol{F}_{S_iM_i}^{1\_4A}+\boldsymbol{F}_{S_iM_i}^{1\_4*}=\boldsymbol{T}_{S_iM_i}^{\mathrm{T}}\cdot(\boldsymbol{W}_{S_iM_i}^{A}+\boldsymbol{W}_{S_iM_i}^{*})\tag{3.132}$$

作用在曲柄 $\boldsymbol{G}_i\boldsymbol{S}_i$ 上的主动力螺旋和惯性力螺旋分别为

$$\boldsymbol{W}_{G_iS_i}^{A}=\begin{bmatrix}{}_{C_{i0}}^{S}\boldsymbol{R}_{(:,3)}\cdot\tau_i\\-m_{G_iS_i}\cdot\boldsymbol{g}\end{bmatrix},\quad \boldsymbol{W}_{G_iS_i}^{*}=\begin{bmatrix}-{}_{C_{i0}}^{S}\boldsymbol{R}_{(:,3)}\cdot I_{G_iS_i}\cdot\ddot{\theta}_i\\\boldsymbol{0}_{3\times1}\end{bmatrix}\tag{3.133}$$

其广义主动力 $\boldsymbol{F}_{G_iS_i}^{1\_4A}$ 和广义惯性力 $\boldsymbol{F}_{G_iS_i}^{1\_4*}$ 之和为

$$\boldsymbol{F}_{G_iS_i}^{1\_4A}+\boldsymbol{F}_{G_iS_i}^{1\_4*}=\boldsymbol{T}_{G_iS_i}^{\mathrm{T}}\cdot(\boldsymbol{W}_{G_iS_i}^{A}+\boldsymbol{W}_{G_iS_i}^{*})=\boldsymbol{J}_{\theta(i,:)}^{\mathrm{T}}\cdot(\tau_i-I_{G_iS_i}\cdot\ddot{\theta}_i)\tag{3.134}$$

3.10.3　整体机构

点接触高副的约束力不产生广义主动力或广义惯性力，所以该约束力不出现在模型中。根据凯恩方程，机构中所有运动体的广义主动力和广义惯性力之和为零，即

$$\boldsymbol{F}_{EE}^{1\_4A}+\boldsymbol{F}_{EE}^{1\_4*}+\sum_{i=1}^{6}(\boldsymbol{F}_{S_iM_i}^{1\_4A}+\boldsymbol{F}_{S_iM_i}^{1\_4*})+\sum_{i=1}^{6}(\boldsymbol{F}_{G_iS_i}^{1\_4A}+\boldsymbol{F}_{G_iS_i}^{1\_4*})=\boldsymbol{0}_{4\times1}\tag{3.135}$$

将式（3.130）~式（3.134）代入式（3.135），并重新整理结果可得

$$\boldsymbol{J}_{\theta}^{\mathrm{T}}\cdot\boldsymbol{\tau}=\boldsymbol{J}_{\theta}^{\mathrm{T}}\cdot\boldsymbol{M}_{9b}-\left(\boldsymbol{T}_{EE}^{\mathrm{T}}\cdot(\boldsymbol{W}_{EE}^{A}+\boldsymbol{W}_{EE}^{*})+\sum_{i=1}^{6}(\boldsymbol{T}_{S_iM_i}^{\mathrm{T}}\cdot(\boldsymbol{F}_{S_iM_i}^{1\_4A}+\boldsymbol{F}_{S_iM_i}^{1\_4*}))\right)\tag{3.136}$$

即为机构的动力学逆解模型，系数矩阵 $\boldsymbol{M}_{9b}$ 已在式（3.16）中第一次出现。该式有四个方程和六个未知数，表明目标机构具有冗余驱动。最小化的驱动力矩为

$$\boldsymbol{\tau}=(\boldsymbol{J}_{\theta}^{\mathrm{T}})^{+}\cdot\boldsymbol{R}_{136}\tag{3.137}$$

其中 $\boldsymbol{R}_{136}$ 即为式（3.136）等号右边部分。

3.11　解耦 NOC 法

前面几种方法中，除了 Newton-Euler 法、Khalil-Ibrahim 法外，都是在机构的任务空间建立动力学模型。与上述模型很不相同的是，本节在机构的主动关节空间建立模型，这就很有利于今后开展运动控制的相关研究工作。

曲柄 $\boldsymbol{G}_i\boldsymbol{S}_i$ 的速度螺旋已经在式（3.119）中表示为 $\dot{\boldsymbol{q}}_{EE}$ 的函数。为应用解耦 NOC 法，还需进一步将其表示为 $\dot{\theta}_i$ 的函数，即

$$\boldsymbol{t}_{G_iS_i}=\begin{bmatrix}\boldsymbol{\omega}_{G_iS_i}\\\boldsymbol{V}_{G_i}\end{bmatrix}=\boldsymbol{M}_{1G_iS_i}\cdot\dot{\theta}_i\tag{3.138}$$

式中：$\boldsymbol{M}_{1G_iS_i}=\begin{bmatrix} {}^{S}_{C_{i0}}\boldsymbol{R}_{(:,3)} \\ \boldsymbol{0}_{3\times1} \end{bmatrix}$。在此基础上，可得被动球关节中点 S_i 的线速度为

$$\boldsymbol{V}_{S_i}=\boldsymbol{M}_{2G_iS_i}\cdot\boldsymbol{M}_{1G_iS_i}\cdot\dot{\theta}_i \tag{3.139}$$

式中：$\boldsymbol{M}_{2G_iS_i}=[-\boldsymbol{G}_i\boldsymbol{S}_i\times\quad \boldsymbol{E}_3]$。同时，被动球关节中点 M_i 的线速度为

$$\boldsymbol{V}_{M_i}=\boldsymbol{A}_{EE_i}\cdot\boldsymbol{t}_{EE} \tag{3.140}$$

式中：$\boldsymbol{A}_{EE_i}=[-\boldsymbol{O}_M\boldsymbol{M}_i\times\quad \boldsymbol{E}_3]$。所以，连杆 $\boldsymbol{S}_i\boldsymbol{M}_i$ 质心 E_i 的线速度可计算为

$$\boldsymbol{V}_{E_i}=\frac{1}{2}\cdot(\boldsymbol{V}_{M_i}+\boldsymbol{V}_{S_i})=\frac{1}{2}\cdot\boldsymbol{A}_{EE_i}\cdot\boldsymbol{t}_{EE}+\frac{1}{2}\cdot\boldsymbol{M}_{2G_iS_i}\cdot\boldsymbol{M}_{1G_iS_i}\cdot\dot{\theta}_i \tag{3.141}$$

从第 2 章中关于连杆的旋转假设可知，其角速度垂直于 $\{N_i\}$ 系的 X_{N_i} 轴，所以可得

$$\boldsymbol{\omega}_{S_iM_i}=\boldsymbol{B}_{S_iM_i}\cdot(\boldsymbol{V}_{M_i}-\boldsymbol{V}_{S_i}) \tag{3.142}$$

式中：$\boldsymbol{B}_{S_iM_i}=\dfrac{\boldsymbol{S}_i\boldsymbol{M}_i\times}{\|\boldsymbol{S}_i\boldsymbol{M}_i\|^2}$。将式（3.139）和式（3.140）代入式（3.142）可得

$$\boldsymbol{\omega}_{S_iM_i}=\boldsymbol{B}_{S_iM_i}\cdot\boldsymbol{A}_{EE_i}\cdot\boldsymbol{t}_{EE}-\boldsymbol{B}_{S_iM_i}\cdot\boldsymbol{M}_{2G_iS_i}\cdot\boldsymbol{M}_{1G_iS_i}\cdot\dot{\theta}_i \tag{3.143}$$

从连杆 $\boldsymbol{S}_i\boldsymbol{M}_i$ 的角速度函数式（3.143）和质心线速度函数式（3.141），可得其速度螺旋为

$$\boldsymbol{t}_{S_iM_i}=\begin{bmatrix} \boldsymbol{\omega}_{S_iM_i} \\ \boldsymbol{V}_{E_i} \end{bmatrix}=\boldsymbol{C}_{EE_i}\cdot\boldsymbol{t}_{EE}+\boldsymbol{D}_{EE_i}\cdot\boldsymbol{M}_{1G_iS_i}\cdot\dot{\theta}_i \tag{3.144}$$

式中：

$$\boldsymbol{C}_{EE_i}=\begin{bmatrix} \boldsymbol{B}_{S_iM_i} \\ 0.5\cdot\boldsymbol{E}_3 \end{bmatrix}\cdot\boldsymbol{A}_{EE_i},\quad \boldsymbol{D}_{EE_i}=\begin{bmatrix} -\boldsymbol{B}_{S_iM_i} \\ 0.5\cdot\boldsymbol{E}_3 \end{bmatrix}\cdot\boldsymbol{M}_{2G_iS_i} \tag{3.145}$$

因为假设所有构件为刚性，所以两个球关节中心线速度沿着连杆 $\boldsymbol{S}_i\boldsymbol{M}_i$ 轴线的投影为

$$\boldsymbol{S}_i\boldsymbol{M}_i^{\mathrm{T}}\cdot\boldsymbol{V}_{S_i}=\boldsymbol{S}_i\boldsymbol{M}_i^{\mathrm{T}}\cdot\boldsymbol{V}_{M_i} \tag{3.146}$$

将式（3.139）和式（3.140）代入式（3.146）得

$$\boldsymbol{S}_i\boldsymbol{M}_i^{\mathrm{T}}\cdot\boldsymbol{M}_{2G_iS_i}\cdot\boldsymbol{M}_{1G_iS_i}\cdot\dot{\theta}_i=\boldsymbol{S}_i\boldsymbol{M}_i^{\mathrm{T}}\cdot\boldsymbol{A}_{EE_i}\cdot\boldsymbol{t}_{EE} \tag{3.147}$$

所以，对于六个主动关节，$\dot{\boldsymbol{\theta}}$ 和 $\boldsymbol{t}_{EE}$ 的函数关系为

$$\boldsymbol{Q}_{GS}\cdot\boldsymbol{T}_d\cdot\dot{\boldsymbol{\theta}}=\boldsymbol{J}_{EE}\cdot\boldsymbol{t}_{EE} \tag{3.148}$$

式中：

$$\begin{aligned}
&\boldsymbol{Q}_{GS}=\mathrm{diag}(\boldsymbol{S}_1\boldsymbol{M}_1^{\mathrm{T}}\cdot\boldsymbol{M}_{2G_1S_1}\quad \boldsymbol{S}_2\boldsymbol{M}_2^{\mathrm{T}}\cdot\boldsymbol{M}_{2G_2S_2}\quad\cdots\quad \boldsymbol{S}_6\boldsymbol{M}_6^{\mathrm{T}}\cdot\boldsymbol{M}_{2G_6S_6})\\
&\boldsymbol{T}_d=\mathrm{diag}(\boldsymbol{M}_{1G_1S_1}\quad \boldsymbol{M}_{1G_2S_2}\quad\cdots\quad \boldsymbol{M}_{1G_6S_6})\\
&\boldsymbol{J}_{EE}=\begin{bmatrix} \boldsymbol{S}_1\boldsymbol{M}_1^{\mathrm{T}}\cdot\boldsymbol{A}_{EE_1} \\ \boldsymbol{S}_2\boldsymbol{M}_2^{\mathrm{T}}\cdot\boldsymbol{A}_{EE_2} \\ \vdots \\ \boldsymbol{S}_6\boldsymbol{M}_6^{\mathrm{T}}\cdot\boldsymbol{A}_{EE_6} \end{bmatrix}
\end{aligned} \tag{3.149}$$

所以，当 $\boldsymbol{J}_{EE}$ 不产生奇异时，末端执行器的速度螺旋可计算为

$$\boldsymbol{t}_{EE}=\boldsymbol{J}_{EE}^{-1}\cdot\boldsymbol{Q}_{GS}\cdot\boldsymbol{T}_d\cdot\dot{\boldsymbol{\theta}} \tag{3.150}$$

从式（3.138）和式（3.144）可得第 i 条支链的速度螺旋为

$$\boldsymbol{t}_{G_iS_iM_i}=\begin{bmatrix}\boldsymbol{t}_{G_iS_i}\\ \boldsymbol{t}_{S_iM_i}\end{bmatrix}=\boldsymbol{E}_{EE_i}\cdot\boldsymbol{t}_{EE}+\boldsymbol{F}_{EE_i}\cdot\boldsymbol{M}_{1\_G_iS_i}\cdot\dot{\theta}_i \tag{3.151}$$

式中：$\boldsymbol{E}_{EE_i}=\begin{bmatrix}\boldsymbol{0}_6\\ \boldsymbol{C}_{EE_i}\end{bmatrix}$，$\boldsymbol{F}_{EE_i}=\begin{bmatrix}\boldsymbol{E}_6\\ \boldsymbol{D}_{EE_i}\end{bmatrix}$。由式（3.150）和式（3.151），得整体机构的速度螺旋为

$$\boldsymbol{t}=\begin{bmatrix}\boldsymbol{t}_{G_1S_1M_1}\\ \boldsymbol{t}_{G_2S_2M_2}\\ \vdots\\ \boldsymbol{t}_{G_6S_6M_6}\\ \boldsymbol{t}_{EE}\end{bmatrix}=\boldsymbol{E}_{EE_{1\_6}}\cdot\boldsymbol{t}_{EE}+\boldsymbol{F}_{EE_{1\_6}}\cdot\boldsymbol{T}_d\cdot\dot{\boldsymbol{\theta}} \tag{3.152}$$

式中：

$$\boldsymbol{E}_{EE_{1\_6}}=\begin{bmatrix}\boldsymbol{E}_{EE_1}\\ \boldsymbol{E}_{EE_2}\\ \vdots\\ \boldsymbol{E}_{EE_6}\\ \boldsymbol{E}_6\end{bmatrix},\quad \boldsymbol{F}_{EE_{1\_6}}=\begin{bmatrix}\mathrm{diag}(\boldsymbol{F}_{EE_1}\quad \boldsymbol{F}_{EE_2}\quad \cdots\quad \boldsymbol{F}_{EE_6})\\ \boldsymbol{0}_{6\times 36}\end{bmatrix} \tag{3.153}$$

将式（3.150）代入式（3.153）中可得

$$\boldsymbol{t}=\boldsymbol{T}_h\cdot\boldsymbol{T}_d\cdot\dot{\boldsymbol{\theta}} \tag{3.154}$$

式中：$\boldsymbol{T}_h=\boldsymbol{E}_{EE_{1\_6}}\cdot\boldsymbol{J}_{EE}^{-1}\cdot\boldsymbol{Q}_{GS}+\boldsymbol{F}_{EE_{1\_6}}$。

若目标机构没有冗余驱动，正如文献［63，65，70］中一样，则主动关节坐标相互独立。通过解耦 NOC 法建立的动力学模型在主动关节空间表示，但由于驱动冗余的存在，机构的主动关节并非完全独立，而任务空间 $\boldsymbol{q}_{EE}$ 中的四个自由度却是完全独立。对式（2.33）求一次时间导数，可得

$$\ddot{\boldsymbol{\theta}}=\boldsymbol{J}_\theta\cdot\ddot{\boldsymbol{q}}_{EE}+\dot{\boldsymbol{J}}_\theta\cdot\dot{\boldsymbol{q}}_{EE} \tag{3.155}$$

同时将式（2.33）代入式（3.154）可得

$$\boldsymbol{t}=\boldsymbol{T}\cdot\dot{\boldsymbol{q}}_{EE} \tag{3.156}$$

式中：

$$\boldsymbol{T}=\boldsymbol{T}_h\cdot\boldsymbol{T}_d\cdot\boldsymbol{J}_\theta \tag{3.157}$$

就是分解成了三个子矩阵的 NOC 矩阵。对比之下可以发现，在文献［63，65，70］记载的非冗余驱动并联机构中，NOC 矩阵只分解成了两个子矩阵，体现了冗余驱动给该方法带来的差异。

需要注意的是，从式（3.138）和式（3.148）可知，$\boldsymbol{T}_d$是一个恒定的块对角矩阵。所以，式（3.154）对时间求导可得

$$\dot{\boldsymbol{t}}=\dot{\boldsymbol{T}}_h\cdot\boldsymbol{T}_d\cdot\dot{\boldsymbol{\theta}}+\boldsymbol{T}_h\cdot\boldsymbol{T}_d\cdot\ddot{\boldsymbol{\theta}} \tag{3.158}$$

不计机构内部运动件耦合作用的动力学模型为

$$\boldsymbol{M}\cdot\dot{\boldsymbol{t}}+\boldsymbol{W}\cdot\boldsymbol{M}\cdot\boldsymbol{t}=\boldsymbol{w}^{W}+\boldsymbol{w}^{C} \tag{3.159}$$

式中：$\boldsymbol{M}$、$\boldsymbol{W}$、$\boldsymbol{W}^{W}$ 分别是整体机构的角速度矩阵、主动力的力螺旋向量、约束力的力螺旋向量，且

$$\begin{cases}\boldsymbol{M}=\mathrm{diag}(\boldsymbol{M}_{G_1S_1}\quad \boldsymbol{M}_{S_1M_1}\quad \cdots\quad \boldsymbol{M}_{G_6S_6}\quad \boldsymbol{M}_{S_6M_6}\quad \boldsymbol{M}_{EE})\\ \boldsymbol{W}=\mathrm{diag}(\boldsymbol{W}_{G_1S_1}\quad \boldsymbol{W}_{S_1M_1}\quad \cdots\quad \boldsymbol{W}_{G_6S_6}\quad \boldsymbol{W}_{S_6M_6}\quad \boldsymbol{W}_{EE})\\ \boldsymbol{w}^{W}=\begin{bmatrix}\boldsymbol{w}^{W}_{G_1S_1}\\ \boldsymbol{w}^{W}_{S_1M_1}\\ \vdots\\ \boldsymbol{w}^{W}_{G_6S_6}\\ \boldsymbol{w}^{W}_{S_6M_6}\\ \boldsymbol{w}^{W}_{EE}\end{bmatrix},\quad \boldsymbol{w}^{C}=\begin{bmatrix}\boldsymbol{w}^{C}_{G_1S_1}\\ \boldsymbol{w}^{C}_{S_1M_1}\\ \vdots\\ \boldsymbol{w}^{C}_{G_6S_6}\\ \boldsymbol{w}^{C}_{S_6M_6}\\ \boldsymbol{w}^{C}_{EE}\end{bmatrix}\end{cases} \tag{3.160}$$

其中每一个符号表示的含义都在 3.9 节中有阐述。同样，机构中约束力的作用是将所有刚体保持连接，即约束力做功为零：

$$\boldsymbol{t}^{\mathrm{T}}\cdot\boldsymbol{w}^{C}=\dot{\boldsymbol{q}}_{EE}^{\mathrm{T}}\cdot\boldsymbol{T}^{\mathrm{T}}\cdot\boldsymbol{w}^{C}=0 \tag{3.161}$$

因为$\dot{\boldsymbol{q}}_{EE}$能任意改变大小，所以

$$\boldsymbol{T}^{\mathrm{T}}\cdot\boldsymbol{w}^{C}=0 \tag{3.162}$$

这样，用 $\boldsymbol{T}^{\mathrm{T}}$ 左乘式（3.159）可以消去约束力螺旋向量，并在 $\boldsymbol{T}$ 中体现速度关联关系：

$$\boldsymbol{T}^{\mathrm{T}}\cdot\boldsymbol{M}\cdot\dot{\boldsymbol{t}}+\boldsymbol{T}^{\mathrm{T}}\cdot\boldsymbol{W}\cdot\boldsymbol{M}\cdot\boldsymbol{t}=\boldsymbol{T}^{\mathrm{T}}\cdot\boldsymbol{w}^{W} \tag{3.163}$$

将式（3.154）和式（3.158）代入式（3.163）可得

$$\boldsymbol{J}_{\theta1}^{\mathrm{T}}\cdot\tau=\boldsymbol{T}^{\mathrm{T}}\cdot(\boldsymbol{M}\cdot\boldsymbol{T}_h\cdot\boldsymbol{T}_d\cdot\ddot{\boldsymbol{\theta}}+(\boldsymbol{M}+\boldsymbol{W}\cdot\boldsymbol{M})\cdot\dot{\boldsymbol{T}}_h\cdot\boldsymbol{T}_d\cdot\dot{\boldsymbol{\theta}})-\boldsymbol{J}_{\theta1}^{\mathrm{T}}\cdot\boldsymbol{\tau}_0 \tag{3.164}$$

式中：

$$\boldsymbol{\tau}_0=\boldsymbol{T}_d^{\mathrm{T}}\cdot(\boldsymbol{J}_{EE}^{-1}\cdot\boldsymbol{Q}_{GS})^{\mathrm{T}}\cdot\left(\sum_{i=1}^{6}\boldsymbol{C}_{EE_i}^{\mathrm{T}}\cdot\boldsymbol{w}^{W}_{S_iM_i}+\boldsymbol{w}^{W}_{EE}\right)+\boldsymbol{T}_d^{\mathrm{T}}\cdot\begin{bmatrix}\boldsymbol{E}_{EE_1}^{\mathrm{T}}\cdot\boldsymbol{w}^{W}_{S_1M_1}\\ \boldsymbol{E}_{EE_2}^{\mathrm{T}}\text{、}\boldsymbol{w}^{W}_{S_2M_2}\\ \vdots\\ \boldsymbol{E}_{EE_6}^{\mathrm{T}}\cdot\boldsymbol{w}^{W}_{S_6M_6}\end{bmatrix} \tag{3.165}$$

式（3.164）即为通过解耦 NOC 法得到的机构动力学逆解模型。驱动力矩的最小二范数求解为

$$\tau=(\boldsymbol{J}_{\theta1}^{\mathrm{T}})^{+}\cdot\boldsymbol{R}_{164} \tag{3.166}$$

式中：$\boldsymbol{R}_{164}$为式（3.164）右手边所有项之和，并且 6×6 惯性矩阵、6×6 科氏力/离心力矩阵、6×1 重力与外力向量分别为

$$\begin{cases}\boldsymbol{M}_D=(\boldsymbol{J}_{\theta1}^{\mathrm{T}})^{+}\cdot\boldsymbol{T}^{\mathrm{T}}\cdot\boldsymbol{M}\cdot\boldsymbol{T}_h\cdot\boldsymbol{T}_d\\ \boldsymbol{C}_D=(\boldsymbol{J}_{\theta1}^{\mathrm{T}})^{+}\cdot\boldsymbol{T}^{\mathrm{T}}\cdot(\boldsymbol{M}+\boldsymbol{W}\cdot\boldsymbol{M})\cdot\dot{\boldsymbol{T}}_h\cdot\boldsymbol{T}_d\\ \boldsymbol{G}_D=-(\boldsymbol{J}_{\theta1}^{\mathrm{T}})^{+}\cdot\boldsymbol{J}_{\theta1}^{\mathrm{T}}\cdot\boldsymbol{\tau}_0\end{cases} \tag{3.167}$$

这样，通过该方法，就在机构的关节空间建立了动力学模型。该模型的建立对将来开展基于模型的运动控制，具有重要的实用价值：并联机构若存在冗余驱动，则主动关节不完全独立。因此，动力学逆解模型一般在任务空间建立，如文献［31，40，43，

53］所述。为了实现基于模型的运动控制，任务空间的运动主要通过外置光学设备，实时测量并反馈末端执行器的空间位姿[71]，或者使用运动学正解模型进行理论计算[31,43]。然而，这两种方法带来的困难在于：外置光学设备增加了整体系统的复杂程度和经济成本；目标机构运动学正解建模的求解难度和计算量都较大，难保证计算的实时性。相比之下，关节空间的运动控制经济成本更低且容易实现：能够使用激励器自带的编码器实时测量转动位移和速度，并通过简单的计算方法得到转动加速度。这样，就不需要外置光学设备，或者建立并求解复杂的运动学正解模型。更重要的是，结合上述关节空间的惯性矩阵、科氏力/离心力矩阵、重力向量，许多成熟且高档的串联机器人在关节空间的运动控制方法都能较容易地延伸至目标机构。

3.12　理论计算和讨论

上文对目标机构通过多种方法建立了动力学逆解模型。为验证理论推导的正确性，机构跟踪 2.4 节中的真实咀嚼轨迹。因为该轨迹轮廓具有大致的周期性，且图线较密，如图 2.10~图 2.12、图 2.14~图 2.17 所示，所以这里只跟踪前 5 秒，在页面上也能更清楚展示。通过上述各种方法得到的模型在 Matlab 中编写相应代码求解，计算机为戴尔 Intel Core i7-8700K CPU 3.70GHz，内存为 64GB。在机构跟踪该轨迹过程中，在如图 3.1 所示的机构下颚左侧磨牙的 B 点处，作用健康人体咀嚼花生时的三维咀嚼反力。该力沿着 $\{S\}$ 系三个坐标轴方向上的时间分布如图 3.4 所示。

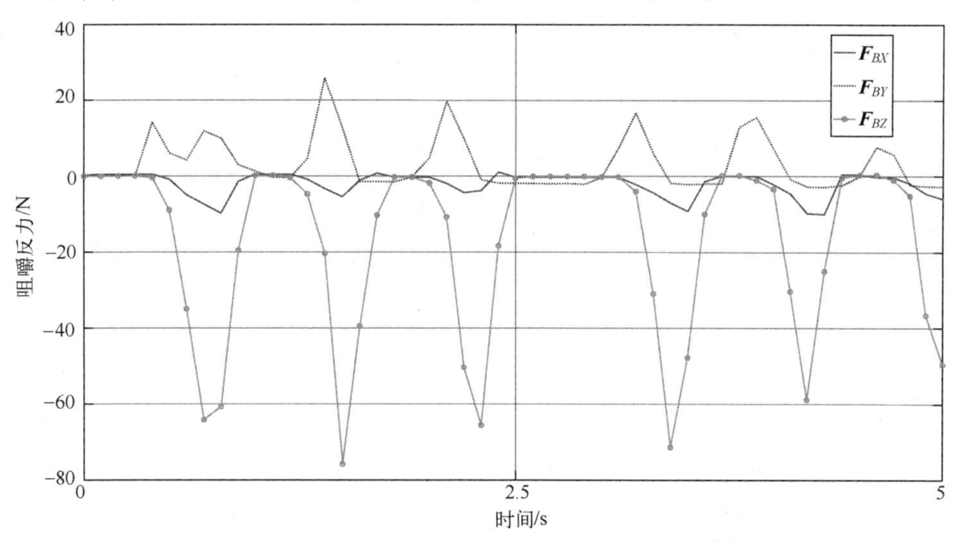

图 3.4　花生的咀嚼反力在 $\{S\}$ 系的三个分力[1]

3.12.1　通过牛顿-欧拉法得到的数值结果

通过牛顿-欧拉方程，在式（3.23）中最小驱动力矩的优化目标 A_1 下，驱动力矩和点接触高副约束力的轨迹如图 3.5 所示。从中可见，力矩轨迹的突起部分在时间分布上和咀嚼反力轨迹的突起部分一致，而不是和末端执行器运动轨迹的突起部分一致，这是因为咀嚼反力所需的驱动力矩远大于末端执行器自身运动所需的驱动力矩。同时，左侧

点接触高副约束力 F_{T_L} 在 Z_S 轴上的分量在整个时间上大多为正数，右侧的反之，这是因为咀嚼反力 $\boldsymbol{F}_B$ 作用在左侧磨牙 B 处，和预想的情况一致。

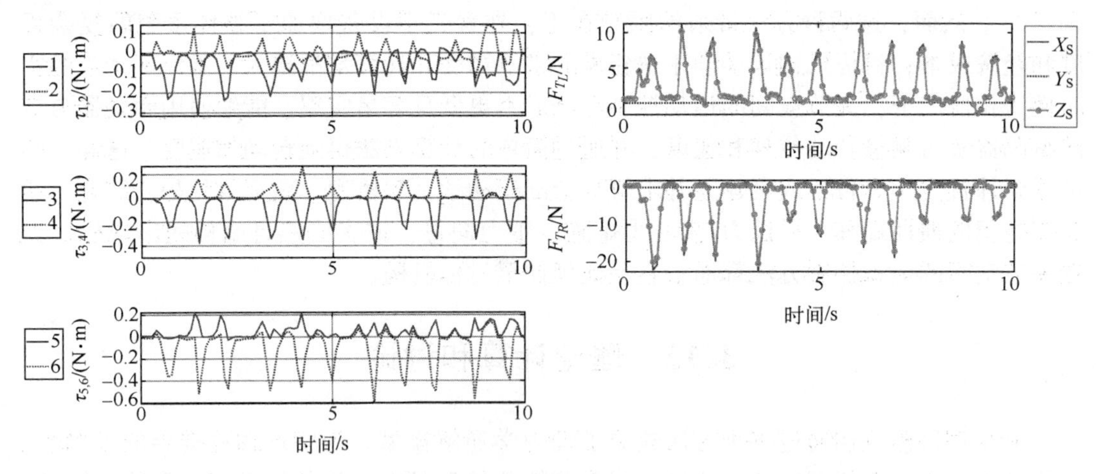

图 3.5　驱动力矩和高副约束力

图 3.6 和图 3.7 显示的是被动球关节 $M_i(i=1,2,\cdots,6)$ 和 S_i 的约束力。从中可以看出，M_i 和 S_i 处的约束力差不多，这是因为在两处约束力之间函数关系式（3.11）中，连杆的质量、运动速度数值都不大。另外，根据约束力大小，可以在样机设计中选择合适的球关节、连杆直径、材料等，以满足负载要求。

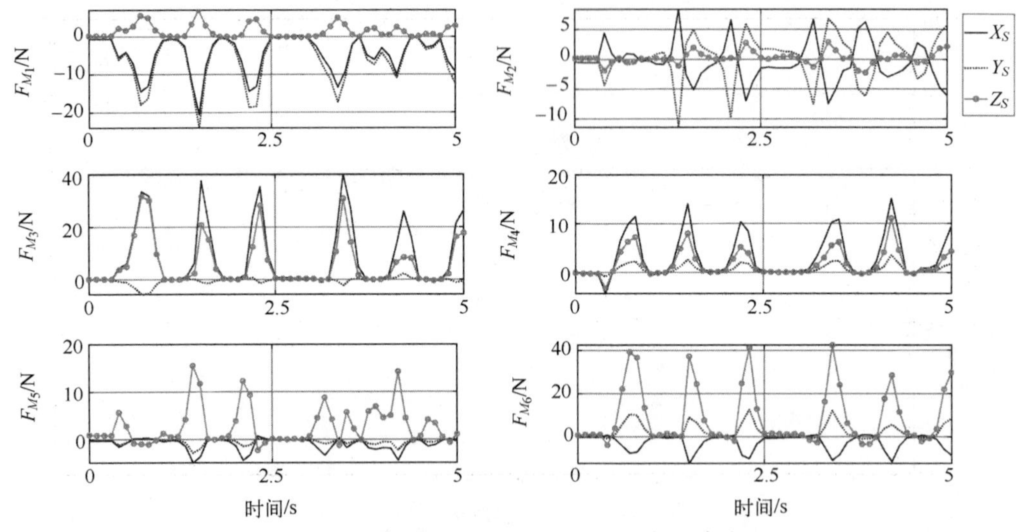

图 3.6　球关节 $M_i(i=1,2,\cdots,6)$ 处的约束力

图 3.8 展示了六个驱动关节的输出功率。根据最大输出功率值，以及第 2 章中的最大输出转速、转动加速度，就能在试验平台搭建中，选取合适的激励器，以避免功率浪费或不足。

在其他几种优化目标下得到的上述变量数值结果和图示情况有着类似的曲线轮廓，为了表述简洁，这里不再完全画出。为了能定量地描述机构在不同优化目标下的动力学性能，结合式（3.23）中提出的优化目标，提出如下五个性能指标：

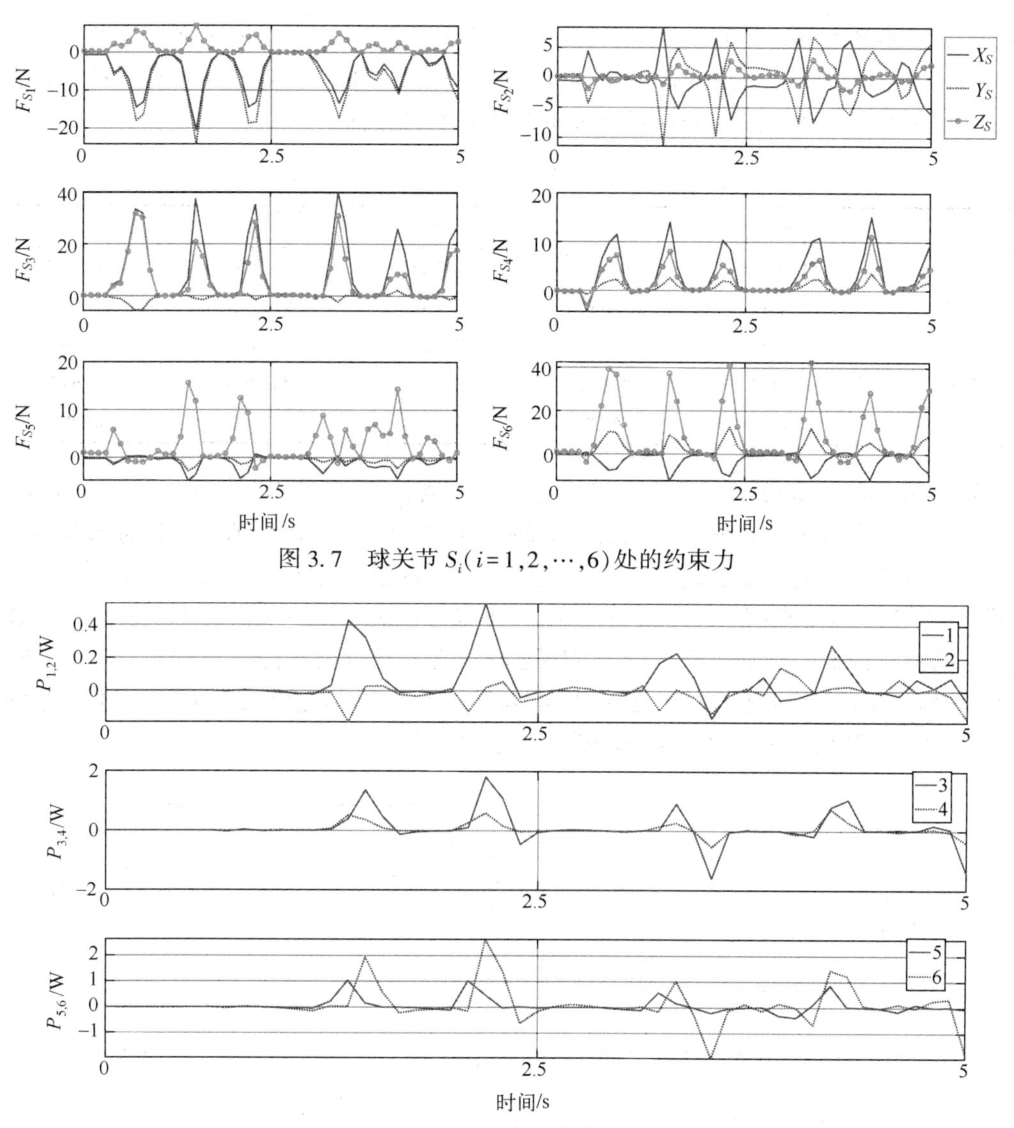

图 3.7　球关节 $S_i(i=1,2,\cdots,6)$ 处的约束力

图 3.8　驱动关节功率

$$
\begin{cases}
F_1 = \dfrac{1}{N}\cdot\displaystyle\sum_{k=1}^{N}\|\boldsymbol{\tau}\|_k \\
F_2 = \dfrac{1}{N}\cdot\displaystyle\sum_{k=1}^{N}\left\|\sqrt{\sum_{i=1}^{6}(\tau_i\cdot\dot{\theta}_i)^2}\right\|_k \\
F_3 = \dfrac{1}{N}\cdot\displaystyle\sum_{k=1}^{N}\left\|\sqrt{\sum_{i=1}^{6}(\|\boldsymbol{F}_{M_i}\|^2+\|\boldsymbol{F}_{S_i}\|^2)}\right\|_k \\
F_4 = \dfrac{1}{N}\cdot\displaystyle\sum_{k=1}^{N}\left\|\sqrt{\sum_{i=1}^{6}\|\boldsymbol{F}_{M_i}\|^2+\sum_{j=L,R}\|\boldsymbol{F}_{T_j}\|^2}\right\|_k \\
F_5 = \dfrac{1}{N}\cdot\displaystyle\sum_{k=1}^{N}\left\|\sqrt{\sum_{j=L,R}\|\boldsymbol{F}_{T_j}\|^2}\right\|_k
\end{cases}
\tag{3.168}
$$

式中：N 是整条轨迹的离散点数目；$\|\cdot\|_k$ 是第 k 个采样点时对应向量的二范数。在五种不同的优化目标下，得到的性能指标如表 3.1 所示。在每个优化目标下，相应的指标都取得了最小值，可见设计的优化问题具有较好的有效性。

表 3.1　不同优化目标下的性能指标

	A_1	A_2	A_3	A_4	A_5
F_1/(N·m)	**0.1985**	0.2461	0.2029	0.2043	0.2727
F_2/W	0.5156	**0.4561**	0.5389	0.5395	0.5638
F_3/N	28.2150	37.3458	**27.3205**	27.3893	39.5077
F_4/N	21.5018	27.8282	20.1742	**19.9854**	27.9145
F_5/N	7.7026	6.6937	5.6486	4.7742	**4.1509e-09**

使用 Khalil-Ibrahim 法，同样可以得到和上述相同的数值结果，这里就不再重复。

在第 2.7 节的建模过程中，已经说明使用该方法可以显式得到各个运动部分所需力矩。图 3.9 给出的是末端执行器、所有连杆、所有曲柄、咀嚼反力在六个主动关节上所需的力矩情况。从四幅图中可以明显看出，所需力矩从大到小依次为咀嚼反力、末端执行器、曲柄、连杆，且咀嚼反力所需力矩远比另外三部分要大得多。可见主动关节输出力矩主要是为了维持咀嚼反力，机构整体自身运动所需的力矩其实更小。这也解释了图 3.5 中力矩与反力的轨迹突起部分保持一致的原因。

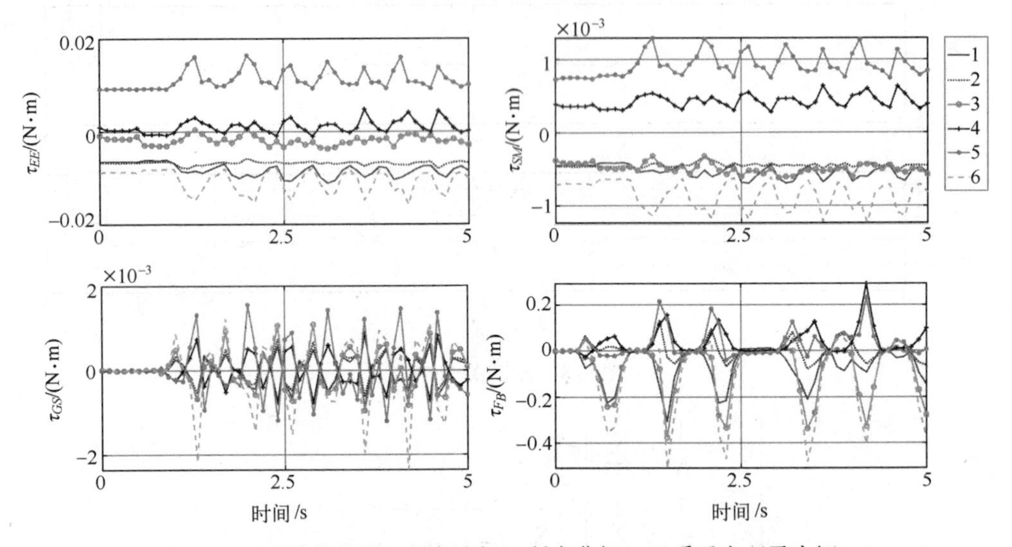

图 3.9　末端执行器、所有连杆、所有曲柄、咀嚼反力所需力矩

进一步细化还能得到图 3.10 给出的试验结果，其中，τ_{EE}^K、τ_{EE}^G、τ_{SM}^K、τ_{SM}^G分别为末端执行器的动能和势能所需力矩、所有连杆的动能和势能所需力矩。可以看出，末端执行器的重力势能部分所需力矩小于动能部分所需力矩，达到一个数量级，连杆的情况也相同。因此，今后开展运动控制时，可能不需要完整的动力学模型，只开展重力势能部分的补偿，也能得到较好的运动精度。这样，可避免复杂的动力学逆解建模，从而提升计算效率，有利运动控制的实时性。同时，第 1 秒内机构几乎不动，所以动能部分所需力矩几乎为零。而在此时间段内，末端执行器的质心不在 X_S-Y_S水平面内，重力势能部

分所用力矩不为零。

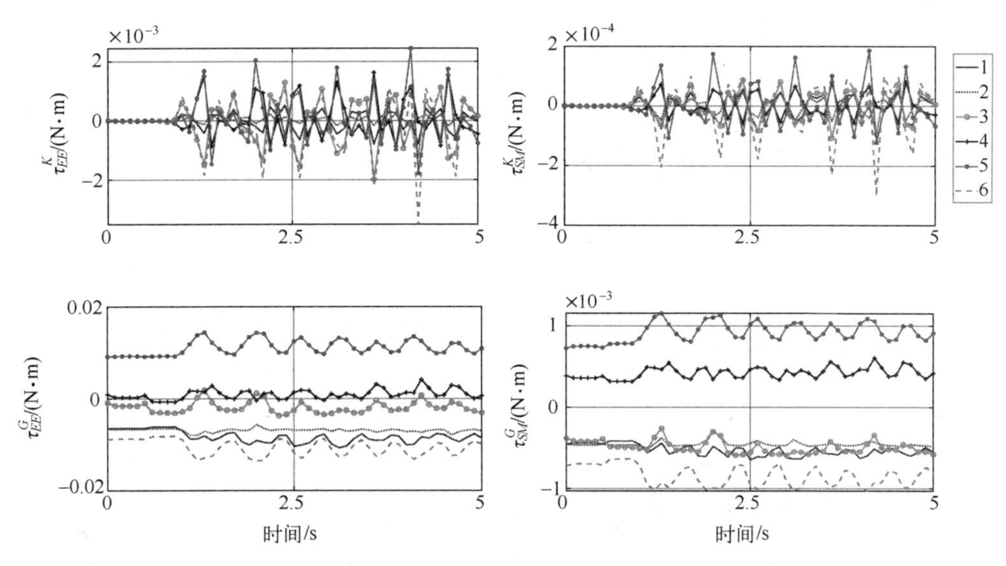

图 3.10　末端执行器和所有连杆的动能和势能部分所需力矩

同时还可看出，第 1 秒内机构几乎不动，所以动能部分所需力矩也几乎为零。末端执行器的质心几乎在 X_S-Y_S水平面内，重力势能部分所用力矩接近零。对于 $\boldsymbol{S}_i\boldsymbol{M}_i$，质心不在 X_S-Y_S面内，重力势能部分所用力矩不为零。

更进一步地，每条连杆的动能和势能部分所需力矩如图 3.11 所示。从中可以发现，几乎每条连杆的重力势能部分需要更多力矩维持。同时还能明显看到，在第 1 秒的时间段中，因为机构基本保持静止，所以动能部分需要的力矩也就几乎为零；同时，因为连杆的质心不在 X_S-Y_S水平面上，所以该时间段内重力势能部分所需力矩不为零。

图 3.12 显示的是每个曲柄的运动所需要的力矩。容易想到的是，每个曲柄直接对应一个主动关节，则单个曲柄所需力矩只在各自主动关节上产生，而其他主动关节对其没有影响。而实际上，因为冗余驱动，不同曲柄的运动之间有互相关联，需要协调运动，单个曲柄转动会对其他主动关节的输出力矩产生影响，只是在对应关节上产生的力矩数值更大，在其他关节上产生的更小。这种现象已经在式（3.108）下方给出了对于 $\boldsymbol{\tau}_{\boldsymbol{G}_i\boldsymbol{S}_i}^{K}$的理解。

3.12.2　不同方法建立模型的对比

所有方法中，只有牛顿-欧拉法和 Khalil-Ibrahim 法可以得到被动关节 $M_i(i=1,2,\cdots,6)$处和点接触高副的约束力，其余八种方法只能直接得到驱动力矩。这些方法在建模空间、未知数、方程数方面的特点总结在表 3.2 中。图 3.13 表示的是通过牛顿-欧拉法，在驱动力矩最小化的优化目标下得到的驱动力矩，分别和拉格朗日方程、虚功原理得到的驱动力矩之差。任意两个不同方法得到的驱动力矩之差和该图类似，为了表述简洁，不再一一列出。可见，不同方法虽然建模空间和模型结构有差异，但是得到的驱动力矩数值是一样的。

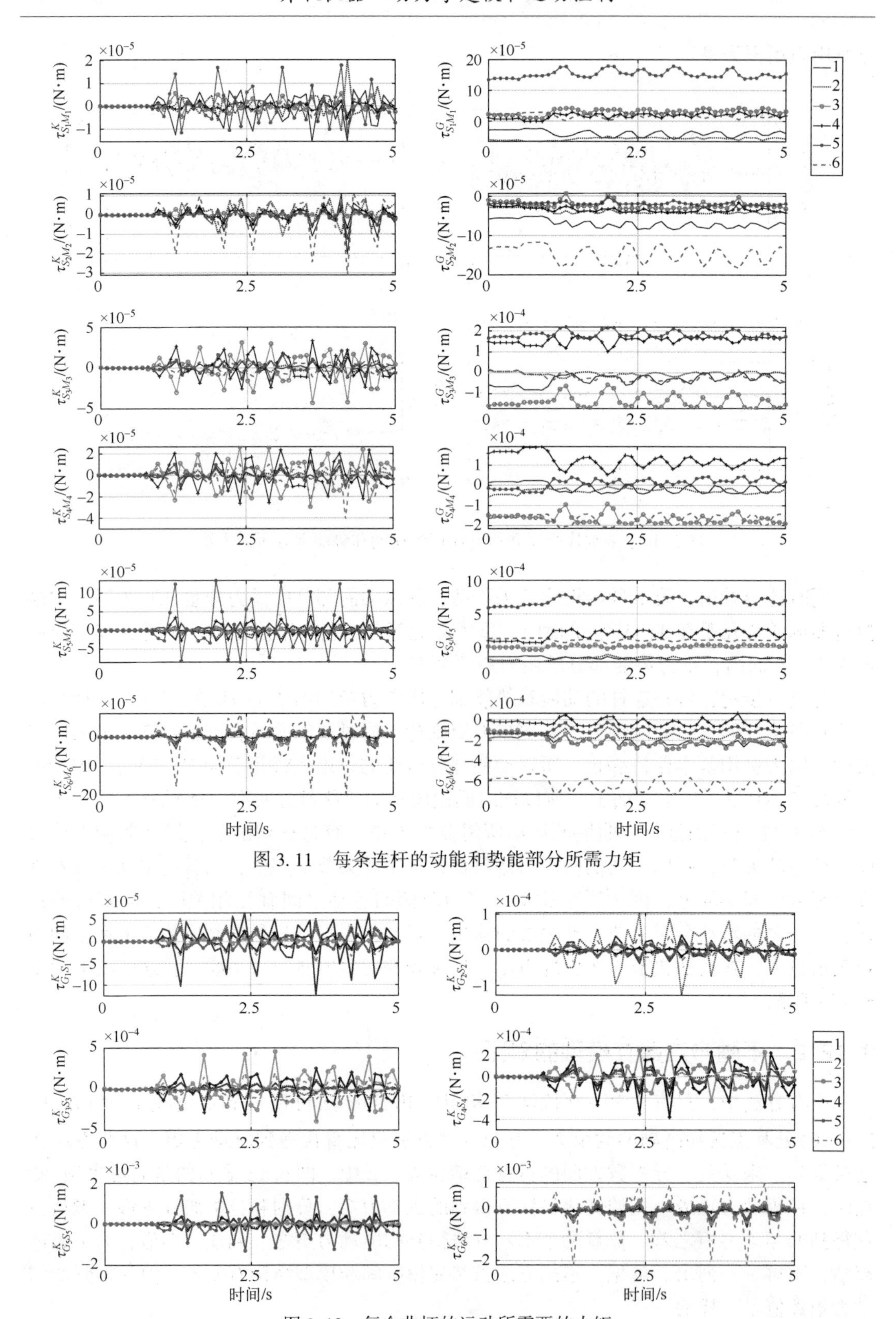

图 3.11　每条连杆的动能和势能部分所需力矩

图 3.12　每个曲柄的运动所需要的力矩

表 3.2　不同方法下模型的空间和结构

	牛顿-欧拉法	拉格朗日方程	拉格朗日-达朗贝尔原理	Udwadia-Kalaba 方程	Khalil-Ibrahim 法
建模空间	双空间	任务空间	任务空间	任务空间	双空间
未知数	8	6	6	6	8
方程数	6	4	4	4	6

	虚功原理	广义动量矩原理	NOC 法	凯恩方程	解耦 NOC 法
建模空间	任务空间	任务空间	任务空间	任务空间	关节空间
未知数	6	6	6	6	6
方程数	4	4	4	4	4

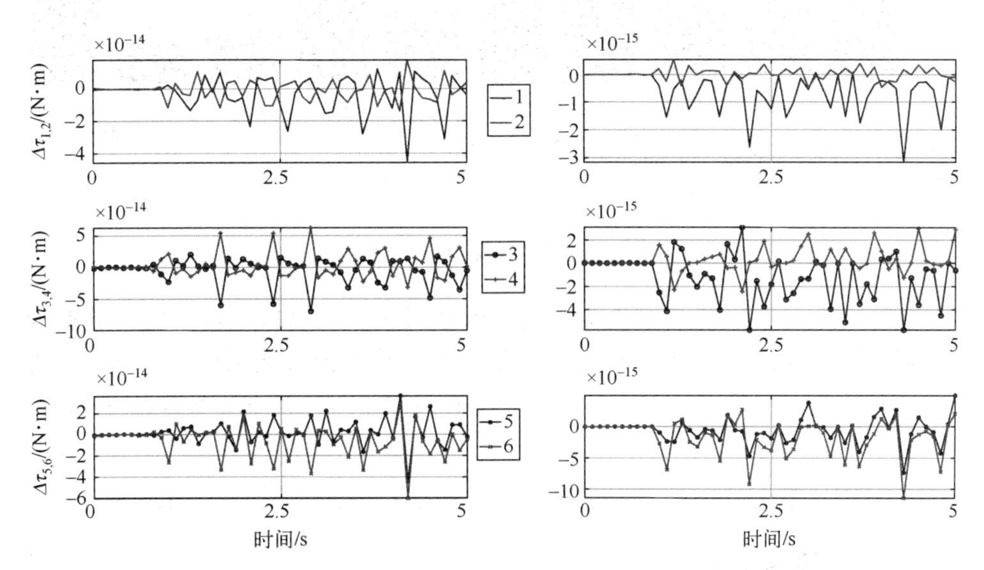

图 3.13　通过牛顿-欧拉法分别和拉格朗日方程与虚功原理建立模型得到的驱动力矩之差

动力学模型不仅可用于求解驱动力矩，一个非常重要的用途在于基于模型的运动和力控制，因此，计算效率就尤为重要。图 3.14 列出了这些方法的计算时间，从中可以看出，Udwadia-Kalaba 法和拉格朗日方程的计算效率最低，凯恩方程和 NOC 法的计算效率最高。

为了对比基座直接约束对模型结果的影响，对 6$\underline{R}$SS 并联机构也分别使用上述方法建立动力学模型并求解。因为不包含末端执行器受到基座的直接约束，所以用不同方法建立模型都含有六个方程和六个未知数，即驱动力矩只有唯一解。该机构的四个性能指标数值依次为

$$F_1=0.2727\text{N}\cdot\text{m},\quad F_2=0.5638\text{W},\quad F_3=39.5082\text{N},\quad F_4=27.9149\text{N}$$

可以看到，这些数值和目标机构在以基座直接约束力最小化为目标，即式（3.23）中的 A5 时所得的指标值非常接近，因为在该目标下开展的优化计算使基座直接约束力几乎为零。图 3.15 还给出了 6$\underline{R}$SS 机构在不同方法下模型的计算时间。从中可以看出，拉格朗日方程和拉格朗日-达朗贝尔原理的计算效率最低，Khalil-Ibrahim 法和 NOC 法

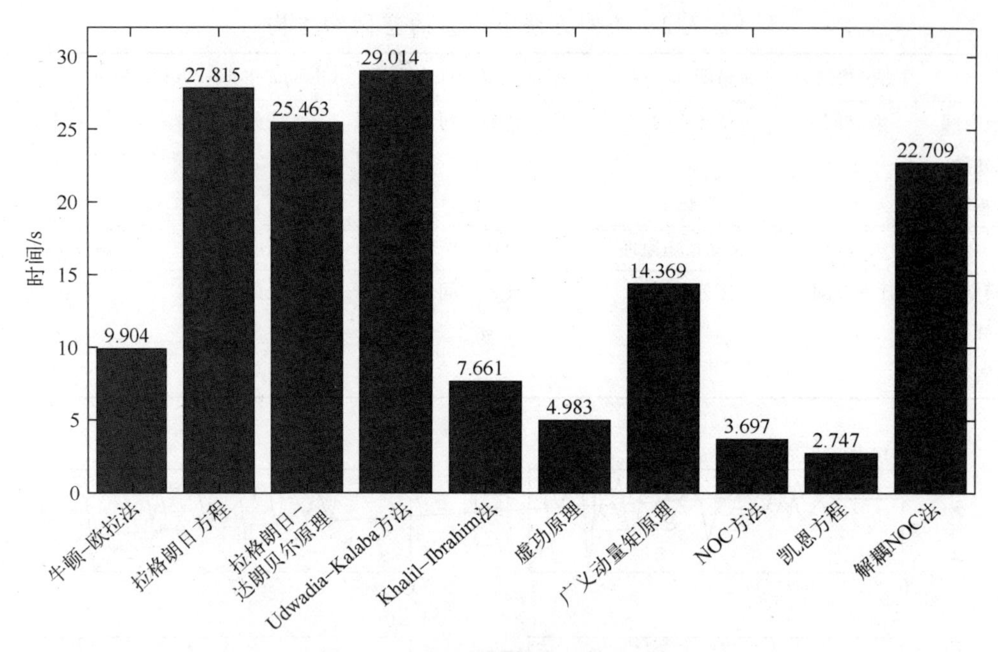

图 3.14　目标机构的计算时间

的最高。更重要的是，尽管两个机构运动部件数目相同，但目标机构的计算时间远比6$\underline{R}$SS 机构的更长。可见，基座对末端执行器的直接约束极大地增加了模型的计算量和复杂度。若计算时间过长，就会影响运动控制的实时性，可能还需考虑更高效或简化的建模方法。

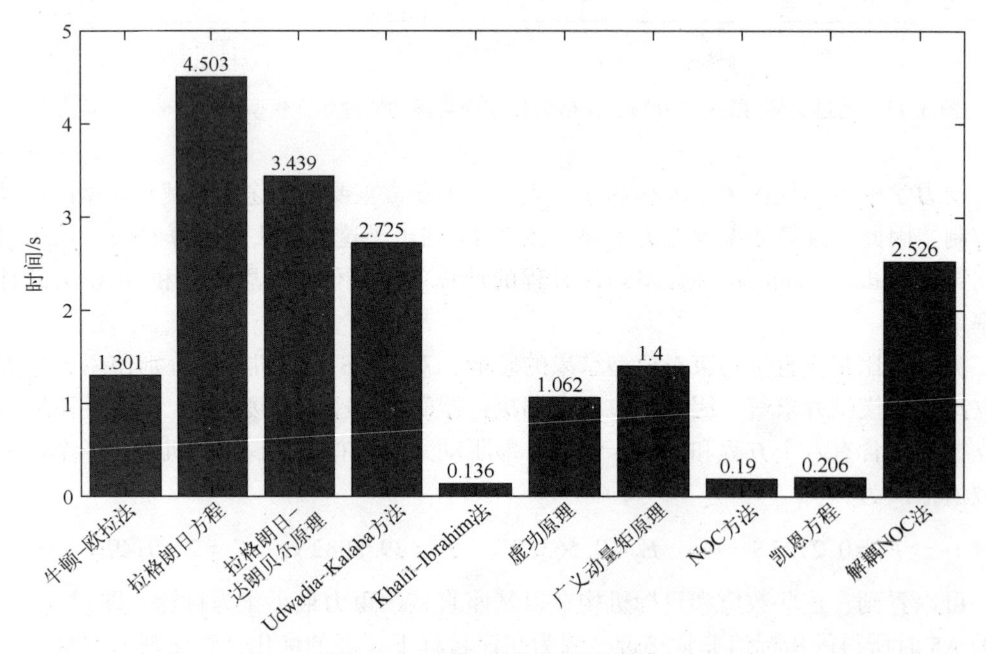

图 3.15　6$\underline{R}$SS 机构的计算时间

3.13 小　　结

本章使用常见的十种方法建立了目标机构的刚体动力学模型。结果表明，虽然模型结构和计算时间不同，但得到的驱动力矩数值结果是一致的。尽管没有在动力学软件中进行仿真计算，但是多种方法得到相同解，可以证明建立模型的正确性。从计算效率看，从低到高依次为通过 Udwadia-Kalaba 方程、拉格朗日方程、拉格朗日-达朗贝尔原理、解耦 NOC 法、广义动量矩原理、牛顿-欧拉方程、Khalil-Ibrahim 法、虚功原理、NOC 法、凯恩方程建立的模型。通过和 6$\underline{R}$SS 机构模型的比较，可见基座对末端执行器的直接约束明显地增加了模型的复杂度和计算量，且使用不同方法建立的模型计算效率排序大致和目标机构一致。这些模型将为今后开展运动控制和力控制试验、机构优化设计等研究方向提供坚实基础。

第 4 章　线弹性动力学建模

在前两章中，都假设机构所有零部件完全为刚性，从而开展运动学分析和动力学逆解建模。而实际上，在对研发的食品材质进行仿人咀嚼过程中，机构不可避免会因为自身惯性力和咀嚼反力引起形变。机构的刚度怎样？形变大小是多少？运动精度情况是否足够完成指定的任务？这些是本章需要解决的问题。鉴于复杂的机构特性，以及仿人咀嚼运动速度不大，本章使用经典的线弹性动力学方法，建立弹性动力学模型。结果表明，可通过一个刚性常微分方程组描述弹动力学行为。通过第 3 章中五种优化目标得到的驱动力矩作为弹动力学模型的广义力前馈，求解其形变。同时研究阻尼对性能的影响。最后，为了发现冗余驱动对性能的作用，提出一种非冗余驱动并联机构，使用上述方法建立其线弹性动力学模型。结果表明：

（1）由于基座的直接约束，末端执行器有两个寄生振动变量，推导的质量矩阵含有未知的弹性广义坐标。这与不受基座直接约束的并联机构模型很不相同。

（2）目标机构有较好的弹动力学性能，表现在较小的振动形变、较大的刚度、较高的自然频率。

（3）阻尼效应会改变不同驱动力前馈下的振动分布。

（4）冗余驱动可明显改进机构的弹动力学性能。

4.1　引　　言

由于零件的柔性，在惯性力、约束力、驱动力等内外力的共同作用下，机器设备在大范围刚性运动中不可避免地会产生振动和形变。当运行在高速重载状态时，振动和形变更明显，这就会影响其运动精度甚至稳定性。为研究弹性行为以降低振幅，学术界自 20 世纪 70 年代起开展了大量研究工作[72-74]，开发的建模方法总体上可以分为两类：第一，柔性连杆视作含有有限自由度的连续体，采用偏微分方程组建立动力学模型。该类模型的建立和求解都很复杂，且没有解析解。第二，为降低复杂性，柔性体通过有限的弹性自由度离散以表达弹性，使用常见的刚性多体动力学方法建立动力学模型，一般得到常微分方程组。最常见的两种离散方法是假设模态法（Assumed Mode Method，AMM）和有限元法（Finite Element Method，FEM）[75-77]。文献［78］对这两种方法进行了详尽的比较，结果表明 AMM 法更适用于横截面形状恒定的杆件，而 FEM 法可适用于形状任意的杆件。另外，这两种方法分别更适合基于模型的实时运动控制和数值仿真计算。

机构的大范围刚性运动和弹性形变会互相影响：前者引发杆件的振动和形变，后者会扰动前者的精度。为了建立较精确的动力学模型，一般需要考虑这两类运动的耦合作用。对于这种刚柔运动的相互影响，目前主要有两种方法：线弹性动力学法（Liner Kineto-ElastoDynamic Method，KED）和浮动参考坐标法（Floating Frame of Reference Formulation，FFRF）[72]。KED 法只考虑刚性运动对弹性形变的影响，而不计后者对前者的影响以及两者的耦合作用，通常用于弹性形变远小于刚性运动的情形[79-80]。当机器运动速度和杆件柔性均较大时，柔性形变对刚性运动的影响以及刚柔耦合效应也可能较大[81]，该方法就不易建立比较精确的模型，就需要用更复杂的建模方式如 FFRF 法开展刚柔耦合动力学建模。通过该方法得到的模型更精确，能确立两种运动之间的相互影响，但求解方法也更复杂，如文献［82-83］所述。

下面对使用 KED 法建立并联机构弹动力学模型的文献开展综述。文章［84］使用该方法分析了 8$\underline{P}$SS 冗余驱动并联机构包括形变响应和自然频率在内的弹动力学特性，并研究了冗余驱动对该性能的影响。文章［85］通过 KED 法分析了一个平面二自由度并联机构的关键结构参数对频率和敏感度的影响，以确定机械设计中的关键参数值。文章［86］建立了 3$\underline{R}$RR 平面并联机构的动力学模型，其中假设中间杆为柔性，其余零件为刚性，并对推导的理论模型开展试验研究。文献［87］联合使用 Hamilton 方程和有限元法建立了该机构在恒定温度变化下的动力学模型。文献［85］联合使用有限元法和矩阵结构法建立了只含有低副的三自由度三维并联机构动力学模型。在文献［88］将 KED 法应用于一个 3T1R 四自由度三维机构的弹动力学性能的优化。文献［89］建立了二自由度旋转并联机构的弹动力学模型，其中使用了三维 Euler-Bernoulli 梁单元描述杆件的柔性，并分析了机构的自然频率。文献［86］用该方法建立了平面 3$\underline{P}$RR 并联机构的动力学模型，对自然频率开展收敛性分析，以确定所需梁单元数量和级数。数值计算表明，机构位姿对形变有重要影响，推导的科氏力阻尼矩阵、向心力、几何刚度项对动力学响应的影响可以忽略不计。文献［79］为在一个五自由度并联机构的设计阶段使其振动和形变最小化，在建立的线弹性动力学模型中优化分析了几何误差影响，并通过 FEM 法和试验验证了数学模型的正确性。

为将刚柔耦合效应计算在内，文献［90- 91］中使用拉格朗日有限元法建立了并联机构的刚柔耦合动力学模型，固定端-固定端的假设，并使用经典的 Craig-Bampton 构件模态综合法对模型降阶。文献［92］基于 AMM 法研究了该机构的刚柔耦合特性，两端边界都为铰接，采用独立广义坐标以降低模型维度。从建立的模型可以明显看出刚性和柔性运动之间的耦合作用。文献［93］联合使用 AMM 法和广义牛顿-欧拉方程建立了一个平面二自由度并联机构的递归弹动力学模型，这也是第一次开展并联机构弹动力学模型计算量最小化方面的研究工作。对于一种平面二自由度冗余驱动并联机构，文献［94］在 FFRF 框架下使用 AMM 法建模后，将该模型用于设计奇异摄动非线性混合控制器以抑制振动，仿真结果表明该控制方法明显优于传统的 PD 控制。

从上述文献综述可以发现，当前对并联机构的柔性动力学建模主要集中在构型较简单的平面非冗余机构上，对三维（非）冗余驱动并联机构研究较少。本章在刚性运动学和动力学基础上，考虑到目标机构实际使用中，运动速度不会太快，形变不会太大，因此使用线弹性动力学方法，建立动力学模型。创新点主要集中在两个方面：

（1）对基座直接约束的并联机构开展线弹性动力学的研究。在建模中发现质量矩阵中含由于基座直接约束带来的未知形变广义坐标，这和文献中不受到基座直接约束的并联机构模型很不相同。

(2) 充分研究了驱动力、负载（即咀嚼反力）、冗余驱动、阻尼对性能的影响。

4.2 动力学模型

4.2.1 几个基本假设

在使用 KED 法建模前，做出如下四个假设：

(1) 由于下颚即末端执行器具有较大刚度和质量，因此将其假设为完全刚性，六条连杆 $\boldsymbol{S}_i\boldsymbol{M}_i$ 假设为具有相同横截面的三维 Euler-Bernoulli 梁。在对其进行的有限元建模中，依次使用三次、一次、一次多项式表达节点的径向、轴向、扭转形变。

(2) 曲柄固连于激励器的旋转轴，两者总的转动惯量比连杆的平动和转动惯量都要大得多。因此，将曲柄假设为固定基座，不产生弹性形变和振动。

(3) 虽然末端执行器不产生形变，但是连杆的形变会使其产生振动位移。这些形变和振动位移都属于刚性大范围运动引起的微小量，在 KED 法框架下不考虑振动和形变位移对刚性运动的影响，以及两者之间的耦合效应。

(4) 机构假设为瞬时结构以求取弹性运动量，即在每个时间间隔中，假设机构动力学微分方程组的质量矩阵、刚度矩阵、阻尼矩阵、广义力向量都为常量。

4.2.2 连杆中梁单元的动力学模型

为了能充分说明该方法的使用情况，同时不至引起较大的计算量，如图 4.1 所示，将连杆 $\boldsymbol{S}_i\boldsymbol{M}_i(i=1,2,\cdots,6)$ 等分为三个梁单元 $\boldsymbol{S}_i\boldsymbol{H}_i$、$\boldsymbol{H}_i\boldsymbol{L}_i$、$\boldsymbol{L}_i\boldsymbol{M}_i$。每个节点 S_i、H_i、L_i、M_i 都有三个平动和三个转动的弹性位移，分别沿着节点坐标系的三个轴。每个单元的动力学模型可通过拉格朗日方程建立[84]：

$$\overline{\boldsymbol{M}}_E\cdot\ddot{\boldsymbol{\Delta}}_E+\overline{\boldsymbol{K}}_E\cdot\boldsymbol{\Delta}_E=\overline{\boldsymbol{F}}_E-\overline{\boldsymbol{M}}_E\cdot\ddot{\boldsymbol{\Delta}}_{rE} \tag{4.1}$$

式中：$\overline{\boldsymbol{M}}_E$ 和 $\overline{\boldsymbol{K}}_E$ 分别是 12×12 的质量矩阵和刚度矩阵；$\boldsymbol{\Delta}_E$ 是 12×1 的节点弹性位移向量；$\ddot{\boldsymbol{\Delta}}_E$ 是其二阶时间导数；$\overline{\boldsymbol{F}}_E$ 是 12×1 的惯性力螺旋及外力螺旋之和形成的广义力向量，对应 $\boldsymbol{\Delta}_E$ 的每个元素；$\ddot{\boldsymbol{\Delta}}_{rE}$ 是通过刚性运动学得到两个节点处的加速度向量。式中所有变量都在连杆坐标系 $\{N_i\}$ 中表达。

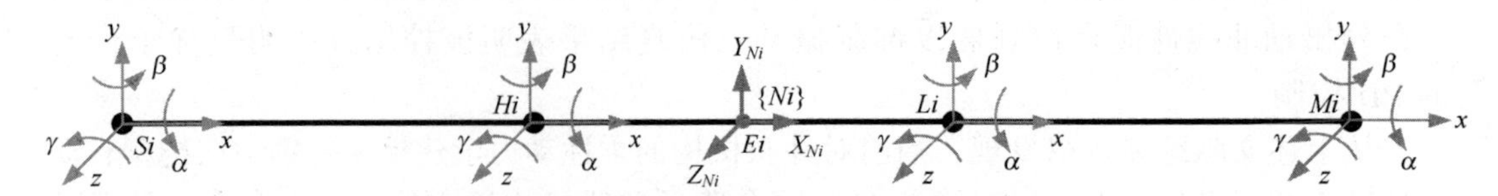

图 4.1 第 i 条连杆中的三个梁单元及其坐标系

每个梁单元的节点弹性位移向量 $\boldsymbol{U}$ 在 $\{S\}$ 系中可表示为

$$\boldsymbol{U}={}_{N_i}^{S}\boldsymbol{T}\cdot\boldsymbol{\Delta}_E \tag{4.2}$$

式中：${}_{N_i}^{S}\boldsymbol{T}=\mathrm{diag}({}_{N_i}^{S}\boldsymbol{R},{}_{N_i}^{S}\boldsymbol{R},{}_{N_i}^{S}\boldsymbol{R},{}_{N_i}^{S}\boldsymbol{R})$，其中${}_{N_i}^{S}\boldsymbol{R}$是从 $\{S\}$ 系到 $\{N_i\}$ 系的旋转变换矩阵。类似地，可得 $\boldsymbol{\Delta}_{rE}={}_{N_i}^{S}\boldsymbol{T}^{\mathrm{T}}\cdot\boldsymbol{U}_r$，其中 $\boldsymbol{U}_r$ 是每个梁单元的两个节点在刚性运动学模型中求得的 12×1 位移向量。将式（4.2）代入式（4.1），可得

$$\overline{\boldsymbol{M}}_E\cdot{}_{N_i}^{S}\boldsymbol{T}^{\mathrm{T}}\cdot\ddot{\boldsymbol{U}}+\overline{\boldsymbol{K}}_E\cdot{}_{N_i}^{S}\boldsymbol{T}^{\mathrm{T}}\cdot\boldsymbol{U}=\overline{\boldsymbol{F}}_E-\overline{\boldsymbol{M}}_E\cdot{}_{N_i}^{S}\boldsymbol{T}^{\mathrm{T}}\cdot\ddot{\boldsymbol{U}}_r \tag{4.3}$$

用${}_{N_i}^{S}\boldsymbol{T}$左乘式（4.3），可得

$$\hat{\boldsymbol{M}}_{E_i}\cdot\ddot{\boldsymbol{U}}+\hat{\boldsymbol{K}}_{E_i}\cdot\boldsymbol{U}=\hat{\boldsymbol{F}}_{E_i}-\hat{\boldsymbol{M}}_{E_i}\cdot\ddot{\boldsymbol{U}}_r \tag{4.4}$$

式中：

$$\begin{cases}\hat{\boldsymbol{M}}_{E_i}={}_{N_i}^{S}\boldsymbol{T}\cdot\overline{\boldsymbol{M}}_E\cdot{}_{N_i}^{S}\boldsymbol{T}^{\mathrm{T}}\\ \hat{\boldsymbol{K}}_{E_i}={}_{N_i}^{S}\boldsymbol{T}\cdot\overline{\boldsymbol{K}}_E\cdot{}_{N_i}^{S}\boldsymbol{T}^{\mathrm{T}}\\ \hat{\boldsymbol{F}}_{E_i}={}_{N_i}^{S}\boldsymbol{T}\cdot\overline{\boldsymbol{F}}_E\end{cases} \tag{4.5}$$

该式可应用于连杆中的任意一个梁单元，所以每个梁单元在 $\{S\}$ 系中的动力学模型为

$$\begin{cases}\hat{\boldsymbol{M}}_{S_iH_i}\cdot\ddot{\boldsymbol{U}}_{S_iH_i}+\hat{\boldsymbol{K}}_{S_iH_i}\cdot\boldsymbol{U}_{S_iH_i}=\hat{\boldsymbol{F}}_{S_iH_i}-\hat{\boldsymbol{M}}_{S_iH_i}\cdot\ddot{\boldsymbol{U}}_{rS_iH_i}\\ \hat{\boldsymbol{M}}_{H_iL_i}\cdot\ddot{\boldsymbol{U}}_{H_iL_i}+\hat{\boldsymbol{K}}_{H_iL_i}\cdot\boldsymbol{U}_{H_iL_i}=\hat{\boldsymbol{F}}_{H_iL_i}-\hat{\boldsymbol{M}}_{H_iL_i}\cdot\ddot{\boldsymbol{U}}_{rH_iL_i}\\ \hat{\boldsymbol{M}}_{L_iM_i}\cdot\ddot{\boldsymbol{U}}_{L_iM_i}+\hat{\boldsymbol{K}}_{L_iM_i}\cdot\boldsymbol{U}_{L_iM_i}=\hat{\boldsymbol{F}}_{L_iM_i}-\hat{\boldsymbol{M}}_{L_iM_i}\cdot\ddot{\boldsymbol{U}}_{rL_iM_i}\end{cases} \tag{4.6}$$

式中：

$$\hat{\boldsymbol{F}}_{S_iH_i}=\begin{bmatrix}\hat{\boldsymbol{F}}_{S_i}\\ \hat{\boldsymbol{F}}_{H_i}\end{bmatrix},\quad \hat{\boldsymbol{F}}_{H_iL_i}=\begin{bmatrix}-\hat{\boldsymbol{F}}_{H_i}\\ \hat{\boldsymbol{F}}_{L_i}\end{bmatrix},\quad \hat{\boldsymbol{F}}_{L_iM_i}=\begin{bmatrix}-\hat{\boldsymbol{F}}_{L_i}\\ \hat{\boldsymbol{F}}_{M_i}\end{bmatrix} \tag{4.7}$$

需要注意的是，$\hat{\boldsymbol{F}}_{S_i}$、$\hat{\boldsymbol{F}}_{H_i}$、$\hat{\boldsymbol{F}}_{L_i}$、$\hat{\boldsymbol{F}}_{M_i}$分别是作用在节点 $\boldsymbol{S}_i$、$\boldsymbol{H}_i$、$\boldsymbol{L}_i$、$\boldsymbol{M}_i$的惯性力螺旋和外力螺旋之和，并且都在 $\{S\}$ 中表达。进一步细化，可写为

$$\hat{\boldsymbol{F}}_{S_i}=\begin{bmatrix}\hat{\boldsymbol{F}}_{S_iT}\\ \hat{\boldsymbol{F}}_{S_iM}\end{bmatrix},\quad \hat{\boldsymbol{F}}_{H_i}=\begin{bmatrix}\hat{\boldsymbol{F}}_{H_iT}\\ \hat{\boldsymbol{F}}_{H_iM}\end{bmatrix},\quad \hat{\boldsymbol{F}}_{L_i}=\begin{bmatrix}\hat{\boldsymbol{F}}_{L_iT}\\ \hat{\boldsymbol{F}}_{L_iM}\end{bmatrix},\quad \hat{\boldsymbol{F}}_{M_i}=\begin{bmatrix}\hat{\boldsymbol{F}}_{M_iT}\\ \hat{\boldsymbol{F}}_{M_iM}\end{bmatrix} \tag{4.8}$$

式中：$\hat{\boldsymbol{F}}_{S_iT}$、$\hat{\boldsymbol{F}}_{S_iM}$分别表示作用在节点 S_i处的力和力矩，其他类似项含义相似；$\hat{\boldsymbol{F}}_{S_i}$、$\hat{\boldsymbol{F}}_{H_i}$、$\hat{\boldsymbol{F}}_{L_i}$、$\hat{\boldsymbol{F}}_{M_i}$如图 4.2 所示。在$\hat{\boldsymbol{F}}_{H_iL_i}$和$\hat{\boldsymbol{F}}_{L_iM_i}$中有两个负号，因为 H_i和 L_i是中间节点，作用于两个相连单元上的力螺旋等大反向。

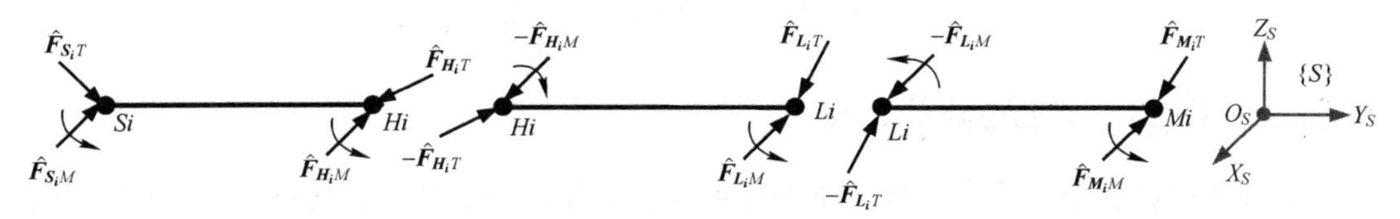

图 4.2　作用在第 i 条连杆节点处的力螺旋

定义一个24×1 的向量 $\boldsymbol{U}_{S_iH_iL_iM_i}=[\boldsymbol{U}_{S_i}^{\mathrm{T}} \quad \boldsymbol{U}_{H_i}^{\mathrm{T}} \quad \boldsymbol{U}_{L_i}^{\mathrm{T}} \quad \boldsymbol{U}_{M_i}^{\mathrm{T}}]^{\mathrm{T}}$，四个分量分别为节点 S_i、H_i、L_i、M_i的6×1 弹性位移向量。因此可得

$$\begin{cases}\boldsymbol{U}_{S_iH_i}=\boldsymbol{A}_1\cdot\boldsymbol{U}_{S_iH_iL_iM_i}\\ \boldsymbol{U}_{H_iL_i}=\boldsymbol{A}_2\cdot\boldsymbol{U}_{S_iH_iL_iM_i}\\ \boldsymbol{U}_{L_iM_i}=\boldsymbol{A}_3\cdot\boldsymbol{U}_{S_iH_iL_iM_i}\end{cases} \tag{4.9}$$

式中:

$$\begin{cases}\boldsymbol{A}_1=[\boldsymbol{E}_{12} \quad \boldsymbol{0}_{12}]\\ \boldsymbol{A}_2=[\boldsymbol{0}_{12\times6} \quad \boldsymbol{E}_{12} \quad \boldsymbol{0}_{12\times6}]\\ \boldsymbol{A}_3=[\boldsymbol{0}_{12} \quad \boldsymbol{E}_{12}]\end{cases} \tag{4.10}$$

是用于连接每个梁单元的两个节点到连杆所有节点的三个布尔矩阵。通过式（4.6）可得

$$\begin{cases}\boldsymbol{M}_{S_iH_i}\cdot\ddot{\boldsymbol{U}}_{S_iH_iL_iM_i}+\boldsymbol{K}_{S_iH_i}\cdot\boldsymbol{U}_{S_iH_iL_iM_i}=\boldsymbol{A}_1^{\mathrm{T}}\cdot\hat{\boldsymbol{F}}_{S_iH_i}-\boldsymbol{M}_{S_iH_i}\cdot\ddot{\boldsymbol{U}}_{rS_iH_iL_iM_i}\\ \boldsymbol{M}_{H_iL_i}\cdot\ddot{\boldsymbol{U}}_{S_iH_iL_iM_i}+\boldsymbol{K}_{H_iL_i}\cdot\boldsymbol{U}_{S_iH_iL_iM_i}=\boldsymbol{A}_2^{\mathrm{T}}\cdot\hat{\boldsymbol{F}}_{H_iL_i}-\boldsymbol{M}_{H_iL_i}\cdot\ddot{\boldsymbol{U}}_{rS_iH_iL_iM_i}\\ \boldsymbol{M}_{L_iM_i}\cdot\ddot{\boldsymbol{U}}_{S_iH_iL_iM_i}+\boldsymbol{K}_{L_iM_i}\cdot\boldsymbol{U}_{S_iH_iL_iM_i}=\boldsymbol{A}_3^{\mathrm{T}}\cdot\hat{\boldsymbol{F}}_{L_iM_i}-\boldsymbol{M}_{L_iM_i}\cdot\ddot{\boldsymbol{U}}_{rS_iH_iL_iM_i}\end{cases} \tag{4.11}$$

式中:

$$\begin{gathered}\boldsymbol{M}_{S_iH_i}=\boldsymbol{A}_1^{\mathrm{T}}\cdot\hat{\boldsymbol{M}}_{S_iH_i}\cdot\boldsymbol{A}_1,\quad \boldsymbol{K}_{S_iH_i}=\boldsymbol{A}_1^{\mathrm{T}}\cdot\hat{\boldsymbol{K}}_{S_iH_i}\cdot\boldsymbol{A}_1\\ \boldsymbol{M}_{H_iL_i}=\boldsymbol{A}_2^{\mathrm{T}}\cdot\hat{\boldsymbol{M}}_{H_iL_i}\cdot\boldsymbol{A}_2,\quad \boldsymbol{K}_{H_iL_i}=\boldsymbol{A}_2^{\mathrm{T}}\cdot\hat{\boldsymbol{K}}_{H_iL_i}\cdot\boldsymbol{A}_2\\ \boldsymbol{M}_{L_iM_i}=\boldsymbol{A}_3^{\mathrm{T}}\cdot\hat{\boldsymbol{M}}_{L_iM_i}\cdot\boldsymbol{A}_3,\quad \boldsymbol{K}_{L_iM_i}=\boldsymbol{A}_3^{\mathrm{T}}\cdot\hat{\boldsymbol{K}}_{L_iM_i}\cdot A_3\end{gathered} \tag{4.12}$$

将式（4.11）三个方程组相加可得

$$\boldsymbol{M}_{S_iH_iL_iM_i}\cdot\ddot{\boldsymbol{U}}_{S_iH_iL_iM_i}+\boldsymbol{K}_{S_iH_iL_iM_i}\cdot\boldsymbol{U}_{S_iH_iL_iM_i}=\boldsymbol{F}_{S_iH_iL_iM_i}-\boldsymbol{M}_{S_iH_iL_iM_i}\cdot\ddot{\boldsymbol{U}}_{rS_iH_iL_iM_i} \tag{4.13}$$

式中:

$$\begin{cases}\boldsymbol{M}_{S_iH_iL_iM_i}=\boldsymbol{M}_{S_iH_i}+\boldsymbol{M}_{H_iL_i}+\boldsymbol{M}_{L_iM_i}\\ \boldsymbol{K}_{S_iH_iL_iM_i}=\boldsymbol{K}_{S_iH_i}+\boldsymbol{K}_{H_iL_i}+\boldsymbol{K}_{L_iM_i}\end{cases} \tag{4.14}$$

分别是连杆 $\boldsymbol{S}_i\boldsymbol{M}_i$的质量矩阵和刚度矩阵。两端 S_i和 M_i都是球关节，若不计摩擦力矩，则在这两处只有3×1 约束力向量存在，即

$$\boldsymbol{F}_{S_iH_iL_iM_i}=\begin{bmatrix}\boldsymbol{A}_1\\ \boldsymbol{A}_2\\ \boldsymbol{A}_3\end{bmatrix}^{\mathrm{T}}\cdot\begin{bmatrix}\hat{\boldsymbol{F}}_{S_iH_i}\\ \hat{\boldsymbol{F}}_{H_iL_i}\\ \hat{\boldsymbol{F}}_{L_iM_i}\end{bmatrix}=\begin{bmatrix}\hat{\boldsymbol{F}}_{S_iT}\\ \boldsymbol{0}_{15\times1}\\ \hat{\boldsymbol{F}}_{M_iT}\\ \boldsymbol{0}_{3\times1}\end{bmatrix} \tag{4.15}$$

4.2.3 末端执行器的振动力学

假设末端执行器为完全刚性，不产生形变。但是由于柔性连杆的形变，会使其发生微小刚性振动位移。设

$$\begin{cases} \boldsymbol{U}_T = [U_X \quad U_Y \quad U_Z]^{\mathrm{T}} \\ \boldsymbol{U}_R = [U_\alpha \quad U_\beta \quad U_\gamma]^{\mathrm{T}} \end{cases} \tag{4.16}$$

分别是质心 O_M 的平动振动和末端执行器的转动振动。$\boldsymbol{U}_T$ 的三个元素分别沿着 $\{S\}$ 系的三轴方向，$\boldsymbol{U}_R$ 的三个元素分别沿着刚性运动的三个 Bryant 欧拉角方向。因此，$\boldsymbol{U}_T$ 和 $\boldsymbol{U}_R$ 共同形成 6×1 的振动向量 $\boldsymbol{U}_{EE} = \begin{bmatrix} \boldsymbol{U}_T \\ \boldsymbol{U}_R \end{bmatrix}$ 用于描述末端执行器的振动位移。与刚性大范围位移 $\boldsymbol{X}_{EE}$ 相比，振动位移要小得多，因此，振动的平动和转动速度分别为 $\dot{\boldsymbol{U}}_T$ 和 $\dot{\boldsymbol{U}}_R$，并且由微小转动引起的旋转变换矩阵为

$$\Delta \boldsymbol{R} \approx \boldsymbol{R}_X(U_\alpha) \cdot \boldsymbol{R}_Y(U_\beta) \cdot \boldsymbol{R}_Z(U_\gamma) = \boldsymbol{E}_3 + \boldsymbol{U}_R \times \tag{4.17}$$

式中：$\boldsymbol{U}_R \times$ 是 $\boldsymbol{U}_R$ 的螺旋对称矩阵。

由于基座对末端执行器的直接约束，因此和大范围刚性运动一样，$\boldsymbol{U}_{EE}$ 中的六个变量也并非完全独立。根据 KED 法的假设，产生振动后，髁球球心 $\boldsymbol{T}_i(i=L,R)$ 的位移可表示为

$$\boldsymbol{O}_S\boldsymbol{T}_i = \boldsymbol{O}_S\boldsymbol{O}_M + {}_M^S\boldsymbol{R} \cdot {}^M\boldsymbol{O}_M\boldsymbol{T}_i + \boldsymbol{U}_T + {}_M^S\boldsymbol{R} \cdot \Delta\boldsymbol{R} \cdot {}^M\boldsymbol{O}_M\boldsymbol{T}_i \tag{4.18}$$

将其代入第 2 章中式（2.2）可得两个寄生振动：

$$\begin{cases} U_Z = U_Z(\boldsymbol{q}_{EE}, \boldsymbol{U}_{O_M}) \\ U_\gamma = U_\gamma(\boldsymbol{q}_{EE}, \boldsymbol{U}_{O_M}) \end{cases} \tag{4.19}$$

因为点接触高副的约束，所以 U_Z 和 U_γ 是大范围刚性运动自由度 $\boldsymbol{q}_{EE}$ 和独立振动广义坐标 $\boldsymbol{U}_{O_M} = [U_X \quad U_Y \quad U_\alpha \quad U_\beta]^{\mathrm{T}}$ 的函数，且非线性较大。该式表明：

（1）机构的刚性运动对柔性形变有影响。

（2）基座的直接约束使末端执行器六维振动位移不完全独立，只有四个独立变量，另外两个是寄生振动变量。

由此可得

$$\dot{\boldsymbol{U}}_{EE} = \boldsymbol{T}_{H1} \cdot \dot{\boldsymbol{U}}_{O_M} \tag{4.20}$$

式中：$\boldsymbol{T}_{H1} = \mathrm{Jacobian}(\boldsymbol{U}_{EE}, \ \boldsymbol{U}_{O_M})$ 是 6×4 的 Jacobian 矩阵。通过上述推导可知，$\boldsymbol{T}_{H1}$ 也是自由度坐标 $\boldsymbol{q}_{EE}$ 和独立振动广义坐标向量 $\boldsymbol{U}_{O_M}$ 的函数。

质心 O_M 的 6×1 速度向量为

$$\bar{\boldsymbol{t}}_{EE} = \begin{bmatrix} \boldsymbol{V}_{O_M} + \dot{\boldsymbol{U}}_T \\ \boldsymbol{\omega}_{EE} + \dot{\boldsymbol{U}}_R \end{bmatrix} = \begin{bmatrix} \boldsymbol{M}_{1b} \\ \boldsymbol{M}_{0b} \end{bmatrix} \cdot \dot{\boldsymbol{q}}_{EE} + \dot{\boldsymbol{U}}_{EE} = \begin{bmatrix} \boldsymbol{M}_{1b} \\ \boldsymbol{M}_{0b} \end{bmatrix} \cdot \dot{\boldsymbol{q}}_{EE} + \boldsymbol{T}_{H1} \cdot \dot{\boldsymbol{U}}_{O_M} \tag{4.21}$$

因此，末端执行器的动能为

$$K_{EE} = \frac{1}{2} \cdot \bar{\boldsymbol{t}}_{EE}^{\mathrm{T}} \cdot \overline{\boldsymbol{M}}_{EE} \cdot \bar{\boldsymbol{t}}_{EE} \tag{4.22}$$

式中：$\overline{\boldsymbol{M}}_{EE}$ 是末端执行器的二元惯性矩阵。

将式（4.21）代入式（4.22），可得

$$K_{EE} = K_{EE1} + K_{EE2}^C \cdot \dot{\boldsymbol{U}}_{O_M} + \dot{\boldsymbol{U}}_{O_M}^{\mathrm{T}} \cdot K_{EE3}^C \cdot \dot{\boldsymbol{U}}_{O_M} \tag{4.23}$$

且

$$\begin{cases}K_{EE1}=\dfrac{1}{2}\cdot\left(\begin{bmatrix}\boldsymbol{M}_{1b}\\\boldsymbol{M}_{0b}\end{bmatrix}\cdot\dot{\boldsymbol{q}}_{EE}\right)^{\mathrm{T}}\cdot\overline{\boldsymbol{M}}_{EE}\cdot\begin{bmatrix}\boldsymbol{M}_{1b}\\\boldsymbol{M}_{0b}\end{bmatrix}\cdot\dot{\boldsymbol{q}}_{EE}\\\boldsymbol{K}_{EE2}^{C}=\left(\begin{bmatrix}\boldsymbol{M}_{1b}\\\boldsymbol{M}_{0b}\end{bmatrix}\cdot\dot{\boldsymbol{q}}_{EE}\right)^{\mathrm{T}}\cdot\overline{\boldsymbol{M}}_{EE}\cdot\boldsymbol{T}_{H1}\\\boldsymbol{K}_{EE3}^{C}=\dfrac{1}{2}\cdot\boldsymbol{T}_{H1}^{\mathrm{T}}\cdot\overline{\boldsymbol{M}}_{EE}\cdot\boldsymbol{T}_{H1}\end{cases}\tag{4.24}$$

因为振动位移量相比大范围刚性运动要小得多，所以末端执行器势能可通过刚性运动近似求得

$$P_{EE}=m_{EE}\cdot g\cdot Z\tag{4.25}$$

从而末端执行器的拉格朗日函数为

$$L_{EE}=K_{EE}-P_{EE}\tag{4.26}$$

由此可推导拉格朗日方程：

$$\frac{\mathrm{d}}{\mathrm{d}t}\left(\frac{\partial L_{EE}}{\partial\dot{\boldsymbol{U}}_{O_M}}\right)-\frac{\partial L_{EE}}{\partial\boldsymbol{U}_{O_M}}=2\cdot\boldsymbol{K}_{EE3}^{C}\cdot\ddot{\boldsymbol{U}}_{O_M}+(\boldsymbol{K}_{EE2}^{C})^{\mathrm{T}}=\boldsymbol{F}_{EE}\tag{4.27}$$

式中：$\boldsymbol{F}_{EE}$为 4×1 的广义力向量。

从上述过程可以看出，推导的质量矩阵 $2\cdot\boldsymbol{K}_{EE3}^{C}$ 中包含未知振动变量 $\boldsymbol{U}_{O_M}$，具体地，是由于这些变量存在于 $\boldsymbol{T}_{H1}$ 中。而这是因为基座对末端执行器的直接约束形成的。相比之下，文献中不受基座直接约束的并联机构，其质量矩阵只是大范围刚性位移坐标的函数，不含未知的振动变量，如文献［79，84，89，95］所示。因此，目标机构完整的弹性动力学模型就更具难度和特色。

4.2.4 变形协调条件

柔性连杆 $\boldsymbol{S}_i\boldsymbol{M}_i(i=1,2,\cdots,6)$ 通过两个节点 S_i 和 M_i 分别和曲柄及末端执行器连接，这就需要建立变形协调条件确保不同零件在相同节点上有相同位移。从 4.2.1 节所作假设可知，在每个时间间隔中，曲柄假设为固定基座，则有 $\boldsymbol{U}_{S_i}=\boldsymbol{0}_{6\times1}$。而曲柄与末端执行器的协调条件可通过下述过程得到。

受到六条支链形变的共同作用，末端执行器产生振动位移，在每个时间间隔的起始及最终时刻，固连在其上的坐标系从 $\{M_1\}$ 变换到 $\{M_2\}$，坐标系原点和方位都发生改变，所需的旋转变换矩阵为 ${}^{M_1}_{M_2}\boldsymbol{R}$，如式（4.17）所建立，从而 4×4 的一致变换矩阵为

$${}^{M_1}_{M_2}\boldsymbol{T}=\begin{bmatrix}{}^{M_1}_{M_2}\boldsymbol{R}&\boldsymbol{U}_T\\\boldsymbol{0}_{1\times3}&1\end{bmatrix}\tag{4.28}$$

所以从 $\{S\}$ 系到 $\{M_2\}$ 系的 4×4 一致变换矩阵为

$${}^{S}_{M_2}\boldsymbol{T}={}^{S}_{M_1}\boldsymbol{T}\cdot{}^{M_1}_{M_2}\boldsymbol{T}\tag{4.29}$$

对于在末端执行器上的任一节点 $M_i(i=1,2,\cdots,6)$，在 $\{M_1\}$ 系和 $\{M_2\}$ 系中分别记作 M_{i1} 和 M_{i2}。$\{M_2\}$ 系中的 M_{i2} 在 $\{S\}$ 系中可以表示为

$$\begin{bmatrix}\boldsymbol{O}_S\boldsymbol{M}_{i2}\\1\end{bmatrix}={}^{S}_{M_2}\boldsymbol{T}\cdot\begin{bmatrix}{}^{M_2}\boldsymbol{O}_{M2}\boldsymbol{M}_{i2}\\1\end{bmatrix}\tag{4.30}$$

将式（4.29）代入式（4.30）可得

$$\begin{bmatrix} \boldsymbol{O}_S\boldsymbol{M}_{i2} \\ 1 \end{bmatrix} = {}_{M_1}^{S}\boldsymbol{T} \cdot {}_{M_2}^{M_1}\boldsymbol{T} \cdot \begin{bmatrix} {}^{M_2}\boldsymbol{O}_{M2}\boldsymbol{M}_{i2} \\ 1 \end{bmatrix} \tag{4.31}$$

M_i点的平动振动可以表示为

$$\begin{bmatrix} \boldsymbol{U}_{M_iT} \\ 0 \end{bmatrix} = \begin{bmatrix} \boldsymbol{O}_S\boldsymbol{M}_{i2} \\ 1 \end{bmatrix} - \begin{bmatrix} \boldsymbol{O}_S\boldsymbol{M}_{i1} \\ 1 \end{bmatrix} = \begin{bmatrix} {}_{M_1}^{S}\boldsymbol{R} & \boldsymbol{O}_S\boldsymbol{O}_M \\ \boldsymbol{0}_{1\times3} & 1 \end{bmatrix} \cdot \begin{bmatrix} \boldsymbol{U}_R \times {}^{M_1}\boldsymbol{O}_{M1}\boldsymbol{M}_{i1} + \boldsymbol{U}_T \\ 0 \end{bmatrix} \tag{4.32}$$

上述推导中用到了${}^{M_2}\boldsymbol{O}_{M2}\boldsymbol{M}_{i2} = {}^{M_1}\boldsymbol{O}_{M1}\boldsymbol{M}_{i1}$。因此进一步计算可得

$$\boldsymbol{U}_{MiT} = \boldsymbol{J}_{E_i} \cdot \boldsymbol{U}_{EE} \tag{4.33}$$

式中：$\boldsymbol{J}_{E_i} = {}_{M_1}^{S}\boldsymbol{R} \cdot [\boldsymbol{E}_3 \quad -{}^{M_1}\boldsymbol{O}_{M1}\boldsymbol{M}_{i1}\times]$。因为${}^{M_1}\boldsymbol{O}_{M1}\boldsymbol{M}_{i1}$即为$M_i$点在$\{M\}$系中的坐标向量，所以式（4.33）可更简洁地表述为$\boldsymbol{J}_{E_i} = {}_{M_1}^{S}\boldsymbol{R} \cdot [\boldsymbol{E}_3 \quad -{}^{M}\boldsymbol{O}_M\boldsymbol{M}_i\times]$。该式清晰地展示了连杆和末端执行器之间的变形协调条件，即只有平动方向上的变形协调，无转动变量的协调。

由于基座的直接约束，因此如 4.2.3 节所述，$\boldsymbol{U}_{EE}$中只有四个独立振动位移坐标，集合在一起记作$\boldsymbol{U}_{O_M}$。而式（4.33）直接使用了$\boldsymbol{U}_{EE}$，所以需要进一步用独立广义变量表示变形协调条件。但是，由于式（4.19）中较强的非线性和耦合关系，因此很难得到$\boldsymbol{U}_{O_M}$和$\boldsymbol{U}_{EE}$之间的线性函数关系。但是，$\boldsymbol{U}_{EE}$的元素数值较小，通过泰勒级数展开，并取一阶近似可得

$$\boldsymbol{U}_{EE} = \boldsymbol{U}_{EE0} + \boldsymbol{T}_{H1} \cdot \boldsymbol{U}_{O_M} \tag{4.34}$$

式中：$\boldsymbol{U}_{EE0}$是$\boldsymbol{U}_{O_M} = \boldsymbol{0}_{4\times1}$时$\boldsymbol{U}_{EE}$的值；$\boldsymbol{T}_{H1}$是在式（4.20）中$\boldsymbol{U}_{EE}$和$\boldsymbol{U}_{O_M}$之间的$6\times4$ Jacobian 矩阵。实际上，当机构在跟踪轨迹时，极小的$\boldsymbol{U}_{EE0}$数值对$\boldsymbol{U}_{EE}$的影响完全可以忽略不计，所以可得

$$\boldsymbol{U}_{EE} = \boldsymbol{T}_{H1} \cdot \boldsymbol{U}_{O_M} \tag{4.35}$$

4.2.5 整体机构的动力学模型

根据上述推导，定义一个 94×1 的独立广义坐标向量用于描述整体机构的形变

$$\boldsymbol{U} = [\boldsymbol{U}_{H_1}^{\mathrm{T}} \quad \boldsymbol{U}_{L_1}^{\mathrm{T}} \quad \boldsymbol{U}_{M_1R}^{\mathrm{T}} \quad \cdots \quad \boldsymbol{U}_{H_6}^{\mathrm{T}} \quad \boldsymbol{U}_{L_6}^{\mathrm{T}} \quad \boldsymbol{U}_{M_6R}^{\mathrm{T}} \quad \boldsymbol{U}_{O_M}^{\mathrm{T}}]^{\mathrm{T}} \tag{4.36}$$

式中：$\boldsymbol{U}_{M_iR}$是元素为M_i节点转动形变构成的 3×1 列向量。从上述变形协调条件可知，对于每条连杆的节点，可得

$$\boldsymbol{U}_{S_iH_iL_iM_i} = \begin{bmatrix} \boldsymbol{U}_{S_i} \\ \boldsymbol{U}_{H_i} \\ \boldsymbol{U}_{L_i} \\ \boldsymbol{U}_{M_iT} \\ \boldsymbol{U}_{M_iR} \end{bmatrix} = \boldsymbol{P}_{i1} \cdot \boldsymbol{P}_{i2} \cdot \boldsymbol{U} \quad (i=1,2,\cdots,6) \tag{4.37}$$

式中：

$$
\boldsymbol{P}_{i1}=\begin{bmatrix} \boldsymbol{E}_6 & \boldsymbol{0}_{6\times19} & \\ \boldsymbol{0}_6 & \boldsymbol{E}_6 & \boldsymbol{0}_{6\times13} \\ \boldsymbol{0}_{6\times12} & \boldsymbol{E}_6 & \boldsymbol{0}_{6\times7} \\ \boldsymbol{0}_{3\times21} & \boldsymbol{J}_{E_i}\cdot\boldsymbol{T}_{H1} & \\ \boldsymbol{0}_{3\times18} & \boldsymbol{E}_3 & \boldsymbol{0}_{3\times4} \end{bmatrix},\quad \boldsymbol{P}_{i2}=\begin{bmatrix} \boldsymbol{0}_{6\times94} & & \\ \boldsymbol{0}_{6\times(15(i-1))} & \boldsymbol{E}_6 & \boldsymbol{0}_{6\times(88-6\times(15(i-1)))} \\ \boldsymbol{0}_{6\times(6+15(i-1))} & \boldsymbol{E}_6 & \boldsymbol{0}_{6\times(88-6\times(6+15(i-1)))} \\ \boldsymbol{0}_{3\times(12+15(i-1))} & \boldsymbol{E}_3 & \boldsymbol{0}_{3\times(91-3\times(12+15(i-1)))} \\ \boldsymbol{0}_{4\times90} & \boldsymbol{E}_4 & \end{bmatrix} \tag{4.38}
$$

式（4.37）可简写为

$$
\boldsymbol{U}_{S_iH_iL_iM_i}=\boldsymbol{P}_i\cdot\boldsymbol{U}\quad(i=1,2,\cdots,6)
$$

式中：

$$
\boldsymbol{P}_i=\boldsymbol{P}_{i1}\cdot\boldsymbol{P}_{i2} \tag{4.39}
$$

对于末端执行器，可得

$$
\begin{cases} \boldsymbol{U}_{O_M}=\boldsymbol{T}_M\cdot\boldsymbol{U} \\ \boldsymbol{P}_7=[\boldsymbol{0}_{4\times90}\quad \boldsymbol{E}_4] \end{cases} \tag{4.40}
$$

通过上述连杆和末端执行器的动力学模型以及变形协调条件，可得完整的机构线弹性动力学模型为

$$
\boldsymbol{M}\ddot{\boldsymbol{U}}+\boldsymbol{K}\boldsymbol{U}=\boldsymbol{F} \tag{4.41}
$$

式中：

$$
\begin{cases} \boldsymbol{M}=\sum\limits_{i=1}^{6}\boldsymbol{P}_i^{\mathrm{T}}\boldsymbol{M}_{S_iH_iL_iM_i}\boldsymbol{P}_i+\boldsymbol{P}_7^{\mathrm{T}}\boldsymbol{M}_{EE}\boldsymbol{P}_7 \\ \boldsymbol{K}=\sum\limits_{i=1}^{6}\boldsymbol{P}_i^{\mathrm{T}}\boldsymbol{K}_{S_iH_iL_iM_i}\boldsymbol{P}_i \\ \boldsymbol{F}=\sum\limits_{i=1}^{6}\boldsymbol{P}_i^{\mathrm{T}}\boldsymbol{F}_{S_iH_iL_iM_i}-\sum\limits_{i=1}^{6}\boldsymbol{P}_i^{\mathrm{T}}\boldsymbol{M}_{S_iH_iL_iM_i}\ddot{\boldsymbol{U}}_{rS_iH_iL_iM_i}+\boldsymbol{P}_7^{\mathrm{T}}\boldsymbol{F}_{EE} \end{cases} \tag{4.42}
$$

分别是机构的质量矩阵、刚度矩阵、广义力向量，这些都和机构位姿相关。质量矩阵中含有未知的振动位移坐标 $\boldsymbol{U}_{O_M}$，因为其存在于末端执行器的质量矩阵中。因此，传统的 Newmark 法[84]和模态叠加法[95]等数值方法不能直接用于式（4.42）求解。

4.3 数值计算和分析

4.3.1 振动计算

机构的振动幅度意味着运动精度，而自然频率又和振动消耗的能量紧密相关，所以这两个特征能较好地表征线弹性动力学性能，对其开展计算和数值分析。机构的动力学模型式（4.41）是二阶常微分方程组，具有明显的时变性和非线性。该类方程组一般没有解析解，需要通过数值方法计算。在 Matlab 中初步尝试最常用的常微分方程组求

解器 ode45，发现两个问题：第一，$\dot{\boldsymbol{U}}$的值比 $\boldsymbol{U}$ 要大得多，表明该方程组刚性较大；第二，计算时间很长。为了以一个较高精度和效率求解该类问题，使用专门针对刚性微分方程组的 ode23tb 求解器。该求解器基于隐式 Runge-Kutta 的 TR-BDF2 方法，在其求解的第一、二阶段，分别使用梯形法则步长以及向后微分算法。

4.3.2　自然频率

通过式（4.42），机构自然频率可计算为

$$\begin{cases}\det(-\omega^2\boldsymbol{M}+\boldsymbol{K})=0\\ f=\dfrac{\omega}{2\pi}\end{cases} \tag{4.43}$$

该变量和质量矩阵及刚度矩阵紧密相关，与外力无关。

4.3.3　阻尼的影响

虽然阻尼对自然频率和自由振动的模态影响较小[79]，但是对振幅有直接影响。为研究阻尼效应，构建阻尼矩阵

$$\boldsymbol{C}=\boldsymbol{M}\cdot\operatorname{diag}\left(2\xi\sqrt{\frac{\boldsymbol{K}_{ii}}{\boldsymbol{M}_{ii}}}\right) \tag{4.44}$$

式中：$\boldsymbol{M}$ 为机构的质量矩阵；ξ 是和零件材料相关的阻尼系数。六条连杆都是使用 45# 钢加工成形，该系数都设为 0.05；$\boldsymbol{K}_{ii}$和 $\boldsymbol{M}_{ii}(i=1,2,\cdots,94)$分别为 $\boldsymbol{K}$ 和 $\boldsymbol{M}$ 的第 i 个对角元素[96]。增加阻尼矩阵后，整体机构的动力学模型为

$$\boldsymbol{M}\ddot{\boldsymbol{U}}+\boldsymbol{C}\dot{\boldsymbol{U}}+\boldsymbol{K}\boldsymbol{U}=\boldsymbol{F} \tag{4.45}$$

4.3.4　不同优化驱动力矩下的两类情况分析

该例中，机构跟踪口腔健康志愿者的一条下门牙咀嚼运动轨迹。该轨迹的三维视图如图 4.3 所示，轨迹在 $\{S\}$ 系三轴的投影、相应的三个 Bryant 角的时间轨迹如图 4.4 所示。

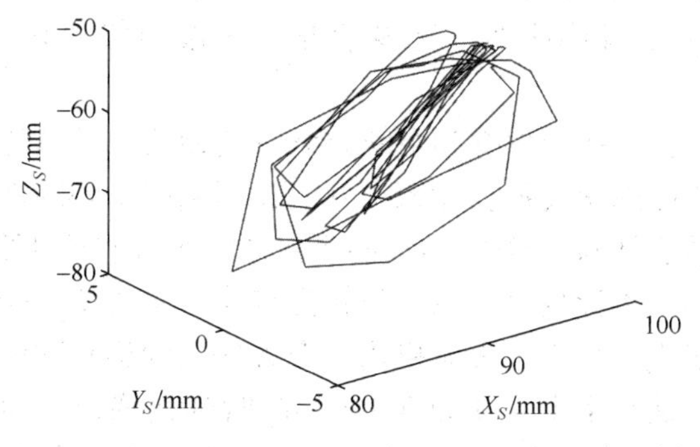

图 4.3　口腔健康志愿者的下门牙咀嚼运动轨迹[4]

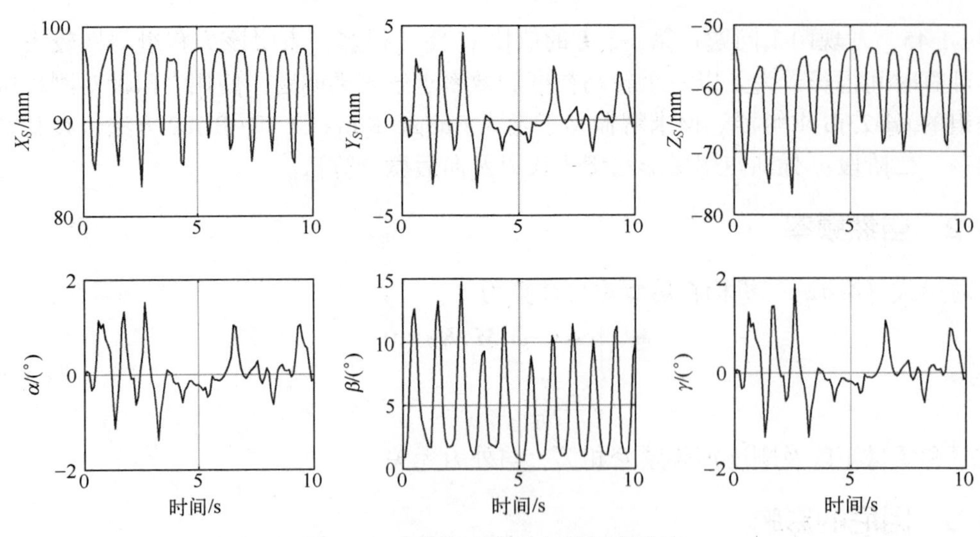

图 4.4　末端执行器的六维位移轨迹

4.3.5　冗余驱动的影响

在目标机构的基础上，移除第一、二条支链，用其余四条支链驱动下颚，建立一个非冗余驱动并联机构，用于研究冗余驱动对机构线弹性动力学性能的影响。通过基座对末端执行器的约束分析，该机构具有和目标机构相同的四个自由度和两个寄生运动。该机构的有、无阻尼的线弹性动力学模型通过和上述相同过程建立，对有、无咀嚼反力两种情况也都开展分析。

4.4　结 果 分 析

首先，目标机构在以最小化驱动力矩为输入前馈、无咀嚼反力、无阻尼时的振动位移如图 4.5 所示。前四阶自然频率如图 4.6 所示。注意到机构在其他优化目标下的驱动力矩作为前馈、有、无咀嚼反力或阻尼效应情况下，振动位移和自然频率具有类似的轮廓，只是数值大小有差异。类似地，非冗余驱动并联机构的数值结果也具有相同情形，因此，为了表述简洁，这些情况下的振动位移和自然频率不再以图像形式给出。

从图 4.5 可以看出，机构的形变和空间位姿直接相关。所有的平动和旋转振动位移变量都随着咀嚼运动不断起伏变换，在每个开闭口周期中，和刚性运动在同样时间到达极值，表现出明显的节奏性与一致性。U_Y的峰值比另外两个平动形变位移的峰值更大，表明目标机构在该方向上柔性更大。三个旋转形变中，虽然 U_β 的峰值比另外两个的更大一些，但总体上数值大小相近，表明机构三个方向上的旋转刚度相差不多。

图 4.6 的前四阶自然频率中，基频在 $t=1.4$s 时到达峰值 2850Hz，此后逐渐减小，并在 2450~2600Hz 随着咀嚼运动持续波动。对比之下，第二阶到第四阶频率在整个时间段中，都随着咀嚼运动持续地波动。另外，从图中可以看出，机构的自然频率较大，表明具有较好的弹动力学性能。

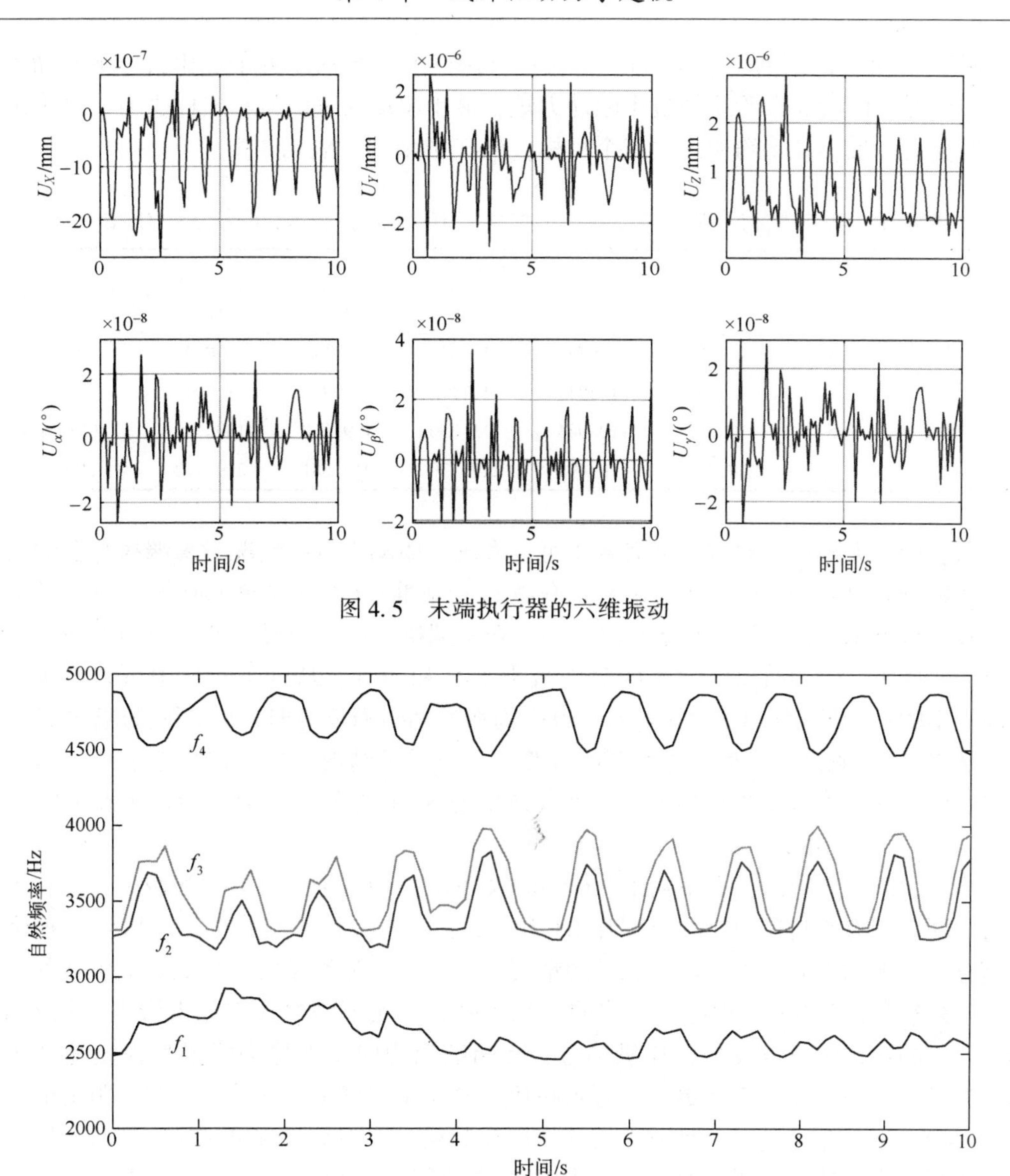

图 4.5　末端执行器的六维振动

图 4.6　目标机构的前四阶自然频率

为了定量地表示机构的动力学性能，以及驱动力、咀嚼反力、阻尼对该性能的影响，提出如下指标：

$$\begin{cases} S_T = \dfrac{1}{N}\sum\limits_{k=1}^{N} \|\boldsymbol{U}_T\|_k \\ S_R = \dfrac{1}{N}\sum\limits_{k=1}^{N} \|\boldsymbol{U}_R\|_k \\ f_i = \dfrac{1}{N}\sum\limits_{k=1}^{N} f_{ik}(i=1,2,3,4) \end{cases} \tag{4.46}$$

式中：$\|\cdot\|_k$ 分别表示在第 k 个采样时间相应向量的二范数；f_{ik} 表示第 i 阶固有频率在第 k 个采样时间的数值；N 是总的采样数目。目标机构及非冗余驱动并联机构在无、有阻

尼情况下 S_T 和 S_R 的值列于表 4.1 和 4.2 中。其中 C1～C5 表示五个优化目标下驱动力矩的分布情况，即第 3 章所述的最小驱动力矩、最小驱动功率、最小连杆受力、最小末端执行器受力、最小高副约束力这五个目标。f_1～f_4 的值列于表 4.3 中。

表 4.1 两个机构无阻尼时的 S_T（单位：10^{-6}mm）和 S_R（单位：10^{-8}deg）

		目标机构					4RSS+2HKPs
		C1	C2	C3	C4	C5	
无咀嚼反力	S_T	1.260	1.533	1.032	0.941	1.029	39.800
	S_R	1.349	1.594	1.111	0.986	1.000	14.285
有咀嚼反力	S_T	112.286	110.044	111.350	109.200	109.790	1798.431
	S_R	217.238	219.494	217.770	213.681	219.572	590.368

当机构在无阻尼空嚼时，从表 4.1 可以发现，驱动力分布情况对末端执行器的振动有较大影响。以 C1 目标下的 S_T 和 S_R 值作为比较基准，C2 下这两个值各自增长了 14% 和 12%。但在 C3 下，它们下降了约 18%。在末端执行器受力最小的优化目标下，S_T 和 S_R 值到达最小。C5 下的值比 C1 的分别减小 18% 和 26%。从这个对比中可以发现，最大和最小的振动发生在 C2 和 C4 中。当机构在受到咀嚼反力时，S_T 和 S_R 显著增长，但是仍然在 C4 下到达最小值。这和开始计算之前预计的情况一致。该现象表明，末端执行器的振动和受力大小紧密相关。此外，还发现 S_T 和 S_R 的最大值分别发生在 C2 和 C5 目标下。

当考虑阻尼效应时，在空嚼中，C2 和 C4 下的振动分别达到最大和最小，这和无阻尼时相同。当有咀嚼反力时，分别在 C1 和 C2 下有最小和最大的振动。尽管五种优化力矩分布下振动差异不大，但这和预想情况差异较大，显然是由于阻尼效应引起的。然而，4.3.3 节中使用的是理论上构建的阻尼矩阵，真实值需要在实际中辨识。从表 4.1 和表 4.2 的对比中可以发现，在机构有、无咀嚼反力时，阻尼都能很大程度地减小振动，但是，空嚼时减小程度更小，有咀嚼反力时减小程度更大。综上可知，阻尼能改变不同驱动力下的振动分布，且减小振动作用在受载时比不受载时更明显。同时可知，咀嚼反力很大程度地增加了形变，但是具体形变数值还是很小。并且从表 4.3 中可以看出，机构有较高的自然频率，表明弹性力学性能较好，能完成仿人咀嚼行为，胜任新食品材质的测试任务。

表 4.2 两个机构有阻尼时的 S_T（单位：10^{-6}mm）和 S_R（单位：10^{-8}deg）

		目标机构					4RSS+2HKPs
		C1	C2	C3	C4	C5	
无咀嚼反力	S_T	1.190	1.353	1.019	0.939	1.003	34.404
	S_R	1.279	1.488	1.077	0.970	0.972	12.983
有咀嚼反力	S_T	102.475	104.542	103.315	103.34	103.361	1346.551
	S_R	209.619	213.381	211.820	212.146	212.974	459.678

表 4.3 自然频率指数（单位：Hz）

	f_1	f_2	f_3	f_4
目标机构	2594.7	3102.8	3359.3	4653.8
4RSS + 2HKPs	602.4	2766.3	3259.5	4595.6

对比目标机构和非冗余驱动并联机构，后者的形变值都要比前者大得多。在空嚼时，前者的 S_T 和 S_R 要比后者小一个数量级；在受到咀嚼反力时，前者的 S_T 还是比后者小一个数量级，S_R 大约是后者的 1/3。同时，前者的自然频率也比后者大很多，特别地，目标机构的基频是后者的将近 4 倍。这就表明冗余驱动能明显地提升刚度和自然频率，降低振动形变，从而改善弹动力学性能。

4.5 小　　结

本章使用线弹性动力学方法 KED 建立了目标机构的动力学模型。因为基座的直接约束，末端执行器的六维振动变量不完全独立，求得的质量矩阵含有未知的振动坐标；得到的常微分方程组刚性特征明显，使用隐式 Runge-Kutta 的 TR-BDF2 法能较高效地求解；分析了外载、不同优化驱动力、阻尼、冗余驱动等因素对弹动力学性能的影响。结果表明，以末端执行器受力最小目标下的驱动力为前馈能使机构振动最小，该结论可应用于冗余驱动并联机床或者精密定向机构的驱动力优化分布，以减小实际中的弹性形变。结果也表明冗余驱动能明显提升弹动力学性能。数值计算结果还表明，机构具有较好的弹动力学性能，有通过仿人咀嚼行为完成食品材质测试任务的能力。本章内容是首次使用 KED 法对受到基座直接约束的并联机构开展弹动力学建模的研究。

第5章 基于模型降阶技术的弹动力学性能

本章使用一种模型降阶技术分析机构的弹动力学性能，该技术主要通过矩阵结构法开展。分别假设机构的末端执行器为完全刚性和部分刚性，建立两个弹动力学模型。第一个模型中，整体机构的刚度矩阵和质量矩阵包含未知的节点形变坐标；第二个模型中，广义坐标数比第一个模型更多。通过这两个模型，研究了点接触高副、激励器刚度、静力学缩聚对性能的作用。结果表明：机构有较高的固有频率和较大的刚性，因此弹动力学性能较好；点接触高副虽然给机构带来约束，但能提升机构弹性动力学性能，并且增大高副相关杆件直径能进一步提升该性能；激励器刚性对性能有较大影响；降阶模型和原始模型的对比表明，尽管相对不重要的高阶频率精度更低，但降阶模型能有效地提升计算效率，并且低阶自然频率计算精度高。

5.1 引 言

在目标机构的使用中，咀嚼反力会引起其形变，需要分析弹动力学性能，以确保不发生较大形变或振动。如文献［97-100］所述，并联机器人弹动力学性能分析主要有三种方法：有限元法（Finite Element Method，FEM）[101]、虚拟关节法（Virtual Joint Method，VJM）[102-104]、矩阵结构法（Matrix Structural Analysis，MSA）[97-99,105-108]。有限元法是最准确的方法，因为（不）规则形状的零件都能精确建模，但是无法得到解析解，并且随着机构位姿改变，需重新划分网格，这就不可避免会增加计算量。所以该方法主要在设计的开始和最后阶段分别用于估计和验证刚度。在虚拟关节法中，每个关节都增加了虚拟的六维弹簧用于描述杆件惯量和形变。该方法较通用，较易于串联或并联在机器人上实现，并可用于研究受载平衡位姿或屈曲检测。其缺点主要在于较多数目的冗余虚拟关节和Jacobian矩阵的复杂性[109]。MSA法兼具FEA法和VJM法的优点：对如弹性梁等较大构件使用FEA法以降低模型复杂度，能准确描述含封闭环和交叉杆件的机构模型，从而在模型计算量和准确性之间取得平衡。鉴于这些优点，本章将使用MSA法建立仿人咀嚼并联机构的弹动力学模型，在此之前，先开展相关文献综述。

文献［97］联合使用FEA法和MSA法完整地分析了一个含有非线性关节的3-P(4R)S并联机构刚度。FEA法用于确定多连接点构件的刚度矩阵，在MSA法框架下，整合包括构件和非线性关节的刚度矩阵以获得整体刚度矩阵。文献［105］联合使用MSA法和全局坐标系中的独立广义坐标，分析了冗余驱动和非冗余驱动并联机器人自然频率，通过拉格朗日方程获取了质量矩阵和刚度矩阵。为了能快速分析一个3×$\underline{P}$PRS并联机器人的静刚度，文献［106］也使用了MSA法；将每条支链中的连杆视作Euler-Bernoulli梁，并根据边界条件装配刚度矩阵；连杆约束通过关节两端节点的运动关系描述；引入拉格朗日乘子并分析总势能极值，同时计算了形变和乘子数值，且静刚度通过动平台中心点振动位移表示。文献［98］通过考虑所有结构参数，将同样的计算步骤用在一个 3×CRS 并联机器人中，以分析包括末端执行器的平动刚度和整机自然频率在内的静态和动态特性，用于机构设计和性能优化。文献［107］联合使用 MSA 和 VJM 法确立了一系列 n(3RRlS) 可重构串并联操作器的刚度模型，其中 MSA 法用于建立连杆沿着约束力螺旋轴线方向的刚度矩阵，在这些机构中，杆件视作空间梁，而激励器、运动平台、关节视作刚体。文献［99］建立了机器人多种复杂情况的刚度模型，包括闭环、柔性杆、刚性连接、被动和弹性关节、柔性和刚性动平台、负载和预紧力等，都能通过简单而统一的数学表达获取。一种直接的杆件及关节方程合并法可降低整体矩阵维度，联合 MSA 法和广义弹簧推导了笛卡儿刚度矩阵并分析弹性静力学性能。该方法通过一个平面并联机构验证。文献［108］使用 MSA 法建立了 Delta 机器人的刚度矩阵，从该矩阵中推导出的性能指数验证了在线计算的可行性，分析了机器人设计阶段的刚度。

文献［110］为分析一种五自由度并联机床对复杂曲面的加工精度，需要研究其弹动力学性能。通过虚功原理和小变形叠加原理，确立刚度模型。使用静态平衡原理计入横向结构在重力方向引起的变形。文献［111］使用粒子群优化方法开展了对刚度和质量性能的多目标优化，建立了优化目标和设计参数之间的解析映射模型以改进优化效率。为描述概率约束，引入了参数不确定性。文献［79］使用传统的线弹性动力学法建立模型，同样用粒子群算法进行优化，使用蒙特卡洛模拟和响应表面法分析了目标和约束中的参数不确定性。文献［82-83］使用柔性多体动力学理论和增益拉格朗日乘子法建立了一种多驱动模式的平面二自由度冗余驱动并联机构的刚柔耦合多体动力学模型，联合使用 Udwadia-Kalaba 法、混合梯形步长、回代微分法求解了该模型。文献［112］在机构刚柔耦合动力学的基础上进一步集成了激励器和传感器的动力学模型，构成了完整的机电耦合动力学模型。在冗余驱动模式下，一种层次控制策略可同时实现末端执行器的轨迹跟踪和柔性杆的振动抑制。

在并联机器人的弹动力学建模中，一般假设末端执行器为刚体。近年来，随着研究的进展，在一些研究工作中也将其视作柔性，进行更准确的建模。文献［98］中，六自由度并联机器人的末端执行器通过三条支链头尾相连构成三角形，每条支链使用空间梁建模。文献［99］中，末端执行器分成了三个部分，每部分分别连接机构的一条支链和对应于末端执行器参考点的刚性节点。因其特殊形状，使用三条空间弹性梁建立模型。文献［109］中，对末端执行器构建了两个模型。第一个模型中，将其表示为通过三条竖直和水平梁搭建的梁框架；第二个模型中，将其视为九节点壳单元。文献［99］和文献［113］的末端执行器形状相似，但没有使用梁单元对其建模，而是通过应变能表达形变，该能量由内力在杆件横截面上的积分得到。文献［114］使用 10 个节点的正四面体元对末端执行器建模，因为得到大量节点，所以使用了一种子结构综合技术将模型降阶。文献［75］中，末端执行器的变形通过两个边界端都为自由变化的型函数表示，并使用了前十阶模态。通过模态分析得到了每个节点到末端执行器原点的距离，以及节点质量、广义刚度矩阵、每个节点每阶模态的型函数。

一般情况下，并联机器人弹动力学计算量较大。而在结构动力学中，经常使用模型降阶技术减少节点数量，即原始的广义坐标通过另一套数目更少的广义坐标表示，从而降低质量矩阵、阻尼矩阵、刚度矩阵、广义力向量的维度，以提升计算效率。模型降阶技术的详细描述可见文献［115］的1.1节。结构动力学中一些常用的降阶技术已开始用于多体动力学领域中。文献［90］首先使用带拉格朗日乘子的有限元法建立了一个平面柔性3-PRR并联机构的动力学模型，接着使用Craig-Bampton法用于模型降阶并提取固定端模态，形成了通过微分代数方程组表示的动力学模型。计算结果表明，该技术能获得机构动力学的本质。文献［114］联合使用Craig-Bampton法和改进的构件模态综合技术用于高精度缩聚内部节点。该技术的有效性通过在有限元软件中对比静力学形变和自然频率得到验证。为有效处理机构关节约束，在Guyan-Iron降阶技术的基础上，文献［116］设计了一种新的静力学降阶法。进一步地，文献［109］提出了两种新的基于矩阵结构法/构件模态综合的降阶技术，这两种方法分别和Craig-Bampton法及改进降阶系统技术类似。在这三种技术中，都将MSA方法用于带有输入输出节点的复杂构件中。

上述表明，近年来，MSA和降阶技术都在许多通过低副构成的二/三维并联机构中取得了广泛应用，证明了用于分析弹动力学性能的有效性和精确度。但是在含有高副的并联机构中开展应用。本节主要使用来自文献［76，117-119］的降阶技术，用于分析目标机构的弹动力学性能。该方法不使用拉格朗日乘子，所有关节约束通过节点位移直接表达，并通过应变能最小化用于缩聚被动球关节处的节点。为简化计算，假设所有的主动和被动关节不含摩擦，且在约束方向上为刚性。同时，和刚性动力学逆解一致，不计球关节的惯性。关节约束方向上的刚度对性能的影响将在后续研究中系统地开展。

本章创新点有：

（1）通过一种基于MSA的模型降阶技术建立了目标机构的弹动力学模型。

（2）分别假设末端执行器为完全刚性和部分刚性，建立了两个弹动力学模型。

（3）系统地探索了点接触高副/冗余驱动、激励器刚度、静力学降阶对性能的影响。

5.2 支链的动力学模型

和第4章相同，在支链的建模中，因为曲柄$\boldsymbol{G}_i\boldsymbol{S}_i(i=1,2,\cdots,6)$有相对较大的刚度，将其视作刚体，而连杆$\boldsymbol{S}_i\boldsymbol{M}_i$视为横截面恒定的三维Euler-Bernoulli梁。为较好地表示采用的技术，且不至引起较大计算量，将$\boldsymbol{S}_i\boldsymbol{M}_i$均匀地等分为$\boldsymbol{S}_i\boldsymbol{H}_i$、$\boldsymbol{H}_i\boldsymbol{L}_i$、$\boldsymbol{L}_i\boldsymbol{M}_i$三个梁单元，如图5.1所示。每个元在其两端各有一个节点，每个节点有六个位移：三个平动和三个欧拉角表示的转动。因此，所有梁单元的12×12刚度和质量矩阵在$\{S\}$中都相同，即

$$\begin{cases}\hat{\boldsymbol{K}}_{S_iH_i}=\hat{\boldsymbol{K}}_{H_iL_i}=\hat{\boldsymbol{K}}_{L_iM_i}\\\hat{\boldsymbol{M}}_{S_iH_i}=\hat{\boldsymbol{M}}_{H_iL_i}=\hat{\boldsymbol{M}}_{L_iM_i}\end{cases}\tag{5.1}$$

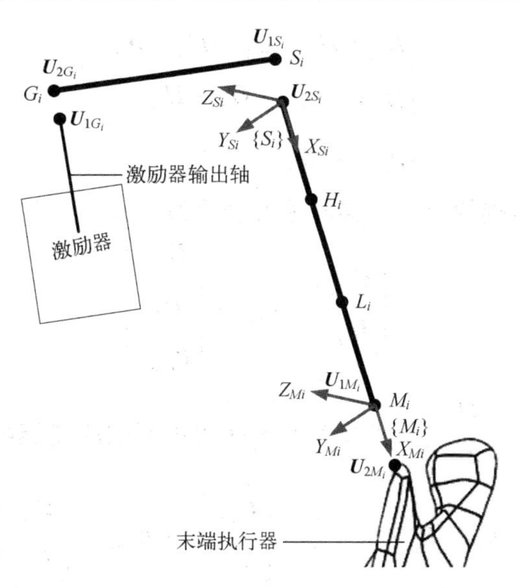

图 5.1　第 i 条支链中的节点分布和坐标系

5.2.1　S_iH_i梁单元的降阶刚度和质量矩阵

如图 5.1 所示，激励器的输出轴通过在 G_i 的旋转关节带动曲柄 $\boldsymbol{G}_i\boldsymbol{S}_i$ 转动，输出轴和 $\boldsymbol{G}_i\boldsymbol{S}_i$ 的节点位移分别通过 $\boldsymbol{U}_{1G_i}$ 和 $\boldsymbol{U}_{2G_i}$ 表示。在 $\{S\}$ 中，两者间函数关系为

$$\boldsymbol{U}_{2G_i}=\boldsymbol{U}_{1G_i}+\boldsymbol{H}_{G_i}\cdot\theta_{eG_i} \tag{5.2}$$

式中：$\boldsymbol{H}_{G_i}=\mathrm{diag}({}^{S}_{C_i}\boldsymbol{R}\quad {}^{S}_{C_i}\boldsymbol{R})\cdot\begin{bmatrix}\boldsymbol{0}_{3\times1}\\ \boldsymbol{e}_3\end{bmatrix}$，其中 ${}^{S}_{C_i}\boldsymbol{R}$ 是从 $\{S\}$ 系到 $\{C_i\}$ 系的旋转矩阵，$\boldsymbol{e}_3$ 表示单位向量 $[\boldsymbol{0}_{2\times1}\quad 1]^{\mathrm{T}}$；$\theta_{eG_i}$ 是激励器输出轴自由度方向上的弹性形变。因为激励器刚度对机构的弹动力学性能影响较大，所以这里将其形变计入在内。

因为将曲柄 $\boldsymbol{G}_i\boldsymbol{S}_i$ 视为刚体，所以 S_i 在其内的节点位移可表示为

$$\boldsymbol{U}_{1S_i}=\boldsymbol{G}_{S_i}\cdot\boldsymbol{U}_{2G_i} \tag{5.3}$$

式中：$\boldsymbol{G}_{S_i}=\begin{bmatrix}\boldsymbol{E}_3 & -\boldsymbol{G}_i\boldsymbol{S}_i\times\\ \boldsymbol{0}_3 & \boldsymbol{E}_3\end{bmatrix}$ 是将 $\boldsymbol{U}_{2G_i}$ 映射到 $\boldsymbol{U}_{1S_i}$ 上的刚体位移矩阵，其中 $\boldsymbol{G}_i\boldsymbol{S}_i\times$ 是 $\boldsymbol{G}_i\boldsymbol{S}_i$ 的螺旋对称矩阵。位于曲柄 $\boldsymbol{G}_i\boldsymbol{S}_i$ 内 S_i 处的节点位移 $\boldsymbol{U}_{1S_i}$ 通过球关节和位于 $\boldsymbol{S}_i\boldsymbol{H}_i$ 梁单元内的节点位移 $\boldsymbol{U}_{2S_i}$ 耦合，可以表示为

$$\boldsymbol{U}_{1S_i}=\boldsymbol{U}_{2S_i}+\boldsymbol{h}_{S_i}\cdot\boldsymbol{\theta}_{eS_i} \tag{5.4}$$

式中：$\boldsymbol{h}_{S_i}=\mathrm{diag}({}^{S}_{S_i}\boldsymbol{R}\quad {}^{S}_{S_i}\boldsymbol{R})\cdot\begin{bmatrix}\boldsymbol{0}_3\\ \boldsymbol{E}_3\end{bmatrix}$，其中 ${}^{S}_{S_i}\boldsymbol{R}$ 是从 $\{S\}$ 系到位于球关节几何中心 $\{S_i\}$ 系的旋转变换矩阵；$\boldsymbol{\theta}_{eS_i}$ 是 3×1 的弹性形变旋转向量，其三个分量分别沿着 $\{S_i\}$ 系的三条正交轴。在该系中，X_{S_i} 沿着 $\boldsymbol{S}_i\boldsymbol{M}_i$ 的轴线方向从 $\boldsymbol{S}_i$ 指向 $\boldsymbol{M}_i$，另外两轴在 $\boldsymbol{S}_i\boldsymbol{M}_i$ 的横截面上。将式（5.2）和式（5.4）代入式（5.3）可得

$$\begin{cases}\boldsymbol{U}_{2S_i}=\boldsymbol{G}_{S_i}\cdot\boldsymbol{U}_{1G_i}-\boldsymbol{H}_{S_i}\cdot\boldsymbol{\theta}_{eS_iG_i}\\ \boldsymbol{H}_{S_i}=[\boldsymbol{h}_{S_i}\quad -\boldsymbol{G}_{S_i}\cdot\boldsymbol{H}_{G_i}]\\ \boldsymbol{\theta}_{eS_iG_i}=[\boldsymbol{\theta}_{eS_i}^{\mathrm{T}}\quad \theta_{eG_i}]^{\mathrm{T}}\end{cases}\tag{5.5}$$

因此，在 $\boldsymbol{S}_i\boldsymbol{H}_i$ 梁单元两端的节点位移向量可表示为

$$\begin{bmatrix}\boldsymbol{U}_{2S_i}\\ \boldsymbol{U}_{H_i}\end{bmatrix}=\boldsymbol{A}_{S_i\boldsymbol{H}_i}\cdot\begin{bmatrix}\boldsymbol{U}_{1G_i}\\ \boldsymbol{U}_{H_i}\\ \boldsymbol{\theta}_{eS_iG_i}\end{bmatrix}\tag{5.6}$$

式中：$\boldsymbol{A}_{S_i\boldsymbol{H}_i}=\begin{bmatrix}\boldsymbol{G}_{S_i} & \boldsymbol{0}_6 & -\boldsymbol{H}_{S_i}\\ \boldsymbol{0}_6 & \boldsymbol{E}_6 & \boldsymbol{0}_6\end{bmatrix}$。激励器和 $\boldsymbol{S}_i\boldsymbol{H}_i$ 梁单元的应变能可计算为

$$\begin{aligned}V_{G_i\boldsymbol{H}_i}&=\frac{1}{2}\cdot\theta_{G_i}\cdot K_a\cdot\theta_{G_i}+\frac{1}{2}\cdot\begin{bmatrix}\boldsymbol{U}_{2S_i}\\ \boldsymbol{U}_{H_i}\end{bmatrix}^{\mathrm{T}}\cdot\hat{\boldsymbol{K}}_{S_i\boldsymbol{H}_i}\cdot\begin{bmatrix}\boldsymbol{U}_{2S_i}\\ \boldsymbol{U}_{H_i}\end{bmatrix}\\&=\boldsymbol{U}_{1G_i}^{\mathrm{T}}\cdot\boldsymbol{B}_{S_iH_i(1:6,13:15)}\cdot\boldsymbol{\theta}_{eS_iG_i}+\boldsymbol{U}_{H_i}^{\mathrm{T}}\cdot\boldsymbol{B}_{S_iH_i(7:12,13:15)}\cdot\boldsymbol{\theta}_{eS_iG_i}+\\&\quad\frac{1}{2}\cdot[\boldsymbol{\theta}_{eS_iG_i}^{\mathrm{T}}\cdot(\boldsymbol{B}_{S_iH_i(13:15,13:15)}+\boldsymbol{K}_A)\cdot\boldsymbol{\theta}_{eS_iG_i}]+C_{S_i\boldsymbol{H}_i}\end{aligned}\tag{5.7}$$

式中：K_a 为激励器自由度方向的旋转刚度；$\boldsymbol{B}_{S_iH_i}=\boldsymbol{A}_{i1}^{\mathrm{T}}\cdot\hat{\boldsymbol{K}}_{S_i\boldsymbol{H}_i}\cdot\boldsymbol{A}_{i1}$，$\boldsymbol{B}_{S_iH_i(j:k,13:15)}$ 是矩阵 $\boldsymbol{B}_{S_iH_i}$ 包含第 j 行到第 k 行，第 13 列到第 15 列的子矩阵部分($j=1,7,13,k=6,12,15$)；$\boldsymbol{K}_A=\mathrm{diag}(\boldsymbol{0}_3\quad K_a)$；$C_{S_i\boldsymbol{H}_i}$ 是所有不含 $\boldsymbol{\theta}_{eS_iG_i}$ 项的标量和；$\boldsymbol{\theta}_{eS_iG_i}$ 和激励器及 $\boldsymbol{S}_i\boldsymbol{H}_i$ 梁单元的弹性特性相关，并且能使应变能最小化 $V_{G_i\boldsymbol{H}_i}$，即

$$\frac{\partial V_{G_i\boldsymbol{H}_i}}{\partial\boldsymbol{\theta}_{eS_iG_i}}=\boldsymbol{0}_{4\times1}=(\boldsymbol{B}_{S_iH_i(13:15,13:15)}+\boldsymbol{K}_A)\cdot\boldsymbol{\theta}_{eS_iG_i}+\boldsymbol{B}_{S_iH_i(1:6,13:15)}^{\mathrm{T}}\cdot\boldsymbol{U}_{1G_i}+\boldsymbol{B}_{S_iH_i(7:12,13:15)}^{\mathrm{T}}\cdot\boldsymbol{U}_{H_i}\tag{5.8}$$

经过进一步计算可得

$$\boldsymbol{\theta}_{eS_iG_i}=\boldsymbol{X}_{S_iK}\cdot\begin{bmatrix}\boldsymbol{U}_{1G_i}\\ \boldsymbol{U}_{H_i}\end{bmatrix}\tag{5.9}$$

式中：$\boldsymbol{X}_{S_iK}=-(\boldsymbol{B}_{S_iH_i(13:15,13:15)}+\boldsymbol{K}_A)^{-1}\cdot\boldsymbol{B}_{S_iH_i(1:12,13:15)}^{\mathrm{T}}$。将该式代入式（5.6）可得

$$\begin{bmatrix}\boldsymbol{U}_{2S_i}\\ \boldsymbol{U}_{H_i}\end{bmatrix}=\boldsymbol{G}_{S_iK}\cdot\begin{bmatrix}\boldsymbol{U}_{1G_i}\\ \boldsymbol{U}_{H_i}\end{bmatrix}\tag{5.10}$$

式中：$\boldsymbol{G}_{S_iK}=\boldsymbol{A}_{S_i\boldsymbol{H}_i}\cdot\begin{bmatrix}\boldsymbol{E}_{12}\\ \boldsymbol{X}_{S_iK}\end{bmatrix}$，其中 $\boldsymbol{E}_{12}$ 是 12×12 的单位矩阵。将式（5.9）和式（5.10）代入式（5.7）可得

$$V_{G_i\boldsymbol{H}_i}=\frac{1}{2}\cdot\begin{bmatrix}\boldsymbol{U}_{1G_i}\\ \boldsymbol{U}_{H_i}\end{bmatrix}^{\mathrm{T}}\cdot\hat{\boldsymbol{K}}_{G_i\boldsymbol{H}_ia}\cdot\begin{bmatrix}\boldsymbol{U}_{1G_i}\\ \boldsymbol{U}_{H_i}\end{bmatrix}\tag{5.11}$$

式中：

$$\hat{\boldsymbol{K}}_{G_i\boldsymbol{H}_ia}=\boldsymbol{G}_{S_iK}^{\mathrm{T}}\cdot\hat{\boldsymbol{K}}_{S_i\boldsymbol{H}_i}\cdot\boldsymbol{G}_{S_iK}+\boldsymbol{X}_{S_iK}^{\mathrm{T}}\cdot\boldsymbol{K}_A\cdot\boldsymbol{X}_{S_iK}\tag{5.12}$$

是由激励器、曲柄 $\boldsymbol{G}_i\boldsymbol{S}_i$、梁单元 $\boldsymbol{S}_i\boldsymbol{H}_i$ 构成的超级单元的降阶刚度矩阵，维度为 12×12，该单元两端节点为 G_i 和 H_i。从式（5.11）可以看出，球关节 S_i 两端的节点都被缩聚了，弹性势能直接通过独立广义节点坐标表示。同理，该超级单元的缩聚质量矩阵可通过相似方法推导为

$$\hat{\boldsymbol{M}}_{\boldsymbol{G}_i\boldsymbol{H}_ia}=\boldsymbol{G}_{S_iK}^{\mathrm{T}}\cdot\hat{\boldsymbol{M}}_{\boldsymbol{S}_i\boldsymbol{H}_i}\cdot\boldsymbol{G}_{S_iK}+\boldsymbol{X}_{S_iK}^{\mathrm{T}}\cdot\boldsymbol{I}_{\boldsymbol{G}_i\boldsymbol{S}_i}\cdot\boldsymbol{X}_{S_iK}\tag{5.13}$$

式中：$\boldsymbol{I}_{\boldsymbol{G}_i\boldsymbol{S}_i}=\mathrm{diag}(\boldsymbol{0}_3\quad I_{G_iS_i})$，其中 $I_{G_iS_i}$ 是曲柄 $\boldsymbol{G}_i\boldsymbol{S}_i$ 在其旋转方向上的转动惯量。显然，$\hat{\boldsymbol{K}}_{\boldsymbol{G}_i\boldsymbol{H}_ia}$ 包括了刚度矩阵 $\hat{\boldsymbol{K}}_{\boldsymbol{S}_i\boldsymbol{H}_i}$ 的信息，但是没包括质量矩阵 $\hat{\boldsymbol{M}}_{\boldsymbol{S}_i\boldsymbol{H}_i}$ 的信息。

5.2.2　L_iM_i 梁单元的降阶刚度和质量矩阵

如图 5.1 所示，球关节 M_i 处两个节点 $\boldsymbol{U}_{1M_i}$ 和 $\boldsymbol{U}_{2M_i}$ 分别位于梁单元 $\boldsymbol{L}_i\boldsymbol{M}_i$ 内和末端执行器内，两者函数关系可以表示为

$$\boldsymbol{U}_{2M_i}=\boldsymbol{U}_{1M_i}+\boldsymbol{H}_{M_i}\cdot\boldsymbol{\theta}_{eM_i}\tag{5.14}$$

式中：$\boldsymbol{H}_{M_i}=\mathrm{diag}({}_{M_i}^{S}\boldsymbol{R}\quad{}_{M_i}^{S}\boldsymbol{R})\cdot\begin{bmatrix}\boldsymbol{0}_{3\times2} & \\ \boldsymbol{e}_2 & \boldsymbol{e}_3\end{bmatrix}$，其中 ${}_{M_i}^{S}\boldsymbol{R}$ 是从 $\{S\}$ 系到 $\{M_i\}$ 系的旋转变化矩阵，$\boldsymbol{e}_2$ 是单位向量 $[0\quad1\quad0]^{\mathrm{T}}$；$\boldsymbol{\theta}_{eM_i}$ 是 2×1 的弹性形变向量，其两个元素分别沿着 Y_{M_i} 和 Z_{M_i} 轴这两条正交坐标轴的方向上。$\{S_i\}$ 系和 $\{M_i\}$ 系方向相同。需要强调的是，连杆两端的球关节使其能沿着轴向旋转，该方向的弹性形变已经通过式（5.4）计算在内，因此，不能在式（5.14）中重复计算，即，若

$$\boldsymbol{H}_{M_i}=\mathrm{diag}({}_{N_i}^{S}\boldsymbol{R}\quad{}_{N_i}^{S}\boldsymbol{R})\cdot\begin{bmatrix}\boldsymbol{0}_3\\ \boldsymbol{E}_3\end{bmatrix}\tag{5.15}$$

则有包括沿着连杆 $\boldsymbol{S}_i\boldsymbol{M}_i$ 轴向旋转的形变。

当末端执行器完全视为刚体，则其只有一个独立节点即质心 O_M。独立节点的完整定义可见文献［109］的 2.1 节。因此可得

$$\boldsymbol{U}_{2M_i}=\boldsymbol{G}_{\boldsymbol{M}_i}\cdot\boldsymbol{U}_{EE}\tag{5.16}$$

式中：$\boldsymbol{G}_{\boldsymbol{M}_i}=\begin{bmatrix}\boldsymbol{E}_3 & -\boldsymbol{O}_M\boldsymbol{M}_i\times\\ \boldsymbol{0}_3 & \boldsymbol{E}_3\end{bmatrix}$ 是将 $\boldsymbol{U}_{EE}$ 映射到 $\boldsymbol{U}_{2M_i}$ 的刚体位移矩阵，记

$$\boldsymbol{U}_{EE}=[U_X\quad U_Y\quad U_Z\quad U_\alpha\quad U_\beta\quad U_\gamma]^{\mathrm{T}}\tag{5.17}$$

是质心 O_M 的 6×1 振动位移向量，前三个量表示沿 $\{S\}$ 系三轴的平动位移，后三个量为通过 XYZ 欧拉角表示的旋转位移。从式（5.14）和式（5.16）可得

$$\boldsymbol{U}_{1M_i}=\boldsymbol{U}_{2M_i}-\boldsymbol{H}_{M_i}\cdot\boldsymbol{\theta}_{eM_i}=[\boldsymbol{0}_6\quad\boldsymbol{G}_{M_i}\quad-\boldsymbol{H}_{M_i}]\cdot\begin{bmatrix}\boldsymbol{U}_{L_i}\\ \boldsymbol{U}_{EE}\\ \boldsymbol{\theta}_{eM_i}\end{bmatrix}\tag{5.18}$$

因此，6×1 的节点位移向量 $\begin{bmatrix}\boldsymbol{U}_{L_i}\\ \boldsymbol{U}_{1M_i}\end{bmatrix}$ 可以表示为

$$\begin{bmatrix} \boldsymbol{U}_{L_i} \\ \boldsymbol{U}_{1M_i} \end{bmatrix} = \boldsymbol{A}_{L_iM_i} \cdot \begin{bmatrix} \boldsymbol{U}_{L_i} \\ \boldsymbol{U}_{EE} \\ \boldsymbol{\theta}_{eM_i} \end{bmatrix} \tag{5.19}$$

式中：$\boldsymbol{A}_{L_iM_i} = \begin{bmatrix} \boldsymbol{E}_6 & \boldsymbol{0}_{6\times8} & \\ \boldsymbol{0}_6 & \boldsymbol{G}_{M_i} & -\boldsymbol{H}_{M_i} \end{bmatrix}$。$\boldsymbol{L}_i\boldsymbol{M}_i$梁单元的弹性势能可表示为

$$\begin{aligned} V_{L_iM_i} &= \frac{1}{2} \cdot \begin{bmatrix} \boldsymbol{U}_{L_i} \\ \boldsymbol{U}_{1M_i} \end{bmatrix}^{\mathrm{T}} \cdot \hat{\boldsymbol{K}}_{L_iM_i} \cdot \begin{bmatrix} \boldsymbol{U}_{L_i} \\ \boldsymbol{U}_{1M_i} \end{bmatrix} \\ &= \boldsymbol{U}_{L_i}^{\mathrm{T}} \cdot \boldsymbol{B}_{L_iM_i(1:6,13:14)} \cdot \boldsymbol{\theta}_{eM_i} + \boldsymbol{U}_J^{\mathrm{T}} \cdot \boldsymbol{B}_{L_iM_i(7:12,13:14)} \cdot \boldsymbol{\theta}_{eM_i} + \frac{1}{2} \cdot \boldsymbol{\theta}_{eM_i}^{\mathrm{T}} \cdot \boldsymbol{B}_{L_iM_i(13:14,13:14)} \cdot \boldsymbol{\theta}_{eM_i} + C_{L_iM_i} \end{aligned} \tag{5.20}$$

式中：$\boldsymbol{B}_{L_iM_i} = \boldsymbol{A}_{L_iM_i}^{\mathrm{T}} \cdot \hat{\boldsymbol{K}}_{L_iM_i} \cdot \boldsymbol{A}_{L_iM_i}$，$\boldsymbol{B}_{L_iM_i(j:k,13:14)}$是$\boldsymbol{B}_{L_iM_i}$包含第$j$到第$k$行，第13到14列元素在内的子矩阵；$C_{L_iM_i}$是所有不含变量$\boldsymbol{\theta}_{eM_i}$项的标量和。采用和式（5.8）相同的方法可得

$$\frac{\partial V_{L_iM_i}}{\partial \boldsymbol{\theta}_{eM_i}} = \boldsymbol{0}_{2\times1} = \boldsymbol{B}_{L_iM_i(13:14,13:14)} \cdot \boldsymbol{\theta}_{eM_i} + \boldsymbol{B}_{L_iM_i(1:6,13:14)}^{\mathrm{T}} \cdot \boldsymbol{U}_{L_i} + \boldsymbol{B}_{L_iM_i(7:12,13:14)}^{\mathrm{T}} \cdot \boldsymbol{U}_{EE} \tag{5.21}$$

由此可得

$$\boldsymbol{\theta}_{eM_i} = \boldsymbol{X}_{M_iK} \cdot \begin{bmatrix} \boldsymbol{U}_{L_i} \\ \boldsymbol{U}_{EE} \end{bmatrix} \tag{5.22}$$

式中：$\boldsymbol{X}_{M_iK} = -\boldsymbol{B}_{L_iM_i(13:14,13:14)}^{-1} \cdot \boldsymbol{B}_{L_iM_i(1:12,13:14)}^{\mathrm{T}}$。将其代入式（5.18）可得

$$\boldsymbol{U}_{1M_i} = \boldsymbol{Y}_{M_iK} \cdot \begin{bmatrix} \boldsymbol{U}_{L_i} \\ \boldsymbol{U}_{EE} \end{bmatrix} \tag{5.23}$$

式中：$\boldsymbol{Y}_{M_iK} = [\boldsymbol{0}_6 \quad \boldsymbol{G}_{M_i} \quad -\boldsymbol{H}_{M_i}] \cdot \begin{bmatrix} \boldsymbol{E}_{12} \\ \boldsymbol{X}_{M_iK} \end{bmatrix}$。因此在$\boldsymbol{L}_i\boldsymbol{M}_i$梁单元两端的节点阵列可表示为

$$\begin{bmatrix} \boldsymbol{U}_{L_i} \\ \boldsymbol{U}_{1M_i} \end{bmatrix} = \boldsymbol{G}_{M_iK} \cdot \begin{bmatrix} \boldsymbol{U}_{L_i} \\ \boldsymbol{U}_{EE} \end{bmatrix} \tag{5.24}$$

式中：$\boldsymbol{G}_{M_iK} = \begin{bmatrix} \boldsymbol{E}_6 & \boldsymbol{0}_6 \\ \boldsymbol{Y}_{M_iK} & \end{bmatrix}$，且$\boldsymbol{L}_i\boldsymbol{M}_i$的弹性势能为

$$V_{L_iM_i} = \frac{1}{2} \cdot \begin{bmatrix} \boldsymbol{U}_{L_i} \\ \boldsymbol{U}_{1M_i} \end{bmatrix}^{\mathrm{T}} \cdot \hat{\boldsymbol{K}}_{L_iM_i} \cdot \begin{bmatrix} \boldsymbol{U}_{L_i} \\ \boldsymbol{U}_{1M_i} \end{bmatrix} = \frac{1}{2} \cdot \begin{bmatrix} \boldsymbol{U}_{L_i} \\ \boldsymbol{U}_{EE} \end{bmatrix}^{\mathrm{T}} \cdot \hat{\boldsymbol{K}}_{L_iM_ia} \cdot \begin{bmatrix} \boldsymbol{U}_{L_i} \\ \boldsymbol{U}_{EE} \end{bmatrix} \tag{5.25}$$

式中：$\hat{\boldsymbol{K}}_{L_iM_ia} = \boldsymbol{G}_{M_iK}^{\mathrm{T}} \cdot \hat{\boldsymbol{K}}_{L_iM_i} \cdot \boldsymbol{G}_{M_iK}$是缩聚刚度矩阵。

类似地，$\boldsymbol{L}_i\boldsymbol{M}_i$梁单元的动能可表示为

$$T_{L_iM_i} = \frac{1}{2} \cdot \begin{bmatrix} \dot{\boldsymbol{U}}_{L_i} \\ \dot{\boldsymbol{U}}_{EE} \end{bmatrix}^{\mathrm{T}} \cdot \hat{\boldsymbol{M}}_{L_iM_ia} \cdot \begin{bmatrix} \dot{\boldsymbol{U}}_{L_i} \\ \dot{\boldsymbol{U}}_{EE} \end{bmatrix} \tag{5.26}$$

式中：$\hat{\boldsymbol{M}}_{L_iM_ia}=\boldsymbol{G}_{M_iK}^{\mathrm{T}}\cdot\hat{\boldsymbol{M}}_{L_iM_i}\cdot\boldsymbol{G}_{M_iK}$即为$\boldsymbol{L}_i\boldsymbol{M}_i$的缩聚质量矩阵。通过上述过程，两个被动球关节处的所有节点都被缩聚。值得注意的是，$\boldsymbol{H}_i\boldsymbol{L}_i$梁单元不和刚体直接相连，所以它的两个节点、刚度矩阵、质量矩阵都被保留下来。

5.3　末端执行器的动力学模型

如图 5.2 所示，目标机构的末端执行器形状复杂，较难将其建模成一个完整的柔性体。当前工作主要集中在基座直接约束形成的点接触高副上，末端执行器完整建模为柔性体，将在后续工作中开展。首先，和传统情况一样，整体末端执行器视为一个刚体；在第二个模型中，如图 5.2 所示框内主体部分视为完整刚体，J_N是该部分的质心，高副相关部分的杆件$\boldsymbol{P}_i\boldsymbol{T}_i(i=L,R)$设为三维柔性梁。分别对这两种情况开展研究，分析不同假设带来的模型差异，以及杆件刚性对机构弹动力学性能的影响。

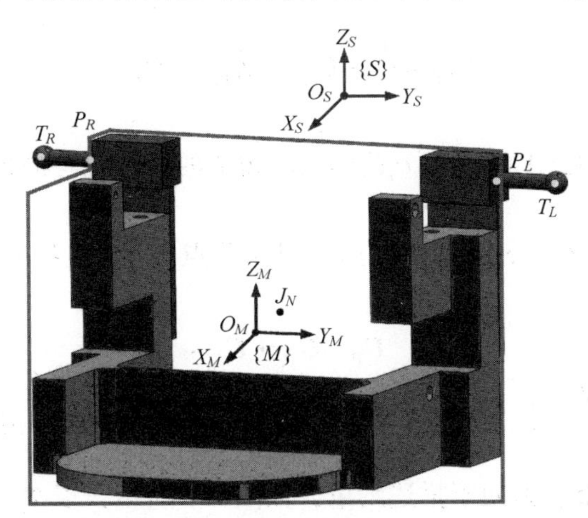

图 5.2　末端执行器的 CAD 模型

5.3.1　末端执行器完全刚性

在六条柔性连杆作用下，末端执行器产生六个方向的刚性位移$\boldsymbol{U}_{EE}$。因其在两个点接触高副受到基座的直接约束，$\boldsymbol{U}_{EE}$中的六个变量不完全独立。在某个采样时刻，由于连杆变形，末端执行器受到扰动，空间位姿由$\boldsymbol{X}_{EE}$变为$\boldsymbol{X}_{EE}+\boldsymbol{U}_{EE}$。因此，$\{M\}$ 系的原点位置和方位都发生微小改变，分别记作 $\{M_1\}$ 和 $\{M_2\}$。从 $\{S\}$ 系到 $\{M_1\}$ 系的旋转变换矩阵记为

$$_{M_1}^{S}\boldsymbol{R}=\boldsymbol{R}_X(\alpha)\cdot\boldsymbol{R}_Y(\beta)\cdot\boldsymbol{R}_Z(\gamma) \tag{5.27}$$

此后，末端执行器从 $\{M_1\}$ 系到 $\{M_2\}$ 系的转动为

$$_{M_2}^{M_1}\boldsymbol{R}=\boldsymbol{R}_X(U_\alpha)\cdot\boldsymbol{R}_Y(U_\beta)\cdot\boldsymbol{R}_Z(U_\gamma) \tag{5.28}$$

因此，从 $\{S\}$ 系到 $\{M_2\}$ 系的旋转矩阵为

$$_{M_2}^{S}\boldsymbol{R}={}_{M_1}^{S}\boldsymbol{R}\cdot{}_{M_2}^{M_1}\boldsymbol{R} \tag{5.29}$$

之后，使用和第 4 章相同的计算步骤可得

$$\begin{cases} U_Z = U_Z(\boldsymbol{q}_{EE},\quad \boldsymbol{U}_{O_M}) \\ U_\gamma = U_\gamma(\boldsymbol{q}_{EE},\quad \boldsymbol{U}_{O_M}) \end{cases} \tag{5.30}$$

式中：$\boldsymbol{U}_{O_M}=[U_X \quad U_Y \quad U_\alpha \quad U_\beta]^{\mathrm{T}}$ 是末端执行器独立的 4×1 振动位移向量；寄生振动变量 U_Z 和 U_γ 是刚性位移 $\boldsymbol{q}_{EE}$ 和 $\boldsymbol{U}_{O_M}$ 的函数。

在每个时间间隔，末端执行器的动能和式（3.25）完全一致，即为

$$T_{EE}=\frac{1}{2}\cdot\dot{\boldsymbol{q}}_{EE}^{\mathrm{T}}\cdot\boldsymbol{M}_{EE}(\boldsymbol{q}_{EE})\cdot\dot{\boldsymbol{q}}_{EE} \tag{5.31}$$

5.3.2 末端执行器部分刚性

该模型中，末端执行器主体线框部分为完全刚性，$\boldsymbol{P}_i\boldsymbol{T}_i$ 设为空间梁。为说明建模思路，并使计算量不至过大，高副相关杆件 $\boldsymbol{P}_i\boldsymbol{T}_i$ 设为一个 Euler-Bernoulli 梁单元，其弹性势能为

$$V_{\boldsymbol{P}_i\boldsymbol{T}_i}=\frac{1}{2}\cdot\boldsymbol{U}_{\boldsymbol{P}_i\boldsymbol{T}_i}^{\mathrm{T}}\cdot\hat{\boldsymbol{K}}_{\boldsymbol{P}_i\boldsymbol{T}_i}\cdot\boldsymbol{U}_{\boldsymbol{P}_i\boldsymbol{T}_i} \tag{5.32}$$

式中：$\boldsymbol{U}_{\boldsymbol{P}_i\boldsymbol{T}_i}=\begin{bmatrix}\boldsymbol{U}_{P_i}\\ \boldsymbol{U}_{T_i}\end{bmatrix}$ 为 12×1 的节点 $P_i(i=L,R)$ 和 T_i 的弹性位移向量；$\hat{\boldsymbol{K}}_{\boldsymbol{P}_i\boldsymbol{T}_i}$ 是 12×12 的刚度矩阵。$\boldsymbol{U}_{\boldsymbol{P}_i\boldsymbol{T}_i}$ 和 $\hat{\boldsymbol{K}}_{\boldsymbol{P}_i\boldsymbol{T}_i}$ 都在 {S} 系中表达。因为节点 $\boldsymbol{U}_{P_i}$ 也直接属于末端执行器刚性部分，因此有

$$\boldsymbol{U}_{P_i}=\boldsymbol{G}_{P_i}\cdot\boldsymbol{U}_{J_N} \tag{5.33}$$

式中：$\boldsymbol{G}_{P_i}=\begin{bmatrix}\boldsymbol{E}_3 & -\boldsymbol{J}_N\boldsymbol{P}_i\times\\ \boldsymbol{0}_3 & \boldsymbol{E}_3\end{bmatrix}$。注意到髁球在宽度为其直径的槽中滑动，所以节点 T_i 上的一些形变也要受到约束。为便于描述约束，如图 5.3 所示，以 T_i 为原点建立局部运动坐标系 {F_i}：Y_{F_i} 轴与 Y_M 轴方向一致，Z_{F_i} 轴指向髁球和槽接触点所在切面法向，X_{F_i} 轴遵守右手法则完成 {F_i} 系的构建。显然，由于槽的约束，在 T_i 节点无法产生沿着 Z_{F_i} 轴方向的平动形变和绕着 X_{F_i} 轴的转动形变。这样，在 {F_i} 系中，6×1 的 T_i 节点位移向量可以表示为

$${}^{F_i}\boldsymbol{U}_{T_i}=\begin{bmatrix}{}^{F_i}U_{T_iX}\\ {}^{F_i}U_{T_iY}\\ {}^{F_i}U_{T_iZ}=0\\ {}^{F_i}U_{T_i\alpha}=0\\ {}^{F_i}U_{T_i\beta}\\ {}^{F_i}U_{T_i\gamma}\end{bmatrix}=\mathrm{diag}({}^{F_i}_{S}\boldsymbol{R}\quad {}^{F_i}_{S}\boldsymbol{R})\cdot\boldsymbol{U}_{T_i} \tag{5.34}$$

式中：${}^{F_i}_{S}\boldsymbol{R}$ 是从 {F_i} 系到 {S} 系的旋转矩阵，且 ${}^{F_i}_{S}\boldsymbol{R}={}^{S}_{F_i}\boldsymbol{R}^{\mathrm{T}}$。从式中第三和第四行可得

$$\begin{bmatrix}{}^{F_i}_{S}\boldsymbol{R}_{(3,:)} & \boldsymbol{0}_{1\times3}\\ \boldsymbol{0}_{1\times3} & {}^{F_i}_{S}\boldsymbol{R}_{(1,:)}\end{bmatrix}\cdot\boldsymbol{U}_{T_i}=\boldsymbol{0}_{2\times1} \tag{5.35}$$

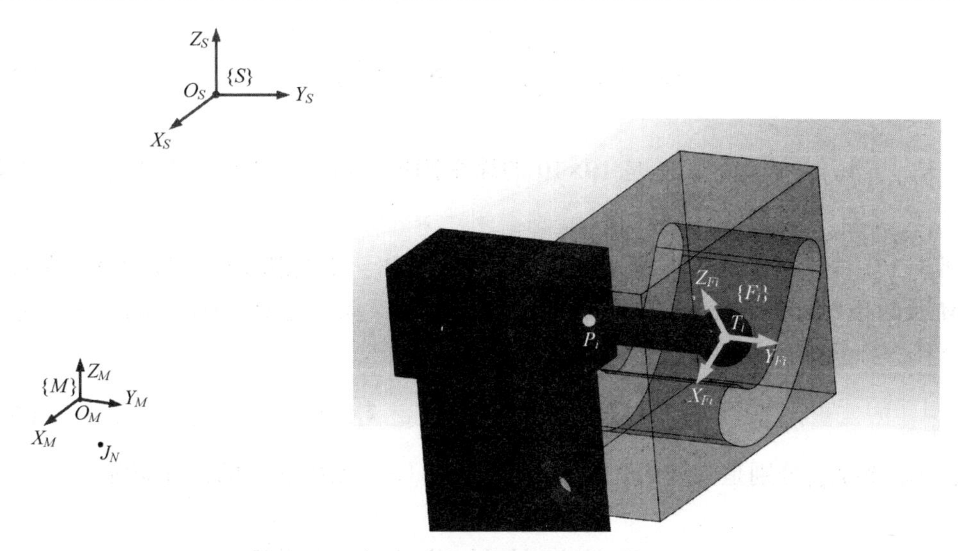

图 5.3　节点 T_i 及位于其上的坐标系 $\{F_i\}$

式中：${}^{F_i}_{S}\boldsymbol{R}_{(j,:)}(j=1,3)$ 是 ${}^{F_i}_{S}\boldsymbol{R}$ 的第 j 行。从该式可知，$\boldsymbol{U}_{T_i}$ 中的六个变量并非完全独立，因此需要确立其中的独立变量作为整体机构的独立广义坐标。例如，若 ${}^{F_i}_{S}\boldsymbol{R}_{j3}\neq 0$，$\boldsymbol{U}_{T_i}$ 可以表示为

$$\boldsymbol{U}_{T_i}=\boldsymbol{B}_{T_i}\cdot\boldsymbol{U}_{T_iI} \tag{5.36}$$

式中：$\boldsymbol{B}_{T_i}=\begin{bmatrix}\boldsymbol{E}_2 & \boldsymbol{0}_2 & \\ -\dfrac{{}^{F_i}_{S}\boldsymbol{R}_{31}}{{}^{F_i}_{S}\boldsymbol{R}_{33}} & -\dfrac{{}^{F_i}_{S}\boldsymbol{R}_{32}}{{}^{F_i}_{S}\boldsymbol{R}_{33}} & \boldsymbol{0}_{1\times 2} \\ \boldsymbol{0}_2 & \boldsymbol{E}_2 & \\ \boldsymbol{0}_{1\times 2} & -\dfrac{{}^{F_i}_{S}\boldsymbol{R}_{11}}{{}^{F_i}_{S}\boldsymbol{R}_{13}} & -\dfrac{{}^{F_i}_{S}\boldsymbol{R}_{12}}{{}^{F_i}_{S}\boldsymbol{R}_{13}}\end{bmatrix}$；其中 ${}^{F_i}_{S}\boldsymbol{R}_{jk}(j,k=1,2,3)$ 是 ${}^{F_i}_{S}\boldsymbol{R}$ 在第 j 行和第 k 列的元素；$\boldsymbol{U}_{T_iI}=\begin{bmatrix}\boldsymbol{U}_{T_iX}\\ \boldsymbol{U}_{T_iY}\\ \boldsymbol{U}_{T_i\alpha}\\ \boldsymbol{U}_{T_i\beta}\end{bmatrix}$ 为 T_i 节点的独立广义坐标向量。值得注意的是，${}^{F_i}_{S}\boldsymbol{R}_{33}$ 和 ${}^{F_i}_{S}\boldsymbol{R}_{13}$ 在第 5.5 节的数值计算中都不为零，所以 $\boldsymbol{U}_{T_iI}$ 可以作为独立广义坐标向量，用于描述 T_i 节点的形变，并构成整体机构独立广义坐标的一部分。从上述推导中也可知，在 P_i 和 T_i 的 12×1 节点形变向量可写为

$$\boldsymbol{U}_{\boldsymbol{P}_i\boldsymbol{T}_i}=\boldsymbol{A}_{\boldsymbol{P}_i\boldsymbol{T}_i}\cdot\begin{bmatrix}\boldsymbol{U}_{J_N}\\ \boldsymbol{U}_{T_iI}\end{bmatrix} \tag{5.37}$$

式中：$\boldsymbol{A}_{\boldsymbol{P}_i\boldsymbol{T}_i}=\mathrm{diag}(\boldsymbol{G}_{P_i}\quad \boldsymbol{B}_{T_i})$。$\boldsymbol{P}_i\boldsymbol{T}_i$ 梁单元的弹性势能可计算为

$$V_{P_iT_i}=\frac{1}{2}\cdot\begin{bmatrix}\boldsymbol{U}_{J_N}\\ \boldsymbol{U}_{T_iI}\end{bmatrix}^{\mathrm{T}}\cdot\boldsymbol{K}_{P_iT_i}\cdot\begin{bmatrix}\boldsymbol{U}_{J_N}\\ \boldsymbol{U}_{T_iI}\end{bmatrix}\tag{5.38}$$

式中：$\boldsymbol{K}_{P_iT_i}=\boldsymbol{A}_{P_iT_i}^{\mathrm{T}}\cdot\hat{\boldsymbol{K}}_{P_iT_i}\cdot\boldsymbol{A}_{P_iT_i}$是 10×10 的缩聚刚度矩阵。类似地，其缩聚质量矩阵为$\boldsymbol{M}_{P_iT_i}=\boldsymbol{A}_{P_iT_i}^{\mathrm{T}}\cdot\hat{\boldsymbol{M}}_{P_iT_i}\cdot\boldsymbol{A}_{P_iT_i}$。

图 5.2 中线框包围的末端执行器部分假设为刚体，不受基座的直接约束，在六条连杆 $\boldsymbol{S}_i\boldsymbol{M}_i$及两条杆件 $\boldsymbol{P}_i\boldsymbol{T}_i$形变的共同作用下产生刚性振动。这时，$\boldsymbol{U}_{J_N}$中的六个位移变量都完全独立，且该部分的质量矩阵为

$$\boldsymbol{M}_{EEN}=\mathrm{diag}(m_{EEN}\cdot\boldsymbol{E}_3\quad \boldsymbol{I}_{EEN})\tag{5.39}$$

式中：m_{EEN}和$\boldsymbol{I}_{EEN}$分别是其质量和关于质心 J_N在 $\{S\}$ 系中表示的惯性矩阵。

5.4 整体机构的弹动力学模型

5.4.1 模型 1：末端执行器完全刚性

在建立整体机构的质量矩阵和刚度矩阵之前，需要确定独立节点坐标。在 5.2.1 节中，$\boldsymbol{L}_i\boldsymbol{M}_i$梁单元的弹性势能和动能都是分别通过 $\boldsymbol{U}_{EE}$和$\dot{\boldsymbol{U}}_{EE}$直接表示。而由于基座对末端执行器的直接约束，$\boldsymbol{U}_{EE}$的六个坐标并非完全独立，只有四个独立变量，其构成的 4×1 向量已在 5.3.1 节中记作 $\boldsymbol{U}_{O_M}$。这样，$\boldsymbol{L}_i\boldsymbol{M}_i$梁单元的弹性势能和动能就需要重新通过$\boldsymbol{U}_{O_M}$和$\dot{\boldsymbol{U}}_{O_M}$表示。当整个末端执行器都视为刚体时，因为 $\boldsymbol{U}_{EE}$中数量较小，通过泰勒级数展开，并取一阶近似可得

$$\begin{cases}\boldsymbol{U}_{EE}=\boldsymbol{U}_{EE0}+\boldsymbol{T}_{H1}\cdot\boldsymbol{U}_{O_M}\\ \boldsymbol{T}_{H1}=\mathrm{Jacobian}(\boldsymbol{U}_{EE},\quad \boldsymbol{U}_{O_M})\end{cases}\tag{5.40}$$

式中：$\boldsymbol{U}_{EE0}$是 $\boldsymbol{U}_{O_M}=\boldsymbol{0}_{4\times1}$时的 $\boldsymbol{U}_{EE}$值；$\boldsymbol{T}_{H1}$是 $\boldsymbol{U}_{EE}$和 $\boldsymbol{U}_{O_M}$间的 6×4 Jacobian 矩阵。实际上，当机构在跟踪人体咀嚼轨迹时，$\boldsymbol{U}_{EE0}$中的数值大小远比 $\boldsymbol{U}_{EE}$要小得多，所以 $\boldsymbol{U}_{EE0}$忽略不计，并可得

$$\boldsymbol{U}_{EE}=\boldsymbol{T}_{H1}\cdot\boldsymbol{U}_{O_M}\tag{5.41}$$

这与第 4 章中式（4.35）完全一致。将其代入式（5.25）中可得

$$V_{L_iM_i}=\frac{1}{2}\cdot\begin{bmatrix}\boldsymbol{U}_{L_i}\\ \boldsymbol{U}_{O_M}\end{bmatrix}^{\mathrm{T}}\cdot\boldsymbol{K}_{L_iM_ia}\cdot\begin{bmatrix}\boldsymbol{U}_{L_i}\\ \boldsymbol{U}_{O_M}\end{bmatrix}\tag{5.42}$$

式中：$\boldsymbol{K}_{L_iM_ia}=\mathrm{diag}\,(\boldsymbol{E}_6\quad \boldsymbol{T}_{H1})^{\mathrm{T}}\cdot\hat{\boldsymbol{K}}_{L_iM_ia}\cdot\mathrm{diag}(\boldsymbol{E}_6\quad \boldsymbol{T}_{H1})$，是 $\boldsymbol{L}_i\boldsymbol{M}_i$梁单元 10×10 的缩聚刚度矩阵。类似地，其动能为

$$T_{L_iM_i}=\frac{1}{2}\cdot\begin{bmatrix}\dot{\boldsymbol{U}}_{L_i}\\ \dot{\boldsymbol{U}}_{O_M}\end{bmatrix}^{\mathrm{T}}\cdot\boldsymbol{M}_{L_iM_ia}\cdot\begin{bmatrix}\dot{\boldsymbol{U}}_{L_i}\\ \dot{\boldsymbol{U}}_{O_M}\end{bmatrix}\tag{5.43}$$

式中：$\boldsymbol{M}_{\boldsymbol{L}_i\boldsymbol{M}_ia}=\mathrm{diag}(\boldsymbol{E}_6\quad \boldsymbol{T}_{H1})^{\mathrm{T}}\cdot\hat{\boldsymbol{M}}_{\boldsymbol{L}_i\boldsymbol{M}_ia}\cdot\mathrm{diag}(\boldsymbol{E}_6\quad \boldsymbol{T}_{H1})$，是 $\boldsymbol{L}_i\boldsymbol{M}_i$ 梁单元 10×10 的缩聚质量矩阵。所以，对于第 i 条支链，独立的节点坐标向量构建为

$$\boldsymbol{U}_{C_i}=\begin{bmatrix}\boldsymbol{U}_{1G_i}\\ \boldsymbol{U}_{H_i}\\ \boldsymbol{U}_{L_i}\\ \boldsymbol{U}_{O_M}\end{bmatrix}(i=1,2,\cdots,6) \tag{5.44}$$

支链的刚度和质量矩阵为

$$\begin{cases}\boldsymbol{K}_{C_i}=\boldsymbol{B}_{1C}^{\mathrm{T}}\cdot\mathrm{diag}(\hat{\boldsymbol{K}}_{\boldsymbol{S}_i\boldsymbol{H}_ia}\quad \hat{\boldsymbol{K}}_{\boldsymbol{H}_i\boldsymbol{L}_i}\quad \boldsymbol{K}_{\boldsymbol{L}_i\boldsymbol{M}_i\boldsymbol{a}})\cdot\boldsymbol{B}_{1C}\\ \boldsymbol{M}_{C_i}=\boldsymbol{B}_{1C}^{\mathrm{T}}\cdot\mathrm{diag}(\hat{\boldsymbol{M}}_{\boldsymbol{S}_i\boldsymbol{H}_ia}\quad \hat{\boldsymbol{M}}_{\boldsymbol{H}_i\boldsymbol{L}_i}\quad \boldsymbol{M}_{\boldsymbol{L}_i\boldsymbol{M}_ia})\cdot\boldsymbol{B}_{1C}\end{cases} \tag{5.45}$$

式中：$\boldsymbol{B}_{1C}=\begin{bmatrix}\boldsymbol{E}_{12} & \boldsymbol{0}_{12\times10} & \\ \boldsymbol{0}_{12\times6} & \boldsymbol{E}_{12} & \boldsymbol{0}_{12\times4}\\ \boldsymbol{0}_{10\times12} & \boldsymbol{E}_{10} & \end{bmatrix}$是连接支链中所有单元刚度和质量矩阵的布尔矩阵。

根据线弹性理论，激励器视为固定不动，只保留弹性模态并避免刚性运动，所以有 $\boldsymbol{U}_{1G_i}=\boldsymbol{0}_{6\times1}$。从而整体机构的独立广义坐标向量为

$$\boldsymbol{q}_1=\begin{bmatrix}\boldsymbol{U}_{H_1}\\ \boldsymbol{U}_{L_1}\\ \boldsymbol{U}_{L_2}\\ \vdots\\ \boldsymbol{U}_{H_6}\\ \boldsymbol{U}_{L_6}\\ \boldsymbol{U}_{O_M}\end{bmatrix}_{76\times1} \tag{5.46}$$

对应的刚度和质量矩阵为

$$\begin{cases}\boldsymbol{K}_1=\sum\limits_{i=1}^{6}\boldsymbol{B}_{1C_i}^{\mathrm{T}}\cdot\boldsymbol{K}_{C_i}\cdot\boldsymbol{B}_{1C_i}\\ M_1=\sum\limits_{i=1}^{6}\boldsymbol{B}_{1C_i}^{\mathrm{T}}\cdot\boldsymbol{M}_{C_i}\cdot\boldsymbol{B}_{1C_i}+\boldsymbol{B}_{EE1}^{\mathrm{T}}\cdot M_{EE}\cdot\boldsymbol{B}_{EE1}\end{cases} \tag{5.47}$$

式中：

$$\boldsymbol{B}_{1C_i}=\begin{bmatrix}\boldsymbol{0}_{6\times76} & & \\ \boldsymbol{0}_{12\times(12\cdot(i-1))} & \boldsymbol{E}_{12} & \boldsymbol{0}_{12\times(12\cdot(6-i)+4)}\\ \boldsymbol{B}_{EE} & & \end{bmatrix}(i=1,2,\cdots6),\quad \boldsymbol{B}_{EE1}=[\boldsymbol{0}_{4\times72}\quad \boldsymbol{E}_4] \tag{5.48}$$

分别是连接第 i 条支链和末端执行器到整体机构的布尔矩阵。

因为基座对末端执行器的直接约束形成复杂的寄生振动，即因式（5.30）的复杂

性，式（4.35）中Jacobian矩阵$\boldsymbol{T}_{H1}$具有较强的非线性，且$\boldsymbol{T}_{H1}$包括$\boldsymbol{U}_{O_M}$中的元素。在求得形变之前，这些元素都是未知的。由于$\boldsymbol{U}_{O_M}$存在于$\boldsymbol{K}_{L_iM_ia}$和$\boldsymbol{M}_{L_iM_ia}$中，因此$\boldsymbol{K}_1$和$\boldsymbol{M}_1$不仅是机构大范围刚性运动位姿的函数，而且是微小振动变量$\boldsymbol{U}_{O_M}$的函数。

5.4.2 模型2：末端执行器部分刚性

当高副相关的连杆$\boldsymbol{P}_i\boldsymbol{T}_i$视为柔体杆件时，节点$J_N$的六维振动变量$\boldsymbol{U}_{J_N}$是独立的。因此，在第$i$条支链中，用独立的节点坐标向量

$$\boldsymbol{U}_{C_i}=\begin{bmatrix}\boldsymbol{U}_{1G_i}\\ \boldsymbol{U}_{H_i}\\ \boldsymbol{U}_{L_i}\\ \boldsymbol{U}_{J_N}\end{bmatrix}(i=1,2,\cdots,6) \tag{5.49}$$

构建动力学模型。支链的刚度矩阵和质量矩阵装配为

$$\begin{cases}\boldsymbol{K}_{C_i}=\boldsymbol{B}_{2C}^{\mathrm{T}}\cdot\mathrm{diag}(\hat{\boldsymbol{K}}_{S_iH_ia}\quad \hat{\boldsymbol{K}}_{H_iL_i}\quad \boldsymbol{K}_{L_iM_ia})\cdot\boldsymbol{B}_{2C}\\ \boldsymbol{M}_{C_i}=\boldsymbol{B}_{2C}^{\mathrm{T}}\cdot\mathrm{diag}(\hat{\boldsymbol{M}}_{S_iH_ia}\quad \hat{\boldsymbol{M}}_{H_iL_i}\quad \boldsymbol{M}_{L_iM_ia})\cdot\boldsymbol{B}_{2C}\end{cases} \tag{5.50}$$

其中：$\boldsymbol{B}_{2C}=\begin{bmatrix}\boldsymbol{E}_{12} & \boldsymbol{0}_{12} & \\ \boldsymbol{0}_{12\times6} & \boldsymbol{E}_{12} & \boldsymbol{0}_{12\times6}\\ & \boldsymbol{0}_{12} & \boldsymbol{E}_{12}\end{bmatrix}$是连接支链所有元素刚度和质量矩阵的布尔矩阵。考虑到$\boldsymbol{U}_{1G_i}=\boldsymbol{0}_{6\times1}$，整体机构的广义坐标向量为

$$\boldsymbol{q}_2=\begin{bmatrix}\boldsymbol{U}_{H_1}\\ \boldsymbol{U}_{L_1}\\ \boldsymbol{U}_{L_2}\\ \vdots\\ \boldsymbol{U}_{H_6}\\ \boldsymbol{U}_{L_6}\\ \boldsymbol{U}_{J_N}\\ \boldsymbol{U}_{T_LI}\\ \boldsymbol{U}_{T_RI}\end{bmatrix}_{86\times1} \tag{5.51}$$

所以，机构的刚度和质量矩阵可装配为

$$\begin{cases}\boldsymbol{K}_2=\sum\limits_{i=1}^{6}\boldsymbol{B}_{2C_i}^{\mathrm{T}}\cdot\boldsymbol{K}_{C_i}\cdot\boldsymbol{B}_{2C_i}+\boldsymbol{B}_L^{\mathrm{T}}\cdot\boldsymbol{K}_{P_LT_L}\cdot\boldsymbol{B}_L+\boldsymbol{B}_R^{\mathrm{T}}\cdot\boldsymbol{K}_{P_RT_R}\cdot\boldsymbol{B}_R\\ \boldsymbol{M}_2=\sum\limits_{i=1}^{6}\boldsymbol{B}_{2C_i}^{\mathrm{T}}\cdot\boldsymbol{M}_{C_i}\cdot\boldsymbol{B}_{2C_i}+\boldsymbol{B}_L^{\mathrm{T}}\cdot\boldsymbol{M}_{P_LT_L}\cdot\boldsymbol{B}_L+\boldsymbol{B}_R^{\mathrm{T}}\cdot\boldsymbol{M}_{P_RT_R}\cdot\boldsymbol{B}_R+\boldsymbol{B}_{EE2}^{\mathrm{T}}\cdot\boldsymbol{M}_{EEN}\cdot\boldsymbol{B}_{EE2}\end{cases} \tag{5.52}$$

式中：

$$\boldsymbol{B}_{2C_i}=\begin{bmatrix} \boldsymbol{0}_{6\times 86} & & \\ \boldsymbol{0}_{12\times(12\cdot(i-1))} & \boldsymbol{E}_{12} & \boldsymbol{0}_{12\times(12\cdot(6-i)+14)} \\ \boldsymbol{B}_{EEN} & & \end{bmatrix}(i=1,2,\cdots 6),\quad \boldsymbol{B}_{EE2}=[\boldsymbol{0}_{6\times 72}\quad \boldsymbol{E}_6\quad \boldsymbol{0}_{6\times 8}],$$

$$\boldsymbol{B}_L=[\boldsymbol{0}_{10\times 72}\quad \boldsymbol{E}_{10}\quad \boldsymbol{0}_{10\times 4}],\quad \boldsymbol{B}_R=\begin{bmatrix} \boldsymbol{0}_{6\times 72} & \boldsymbol{E}_6 & \boldsymbol{0}_{6\times 8} \\ \boldsymbol{0}_{4\times 72} & \boldsymbol{0}_{4\times 10} & \boldsymbol{E}_4 \end{bmatrix} \tag{5.53}$$

分别是连接第 i 条支链、末端执行器刚性部分、$\boldsymbol{P}_i\boldsymbol{T}_i$ 到整体机构的布尔矩阵。

5.4.3　两种建模方式的对比

从上述建模过程可以看出，基座对末端执行器的直接约束极大地增加了建模的难度。在模型 1 中，首先必须确定末端执行器四个独立的节点坐标，接着才能正确建立质量矩阵。整体机构的刚度和质量矩阵都包含未知的形变坐标。对比之下，对于不受基座直接约束的刚性末端执行器，质量矩阵通过式（5.39）得到，维度为 6×6，且不含形变坐标。这种情况适用于文献［1］中没有点接触高副的 6$\underline{\text{R}}$SS 并联机构，其末端执行器能完全假设为刚体。该机构的弹动力学性能将在 5.5 节中研究。模型 2 的难点在于，对于弹性杆 $\boldsymbol{P}_i\boldsymbol{T}_i$，因为槽的约束，首先必须确定节点 T_i 的独立坐标。同时需要注意的是，末端执行器刚性部分的节点是 J_N。至此，才能确定整体末端执行器的广义坐标。另外，虽然两个建模过程相对独立，但显然模型 2 比模型 1 更接近真实情况。上述讨论的主要差异总结于表 5.1 中。

表 5.1　模型 1 和 2 的差异

	模型 1	模型 2
定义末端执行器位移的节点坐标数	4	14
刚度矩阵和质量矩阵是否包含节点坐标？	是	否
末端执行器刚性部分的参考点	O_M	J_N
整体广义坐标向量的数量	76	86

5.5　数值计算和讨论

机构跟踪健康人的真实咀嚼轨迹，在此过程中探索弹动力学性能。为此，开展如下 7 种情况的研究。首先，因为机构具有基座直接约束这一特点，需要在此处进行深入研究。在 5.5.1 节~5.5.4 节中，高副约束对性能的影响主要从四个方面开展。在 5.5.5 节中讨论激励器刚度对性能的影响。第 4 章的研究中没有考虑该变量，因此本节工作前进了一步。支链中的连杆对机构的性能有较大影响，但目标机构不以其为代表特征，所以，连杆刚度对机构性能的影响只在 5.5.6 节中简单讨论。最后在 5.5.7 节中，通过对比本章使用的模型降阶技术与第 4 章用 KED 法建立的完整模型，分析该技术特点。

5.5.1 模型1和2的弹动力学性能

在5.4节推导的整体机构刚度矩阵和质量矩阵的基础上，可计算自然频率为

$$\det(-\omega^2\boldsymbol{M}+\boldsymbol{K})=0,\quad f=\frac{\omega}{2\pi} \tag{5.54}$$

该式表明，自然频率和质量及刚度矩阵相关，与外力无关。同时，零件的材料参数也和频率直接相关。$\boldsymbol{P}_i\boldsymbol{T}_i$杆的长度为16mm，连杆$\boldsymbol{S}_i\boldsymbol{M}_i$和$\boldsymbol{P}_i\boldsymbol{T}_i$杆的圆形横截面直径都为4.7mm。机构的主要材料参数如表5.2所示。

表5.2 机构主要的材料参数

	数值	单位
杨氏弹性模量 E	207	GPa
剪切模量 G	80	GPa
密度	7.83×10^{-3}	g/mm^3
泊松比	0.3	—

如5.4.1节所述，模型1中因为在整体的质量和刚度矩阵中有未知的形变坐标，自然频率的数值结果不能从式（5.54）中直接计算得到。因为机构形变较小，就在这两个矩阵中将其近似设为零。图5.4显示的是前6阶自然频率随时间的分布。在第1秒内频率变化很小，因为这段时间内机构基本保持不动。此后，频率受到位姿变化的较大影响，随着机构的运动产生较大波动。同时可以发现，最小的一阶频率大于1300Hz，表明机构有较大的控制带宽。$f_1\sim f_3$的波动范围大概是200Hz，而f_5和f_6的变化很小，所以$f_1\sim f_3$和$f_5\sim f_6$对机构位姿改变的敏感程度差异较大。对于模型2，前六阶自然频率的时间轨迹和图5.4有类似的轮廓，因此就不再给出。不同之处在于，对应的每阶频率值要更小一些，而f_5和f_6的波动范围分别约为200Hz和400Hz，这两阶频率对机构位姿变化的敏感程度要大得多。

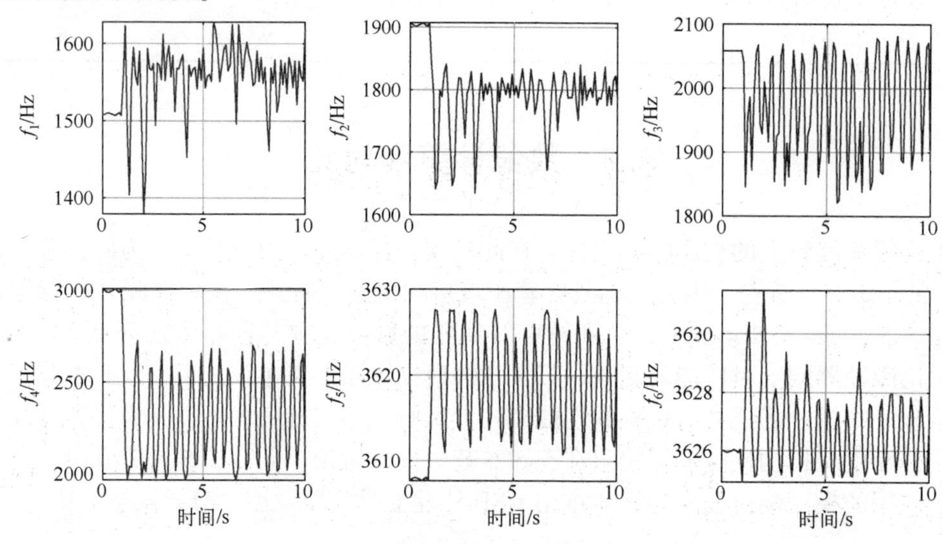

图5.4 模型1的前六阶自然频率

为了能对比不同情况下自然频率的值，定义一个指标为

$$\bar{f}_i = \frac{1}{N}\sum_{k=1}^{N} f_{ik}(i = 1,2,\cdots,6) \tag{5.55}$$

式中：N 是沿着咀嚼轨迹总的采样数；f_{ik}是在机构第 k 个位姿时的第 i 阶自然频率。两个模型中的$\bar{f}_i$ 列在表 5.3 的第 1、2 列中，显然第 1 列的值比对应第 2 列更大。特别地，模型 1 的一阶频率比模型 2 大 13.1%，差异在于 $\boldsymbol{P}_i\boldsymbol{T}_i$的柔性：因为模型 1 假设末端执行器完全为刚体，则杨氏模量为无穷大，而模型 2 中 $\boldsymbol{P}_i\boldsymbol{T}_i$的模量是有限值。总之，假设末端执行器完全为刚体会高估自然频率。

表 5.3　模型 1~7 的频率指标对比（单位：10^3Hz）

	模型 1	模型 2	模型 3	模型 4	模型 5	模型 6	模型 7
$\bar{f}_1$	1.5532	1.3498	0.5093	2.8113	1.7325	2.796	1.6895
$\bar{f}_2$	1.7967	1.5605	1.5128	3.2854	2.6947	3.2367	2.7184
$\bar{f}_3$	1.98	1.7573	1.6966	3.5224	3.2966	3.5234	3.3177
$\bar{f}_4$	2.3599	2.2921	2.2163	3.6272	3.6105	4.7597	4.5904
$\bar{f}_5$	3.6184	2.9136	2.5248	3.6376	3.6163	5.3927	4.864
$\bar{f}_6$	3.6266	3.0528	2.6743	3.656	3.6274	5.3943	4.9751

5.5.2　P_iT_i杆杨氏模量的影响

模型 2 中，假设将 $\boldsymbol{P}_i\boldsymbol{T}_i$的模量从实际值逐渐增大到 20 倍，以检验建立力学模型的鲁棒性。实际上，该值增加到无穷大，就回到模型 1 的情况。在 $t=0$ 时，前六阶自然频率的值如图 5.5 所示。和预想一致，f_i随着模量的增大而增大。特别地，基频 f_1 的变化很小，几乎保持不变。从实际模量大小的五倍起，f_2 达到最大值，此后没有明显变化。f_4 ~ f_6也经历了一个类似过程。实际上，当模量大小无限增大，f_i也就成为图 5.4 中

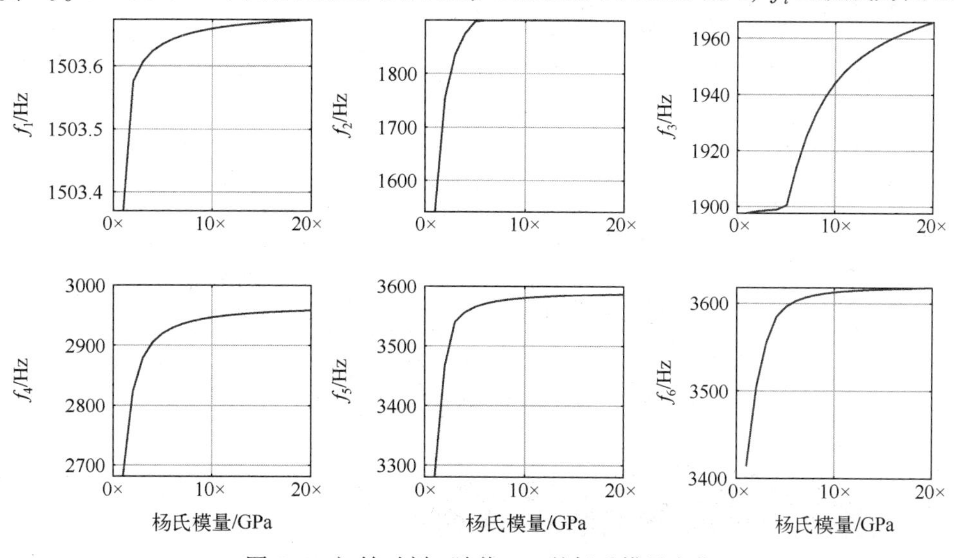

图 5.5　初始时刻 f_i 随着 $\boldsymbol{P}_i\boldsymbol{T}_i$ 的杨氏模量变化

$t=0$ 时的前六阶频率值（单位：Hz）：

$f_1=1507.94$，$f_2=1905.23$，$f_3=2058.08$，$f_4=3002.00$，$f_5=3607.80$，$f_6=3626.01$

从这个变化过程也能清晰看出，前六阶频率中除了 f_3 几乎都到达各自的峰值，因此，进一步增大弹性模量只对 f_3 还有较大上升空间。同时，与上节发现的模型 1 的 f_1 比模型 2 的大 13.1%不同的是，这里 f_1 变化不大。所以机构的空间位姿对频率也有明显影响。

5.5.3 P_iT_i杆直径的影响

模型 2 中，$\boldsymbol{P}_i\boldsymbol{T}_i$的直径 $D_{\boldsymbol{P}_i\boldsymbol{T}_i}$对自然频率的影响较难直接看出，因为增大 $D_{\boldsymbol{P}_i\boldsymbol{T}_i}$会同时增大机构的整体刚度和质量，这就需要找到一个满意的直径大小，以获得最大的自然频率。为此，$D_{\boldsymbol{P}_i\boldsymbol{T}_i}$从实际设计中的 4.7mm 依次变化为 7mm、9mm、11mm、13mm、15mm、17mm。需要注意的是，随着 $D_{\boldsymbol{P}_i\boldsymbol{T}_i}$的增大，$\boldsymbol{P}_i\boldsymbol{T}_i$不能再假设为 Euler-Bernoulli 梁，而应是 Timoshenko 梁，因为长度只有恒定的 16mm。

模型 2 中$\bar{f}_i$ 随着 $D_{\boldsymbol{P}_i\boldsymbol{T}_i}$的变化如图 5.6 所示，拐点表明了刚度和质量两者间的互相影响。$D_{\boldsymbol{P}_i\boldsymbol{T}_i}$从 4.7mm 增大到 7mm，$\bar{f}_1$ 也在增大。此时，机构的动力学行为主要通过的 $\boldsymbol{P}_i\boldsymbol{T}_i$ 变形体现。$D_{\boldsymbol{P}_i\boldsymbol{T}_i}$从 7 增大到 17mm 过程中，$\bar{f}_1$ 一直在下降，因为 $\boldsymbol{P}_i\boldsymbol{T}_i$直径增大对机构整体刚度的增大作用小于对质量的增大作用。从基频角度讲，$D_{\boldsymbol{P}_i\boldsymbol{T}_i}=7$mm 是 $\boldsymbol{P}_i\boldsymbol{T}_i$设计的最优值。$\bar{f}_2\sim\bar{f}_4$ 在 $D_{\boldsymbol{P}_i\boldsymbol{T}_i}=9$mm 时到达峰值，此后逐渐减小。$\bar{f}_5$ 和$\bar{f}_6$ 也在 $D_{\boldsymbol{P}_i\boldsymbol{T}_i}=9$mm 时同时各自达到峰值，但随着 $D_{\boldsymbol{P}_i\boldsymbol{T}_i}$的增大，它们的最大值保持不变。在模型 1 中，当末端执行器假设为完全刚性时，容易想到，随着 $D_{\boldsymbol{P}_i\boldsymbol{T}_i}$的增大，$\bar{f}_i$ 都将会单调下降，这里就不再详细展示。

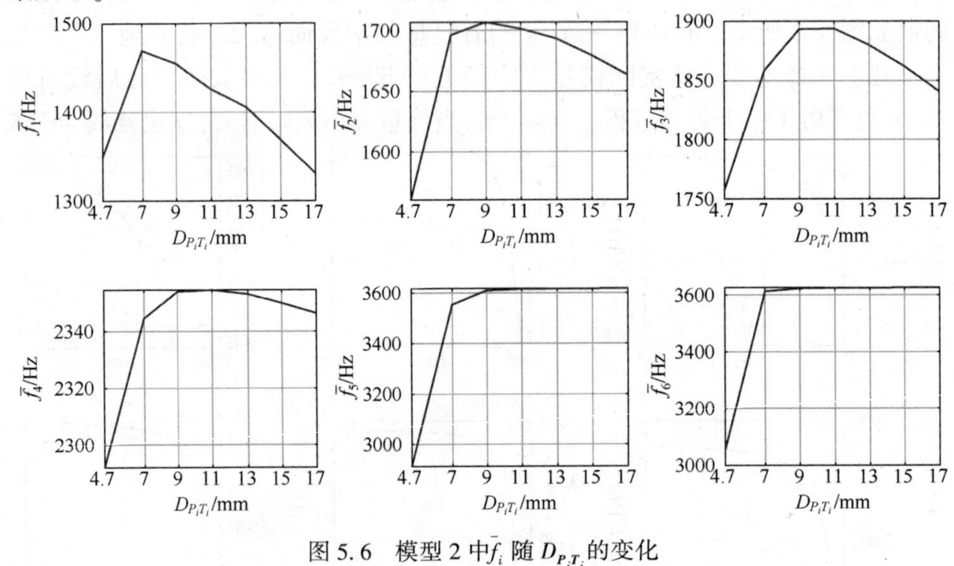

图 5.6 模型 2 中$\bar{f}_i$ 随 $D_{\boldsymbol{P}_i\boldsymbol{T}_i}$的变化

5.5.4 目标机构和 6$\underline{\text{R}}$SS 并联机构的对比

如文献［76，117-119］所示，本书使用的模型降阶技术最早用于没有点接触高副/

冗余驱动的并联机器人中。为探索这两种特点对目标机构性能的影响，对文献［1］中6$\underline{R}$SS机构的自然频率展开研究。因为没有来自基座的直接约束，末端执行器假设为完全刚性。模型3表示6$\underline{R}$SS机构没有降阶的弹动力学模型，末端执行器和激励器都为刚性。模型的自然频率指数列于表5.3的第3列。对比前2列数值，发现基座的直接约束能极大提升弹动力学性能，尽管该类约束极大地增加了建模复杂程度。

5.5.5 激励器刚度

激励器刚度是闭环控制中比例增益参数，因此对机构弹动力学性能有重大影响。本小节通过假设增大其数值，研究对性能的影响。实际上，当假设激励器刚度为无穷大时，就成为假设激励器为刚体的情况。刚度大小的计算使用文献［120］中的经验公式，且在六个激励器中都为同一个数值。

在初始时刻，前六阶的自然频率如图5.7所示。虽然f_1的变化没有f_2~f_6明显，所有自然频率的变化趋势都和图5.5中的一致，即自然频率随着激励器刚度的增大而单调递增，且在假设激励器为刚体时达到最大值（单位：Hz）：

$f_1=1727.29$，$f_2=2391.05$，$f_3=3282.34$，$f_4=3604.94$，$f_5=3624.39$，$f_6=3627.2$

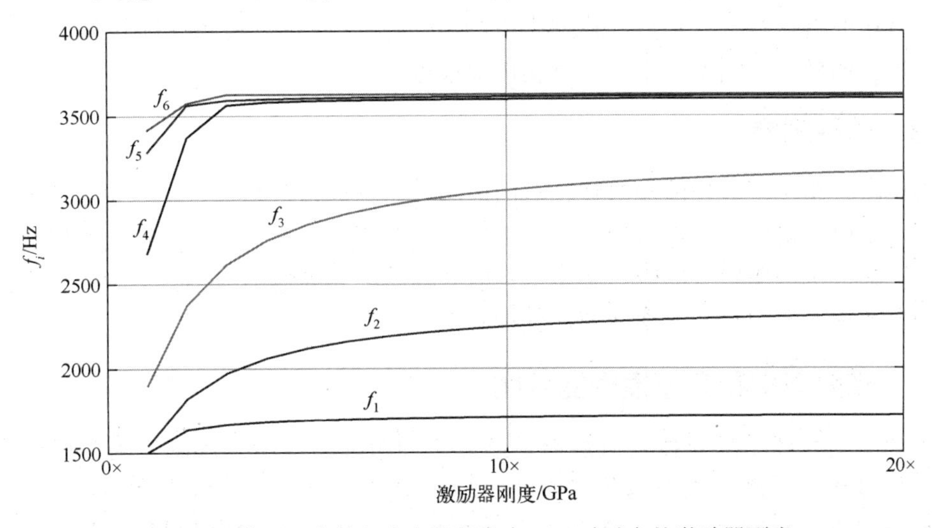

图5.7 模型2中前六阶自然频率在$t=0$时对应的激励器刚度

显然，在该情况下，f_1的最大值比图5.8中的相应值更大，因此，激励器刚度比$\boldsymbol{S}_i\boldsymbol{M}_i$的模量对$f_1$的提升作用更明显。

为确定激励器刚度在咀嚼轨迹中不同位姿对自然频率的影响，在5.4节的两个模型中将激励器视为固定的刚性基座，即其刚度为无穷大。这两种模型分别命名为模型4和模型5。前6阶自然频率的轮廓和图5.6中类似，因此不详细展示，而不同点在于这两个模型中自然频率值更大。换句话说，将一个有限的激励器刚度值引入模型会极大地降低整体机构的刚度。这也说明了激励器刚度对一个可靠的性能评估具有重要影响。两种模型中式（5.55）的数值列于表5.3的第4和第5列中。模型4中每个$\bar{f}_i$都比模型1的要大，特别是前两阶的值；从模型5和模型2的对比中也能得到该结论。所以可知，假设激励器为刚体会高估动力学性能，这是对末端执行器的刚度假设相一致的结论。并

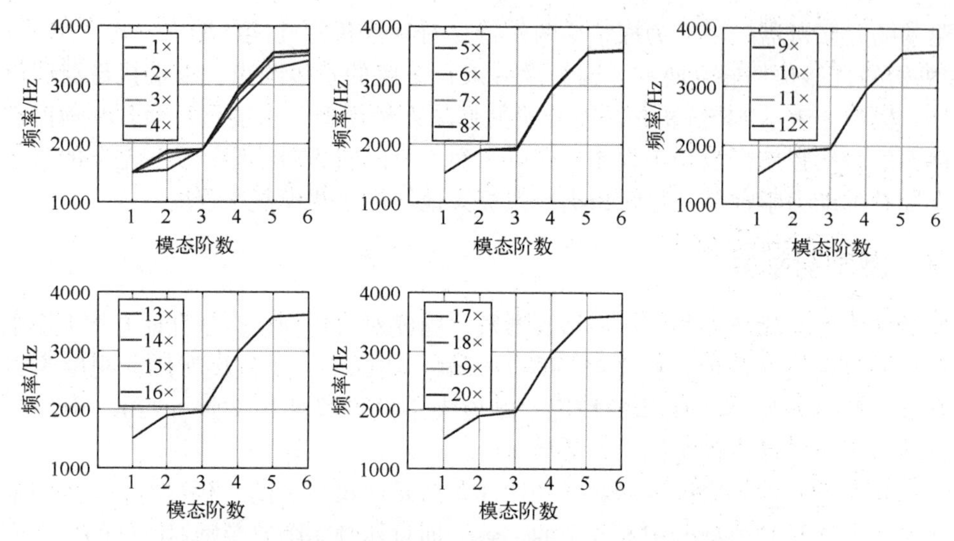

图 5.8 初始时刻连杆刚度增大带来的前六阶自然频率变化

且，从模型 4 和 5 的对比中也可得模型 1 和 2 的对比结论，即假设末端执行器完全刚性会高估机构的自然频率。最后，在缩聚模型 1、2、4、5 中，模型 4 刚度最大，离真实情况最远，而模型 2 刚度最小，离真实情况最近。

5.5.6 连杆刚度

机构中六条连杆的长度相对较长，因此刚度对性能也有较大影响。这里通过假设增大杨氏模量以分析影响。在机构的初始位姿，模量从实际值逐步递增到 20 倍大小，自然频率也随之单调递增，如图 5.8 所示。前三幅图中增幅逐渐减小，后两幅图中已经看不出明显差异，表明自然频率逐渐达到极限值。

5.5.7 降阶模型和完整模型的对比

本章使用的模型降阶技术以静力学缩聚法和矩阵结构法为基础。为分析优点和不足，计算效率和精度和来自第 4 章中的完整模型进行比较。该模型记为模型 6，假设末端执行器为完全刚性。第二个完整模型记作模型 7，对末端执行器的假设和 5.4.2 节一致，而激励器仍假设为刚性基座，以研究 $\boldsymbol{P}_i\boldsymbol{T}_i$ 在完整模型中对弹动力学性能的作用。两种模型的指标数值列在表 5.3 的第 6 列和第 7 列中。从第 4 列和第 6 列的对比中可以发现，虽然完整模型的高阶频率要大得多，但是前三阶的自然频率很接近，并且众所周知，低阶频率比高阶阶段更重要。从第 5 列和第 7 列的对比中也能得到该结论。高阶频率之间的较大差异，是因为使用的缩聚方法只考虑机构的静力学，而没有考虑惯性。

同时，为得到第 4~7 列数值，使用的计算资源为 Intel(R) Core(TM) i7-8700K CPU@3.70GHz，64GB 内存，所需时间分别为 0.234s、0.264s、0.314s、0.39s。显然，高维度矩阵增加了计算时间，而缩聚算法能分别提升 34.2%和 47.7%的计算效率。四种情况下节点数目如表 5.4 所示，两个完整模型都比缩聚模型要多 18 个广义坐标。

表 5.4　降阶和完整模型在两种末端执行器假设下具有的节点数目

	降阶模型	完整模型
末端执行器完全刚性	76	94
末端执行器部分刚性	86	104

5.6　小　　结

本章使用以静力学缩聚法和矩阵结构法为基础的模型降阶技术用于研究受基座直接约束的并联机构弹动力学性能。假设末端执行器为完全刚性时，建立的机构整体刚度矩阵和质量矩阵中含有形变节点坐标，这种情况在不受基座直接约束的并联机构中不出现，而与第 4 章用 KED 法建立弹动力学模型的情况相同，假设点接触高副相关的杆件为柔性时，整体广义坐标向量的长度比第一个模型的更长。因此，从这两个模型可知，基座的直接约束极大地增加了模型的复杂度。一般情况下，对弹动力学性能的研究主要集中在只有低副的并联机构中。因此，本章的贡献在于，使用上述方法开展了含有高副的并联机构弹动力学性能研究，掌握了该类约束对性能的影响。

数值结果表明，目标机构有较满意的弹动力学性能，因此，具有胜任食品材质分析工作的潜能。末端执行器完全刚性的假设会高估机构的弹动力学性能。对点接触高副相关杆件直径的研究表明，直径为 7mm 时，机构基频最大，该值可用于机构的优化设计。目标机构和 6$\underline{R}$SS 机构的对比表明，基座的直接约束能极大地提升该性能。激励器刚度对性能研究有重大影响，并且同样地，假设激励器为刚体会高估机构的弹动力学性能。通过对降阶模型和完整模型的对比，前者在重要的低阶频率中有足够的精度，即模型降阶不改变弹动力学的主要性能，并且降阶模型计算效率要高得多。

第6章　基于分布力矩前馈的运动控制

本章进行机构的运动控制研究。首先，详细描述搭建的试验平台情况。其次，以通过牛顿-欧拉方程建立动力学模型得到的五种驱动力矩作为独立关节控制的动力学前馈补偿，用于机构跟踪健康人咀嚼运动轨迹的运动控制。在试验中，辨识了主动关节的摩擦力模型，并进行摩擦力补偿用于提升运动精度。最后，在试验中设置了空嚼、咀嚼硅胶、咀嚼较硬物体三组情况，以验证控制策略的正确性。试验结果表明，相比传统的PD控制，基于分布力矩的独立关节跟踪控制能极大地提升跟踪精度，证明了第3章中动力学模型的正确性及驱动力矩优化分布的有效性；通过摩擦力辨识和补偿，轨迹跟踪精度得到进一步提升。

6.1　引　　言

本节先对冗余驱动并联机构的运动控制开展相关综述。从发表的文献中可以发现，一些适用于串联和非冗余驱动并联机器人的运动控制策略也能适用于冗余驱动并联机器人。因此，对于冗余驱动机器人的运动控制，已经积累了大量研究工作并开展了相关应用，例如，传统的PID控制、增益PID控制、计算力矩控制（Computed Torque控制，CT控制）等[43]。但是，目前仍然存在两个挑战：第一，冗余驱动带来较大的建模计算量；第二，模型的不确定性，如零件加工和装配误差、关节间隙和摩擦等，会进一步放大冗余驱动带来的内力较大问题，基于理想模型设计的运动控制无法解决这些问题。

根据是否将动力学模型计入控制方法中，可以将并联机器人的运动控制分为运动学控制和动力学控制[121]，前者包括典型的PID控制、非线性PID控制、模糊控制等。因为运动学控制没有计入复杂的动力学模型，控制器的稳定性、鲁棒性等都较差，特别在机器人高速重载的情况下。动力学控制考虑了动力学模型，模型中一般会计入驱动力矩、建模误差、摩擦力、外界干扰、关节间隙等因素，所以也叫基于模型的运动控制。增益PID控制、CT控制、鲁棒控制等就属于这一类控制方法，相比运动控制，动力学控制的运动精度更高。例如，对比PID控制，增益PID加入了理想运动所需的驱动力作为前馈补偿，但是，该方法不能补偿未知的外界扰动。CT控制能在一定程度上通过速度反馈排除干扰，但使用该方法需要显式的惯性矩阵表达。

经过研究人员的努力，目前，已在冗余驱动并联机器人的运动控制中开展了大量研究工作。文献［122］中设计了一种双空间自适应控制器，用于应对高速抓取中的负载变化。该控制器包含了笛卡儿空间的动力学项以及关节空间的PD控制，动力学参数能够实时自动估计。为了开展对比，还设计了一种双空间前馈控制，包含了笛卡儿空间的

PID 控制，以该空间和关节空间的加速度作为前馈补偿。试验结果表明，前馈控制无法克服工况变化带来的影响，但设计的自适应控制器能更好地补偿负载变化，尤其在加速度较大时。文献［36，123］提出了一种基于信号误差鲁棒积分的前馈控制，用于一种五自由度冗余驱动并联机床的运动控制。试验结果表明，该控制方法比传统的基于信号误差鲁棒积分控制有更高的精度。

因为平面 $2\underline{R}RR/\underline{R}R$ 冗余驱动并联机器人的结构特性较简单，所以对其开展了大量研究工作。文献［124］认为该机器人只有一部分驱动关节是独立的，这部分对应于它的非冗余驱动对比对象。因此，若使用最小主动坐标数进行基于模型的运动控制，也会遇到和非冗余驱动对比对象类似的问题，如正逆奇异性等。其中设计了不需要独立最小主动坐标数显式建立动力学模型的数学方法。在此基础上，提出了含有冗余坐标的计算力矩法和增益 PD 控制，用于替代坐标转换控制。该方法具有较好的数值鲁棒性，且不会受到奇异的影响。文献［43］在关节空间和任务空间都实现了机器人的 PD 控制，还在任务空间实现了 APD 控制和 CT 控制。试验结果表明 APD 控制和 CT 控制都优于 PD 控制，并且在加速度更大时优势更明显。同时还发现，因为 APD 的前馈补偿可以在控制试验完成计算，其控制器的实时计算时间比 CT 控制更少。

文献［121］对该机器人进行了摩擦力辨识和补偿，建立了主动关节的非线性摩擦力模型和 Coulomb+Viscous 模型。前者包含黏性摩擦、Coulomb 和 Stribeck 摩擦效应，后者只有 Coulomb 和黏性摩擦。使用最小二乘法得到两种模型的相关参数。试验结果表明：①含有摩擦力补偿的 APD 控制能有效减小跟踪误差；②非线性摩擦力模型比 Coulomb+Viscous 模型具有更高的跟踪精度，在轨迹突变时具有更强的鲁棒性。因为冗余驱动并联机器人有较多闭环，所以文献［125］中设计了主动关节的协调控制器，用于协调相邻关节运动。试验结果表明，相比传统的跟踪控制方法，该方法能明显降低末端执行器跟踪误差和关节协同误差。文献［126］设计了一种任务空间的非线性自适应控制器。其中，动力学模型的线性化参数表达是参数辨识的关键步骤。需要辨识的非线性动力学和摩擦力参数事先就从模型中分离出来，通过梯度下降法在线调整。控制策略包含三个部分：非线性自适应控制器、信号处理器、信号计算器。自适应控制器还能进一步分为自适应动力学补偿、自适应摩擦力补偿、PD 闭环控制三部分，分别具有降低加速阶段动力冲击、摩擦力补偿、降低跟踪误差的优点。信号处理器能计算末端执行器的位置和速度坐标，以及所有关节的角速度。信号计算器能计算理想跟踪速度和加速度，以及联合误差。与 APD 控制相比，该方法能提升末端执行器的跟踪精度。特别地，在低速时，能限制加、减速冲击的影响；在高速时，在线估计的动力学和摩擦力参数变化更明显。

在非线性 PD 控制基础上，设计了一种非线性计算力矩控制[127]，其中的比例和微分系数不是常数，而是跟踪误差及其变化率的函数。该控制器兼有 CT 控制和非线性 PD 控制的优点，如 CT 控制的结构简单、抗干扰性能强，非线性 PD 控制中可消除非线性摩擦及模型误差的能力。试验结果表明该控制器比传统的 CT 控制能更好地减小跟踪误差。类似地，文献［31］中结合非线性 PD 控制和鲁棒控制，设计了非线性鲁棒控制，该控制器同样结合了两者的优点，试验结果表明该控制器比 APD 控制具有更高的控制精度。

文献［128］中通过结合加速度反馈控制和鲁棒控制，设计了一种动力学加速度反馈控制器，从而结合了两者的优点，如消除运动干扰、补偿参数测量和建模误差的动力学不确定性。主动关节的加速度信号不是来自加速度计，而是来自通过机构的闭环约束估计。和鲁棒控制相比，该控制器在其中定义的联合误差项、跟踪速度和加速度项中都包含了加速度误差信号。试验结果表明，在加减速度阶段，该控制器比鲁棒控制的最大跟踪误差更小，在高速运动中的跟踪误差比低速时甚至更好。文献［129］提出了一种任务空间的协同运动控制器，其中包含了主动关节和末端执行器的同步误差：前者和文献［125］中的定义一样，后者定义为估计的轮廓误差，即实际位置到理想运动轨迹的最近点。并通过力 Jacobian 矩阵传递主动关节同步误差到任务空间中。与 APD 控制相比，该控制器能更好地减小跟踪误差和同步误差，并且运动精度也比文献［125］中的更高。

6.2 试验平台

整体的试验平台如图 6.1 所示。计算机 CPU 为 Intel(R) Xeon(R)，2.67GHz 主频。控制程序在 NI 公司的 LabView 环境中编写，并使用该公司的 PCI-6259 和 PCIe-6321 数据采集卡进行数据交换。PCI-6259 卡有四个模拟输出和两个计数器，而 PCIe-6321 有两个模拟输出和四个计数器，所以需要联合使用以实现数据交换的功能，包括记录来自电机的编码器转动角度并传输到计算机中，以及输出来自控制器的命令至模拟电动机控制器以带动电动机。数采卡实物和整体装置信号流分别如图 6.2 和图 6.3 所示。机械部分通过六套完整的直流电机驱动单元带动，每套单元包含一个 66∶1 的行星轮减速箱，型号为 RE30 的瑞士 Maxon 公司 60W 直流电动机，分辨率为 500 脉冲/转的编码器。每个驱动单元通过美国 Advanced Motion Control 公司的 PWM 模拟电动机控制器驱动，型号为 25A8，工作在电压模式。为实时测量机构末端执行器的三维空间运动，使用加拿大 NDI 公司的外置光学定位传感器，其采样频率为 60Hz。根据使用要求，四个标记点

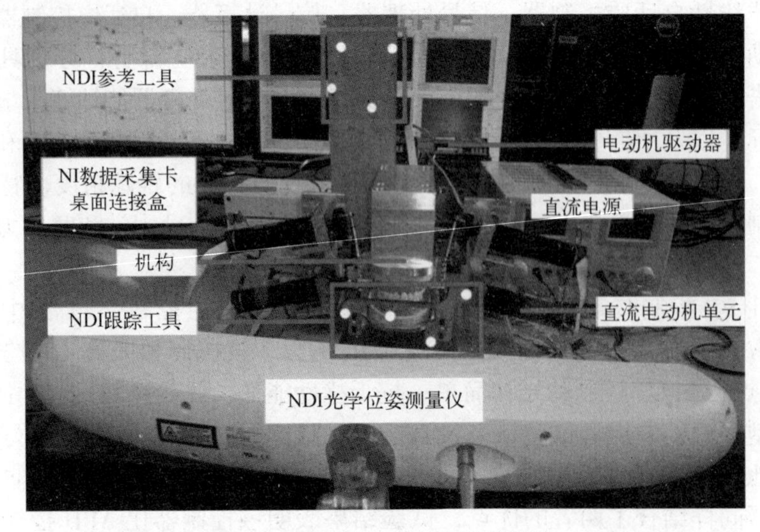

图 6.1　机器人运动控制试验平台

构成的参考工具固定于基座，另外四个标记点 A ~ D 构成跟踪工具固定在机构下颚。实时的测量包括标记点 C 的笛卡儿坐标和跟踪工具的方位，这两部分都是相对于参考工具。因为人咀嚼轨迹记录设备的采样周期为 0.1s，在机构运动控制上是较大的周期，所以对测量的轨迹插值，周期为 5ms，即机构运动控制装置的命令输出频率和编码器数据采集频率都为 200Hz。

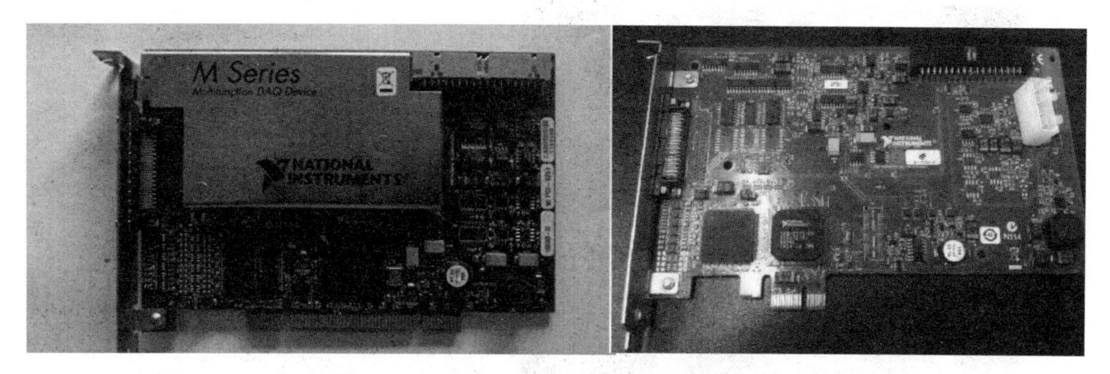

图 6.2　PCI-6259 和 PCIe-6321 数据采集卡

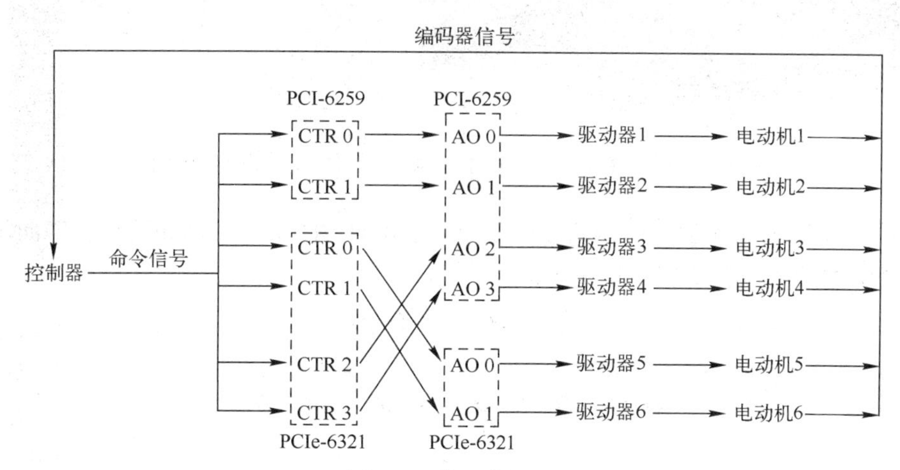

图 6.3　装置信号流

两块数采卡电压输出极限为±10V，而电动机的额定电压为 24V，所以在模拟电机控制器中设置的放大系数为 2.4。控制器信号命令源在-10 ~ +10V，恰好与 NI 的数采卡输出极限匹配，输出峰值电流为 25A，最大连续输出电流为 12.5A，直流电压为 20 ~ 80V。

在使用外置光学传感器时，需要注意坐标系变换。在运动学部分和动力学部分已经详细描述了机构自身坐标系。为了将测得的下颚运动转化到机构坐标系中，需要建立固定参考工具坐标系 $\{R\}$、惯性坐标系 $\{S\}$、运动下颚坐标系 $\{M\}$、跟踪工具坐标系 $\{C\}$ 这四个坐标系之间的位姿转换关系，如图 6.4 所示。在机构初始时刻，$\{S\}$ 和 $\{M\}$ 系完全重合，$\{C\}$ 和 $\{R\}$ 有相同的方向。从 $\{R\}$ 系到 $\{S\}$ 系的旋转变换矩阵为

$$ {}^{R}_{S}\boldsymbol{R} = \boldsymbol{R}_{Y}\left(-\frac{\pi}{2}\right) \tag{6.1} $$

因为跟踪工具是固定在下颚上，所以{M}系和{C}系有固定的相对位姿关系。从{M}系到{C}系的旋转变换矩阵为

$$ {}_{C}^{M}\boldsymbol{R}=\boldsymbol{R}_{Y}\left(\frac{\pi}{2}\right) \tag{6.2} $$

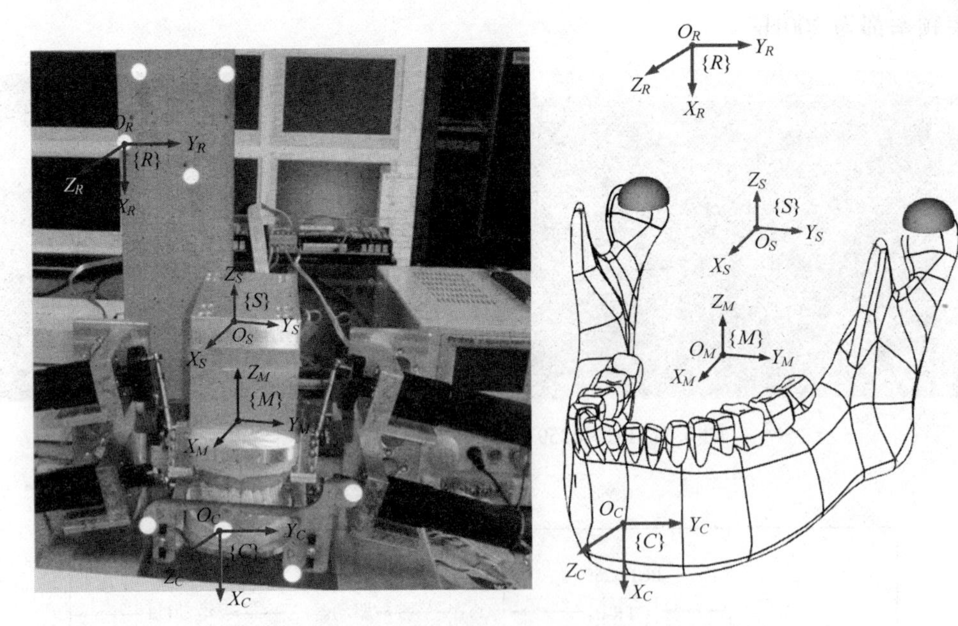

图 6.4　四个用于末端执行器运动测量和数据转换的坐标系

在运动测量中，光学传感器测量的是{C}系相对{R}系的平动和转动，即向量$\boldsymbol{O}_R\boldsymbol{O}_C$在{$R$}系中的数值以及旋转变换矩阵${}_{C}^{R}\boldsymbol{R}$。因为

$$ {}_{S}^{R}\boldsymbol{R}\cdot\boldsymbol{O}_R\boldsymbol{O}_C={}^{R}\boldsymbol{O}_{R}\boldsymbol{O}_C \tag{6.3} $$

所以

$$ \boldsymbol{O}_R\boldsymbol{O}_C=\boldsymbol{O}_R\boldsymbol{O}_S+\boldsymbol{O}_S\boldsymbol{O}_C={}_{S}^{R}\boldsymbol{R}^{-1}\cdot{}^{R}\boldsymbol{O}_{R}\boldsymbol{O}_C \tag{6.4} $$

从而有

$$ \boldsymbol{O}_S\boldsymbol{O}_C={}_{S}^{R}\boldsymbol{R}^{-1}\cdot{}^{R}\boldsymbol{O}_{R}\boldsymbol{O}_C-\boldsymbol{O}_R\boldsymbol{O}_S \tag{6.5} $$

式中：$\boldsymbol{O}_R\boldsymbol{O}_S$是在{$S$}系中的固定坐标向量。通过该式，可将测得的标记点$C$位置坐标转到{$S$}系中表示。

为了将测得的转动在{S}系中表达，建立如下的转动变换矩阵：

$$ {}_{C}^{R}\boldsymbol{R}={}_{M}^{R}\boldsymbol{R}\cdot{}_{C}^{M}\boldsymbol{R}={}_{S}^{R}\boldsymbol{R}\cdot{}_{M}^{S}\boldsymbol{R}\cdot{}_{C}^{M}\boldsymbol{R} \tag{6.6} $$

从而有

$$ {}_{M}^{S}\boldsymbol{R}=({}_{S}^{R}\boldsymbol{R})^{-1}\cdot{}_{C}^{R}\boldsymbol{R}\cdot({}_{C}^{M}\boldsymbol{R})^{-1} \tag{6.7} $$

根据文献［123］附录 A 关于欧拉角的计算，可得表示末端执行器转动的三个欧拉角为

$$ \begin{cases}\alpha=-\operatorname{atan2}({}_{M}^{S}R_{(2,3)},{}_{M}^{S}\boldsymbol{R}_{(3,3)})\\ \beta=\operatorname{asin}({}_{M}^{S}\boldsymbol{R}_{(1,3)})\\ \gamma=-\operatorname{atan2}({}_{M}^{S}\boldsymbol{R}_{(1,2)},{}_{M}^{S}\boldsymbol{R}_{(1,1)})\end{cases} \tag{6.8} $$

至此，通过上述过程将光学传感器测得的位置和方向数据都转向以 $\{S\}$ 系为基准，从而可将实际测量值和第 2 章中的理想计算值对比，评价控制方法的精度。

6.3　独立关节运动控制

根据运动控制的空间不同，可以将并联机构的运动控制分为关节空间控制和任务空间控制[130]。因为目标机构运动学正解较难求得，无法开展任务空间的运动控制，所以本章进行关节空间的运动控制。为了研究机构的运动跟踪性能，设计了三种控制策略，并比较各自的控制效果。

6.3.1　PD 控制

在 PD 控制下，六个激励器的输出力矩为

$$\boldsymbol{\tau}=\boldsymbol{K}_P\boldsymbol{e}+\boldsymbol{K}_D\dot{\boldsymbol{e}} \tag{6.9}$$

式中：$\boldsymbol{K}_P$ 和 $\boldsymbol{K}_D$ 是 6×6 的对角矩阵，对角元素分别是每个激励器的 PD 增益；$\boldsymbol{e}$ 和 $\dot{\boldsymbol{e}}$ 分别是 6×1 的跟踪误差向量和跟踪误差速率向量。第 i 个激励器的跟踪误差定义为

$$e_i=\theta_i^d-\theta_i \tag{6.10}$$

式中：θ_i^d 和 θ_i 分别是理想的和实际的角位移。跟踪误差向量定义为

$$\boldsymbol{e}=[e_1\quad e_2\quad \cdots\quad e_6]^{\mathrm{T}} \tag{6.11}$$

6.3.2　基于分布力矩的 PD 控制

PD 控制没有考虑机构的动力学模型，在运动情况复杂时轨迹跟踪精度较差[131]。在第 3 章中，通过牛顿-欧拉方程获得了不同优化目标下驱动力矩的五种分布情况，以实现理想的末端执行器运动。因为机构的动力学模型较复杂，不利实时运动控制，本节将理论计算的不同驱动力矩数据作为前馈整合进 PD 控制中，以应对时变非线性耦合动力学。因此，输出力矩的控制法则为

$$\boldsymbol{\tau}=\boldsymbol{\tau}_a+\boldsymbol{K}_P\boldsymbol{e}+\boldsymbol{K}_D\dot{\boldsymbol{e}} \tag{6.12}$$

式中：$\boldsymbol{\tau}_a$ 是 6×1 的驱动力矩向量，通过第 3 章中的五种优化目标得到。

6.3.3　基于分布力矩和主动关节摩擦补偿的 PD 控制

为了进一步提升运动控制精度，需要辨识并补偿直流电动机、球关节、点接触高副中的摩擦力。因为被动关节摩擦力较小，且容易通过润滑油润滑，为简化控制模型，所有被动关节摩擦忽略不计，只考虑电动机的摩擦力，并建立 Coulomb+viscous 模型为

$$f_{im}=f_{v_i}\cdot\dot{\theta}_i+f_{c_i}\cdot\mathrm{sign}(\dot{\theta}_i)\quad (i=1,2,\cdots,6) \tag{6.13}$$

式中：f_{v_i}和f_{c_i}分别是第 i 台电动机的黏性系数和库伦系数；$\dot{\theta}_i$ 是实际测量的角速度；sign(・)是符号函数。另外，电动机模型的摩擦力可计算为[132]

$$f_{ic}=\frac{K_a}{rR_a}V-\frac{\tau}{r^2}-\frac{K_aK_b}{R_a}\dot{\theta}_i-J\ddot{\theta}_i \tag{6.14}$$

式中：K_a是电动机力矩常数；V是施加在电动机的电压；r是减速器的减速比；R_a是电枢电阻；τ是减速器输出轴的实际输出力矩；K_b是反电动势常数；J是电动机转子转动惯量；$\ddot{\theta}_i$是减速箱输出轴的实际转动加速度。对硬件平台中使用的电动机，以上常数为

$$\begin{cases}K_a=K_b=25.9\text{mN}\cdot\text{m/A}\\ r=66\\ R_a=0.611\Omega\\ J=33.5\text{gcm}^2\end{cases}$$

摩擦系数f_{v_i}和f_{c_i}可以通过最小化如下函数计算：

$$\sum_{n=1}^{N}\sum_{i=1}^{6}(f_{ic}^n-f_{im}^n)^2 \tag{6.15}$$

式中：N是采样数；f_{ic}^n和f_{im}^n分别是第i（$i=1,2,\cdots,6$）台电动机在第n个采样点的实际和理论计算的摩擦力。表6.1给出了每台电动机辨识的摩擦系数。

表6.1　辨识的摩擦力系数

	1	2	3	4	5	6
f_v	0.0040	0.0139	0.0083	0.0326	0.0046	0.0014
f_c	0.0026	0.0019	0.0095	0.0042	0.0037	0.0073

基于分布力矩和主动关节摩擦补偿的控制法则为

$$\boldsymbol{\tau}=\boldsymbol{\tau}_a+\boldsymbol{f}+\boldsymbol{K}_P\boldsymbol{e}+\boldsymbol{K}_D\dot{\boldsymbol{e}} \tag{6.16}$$

式中：$\boldsymbol{\tau}_a$的含义与6.2节中相同；$\boldsymbol{f}$是6×1的摩擦力补偿向量。图6.5即为控制策略示意图。

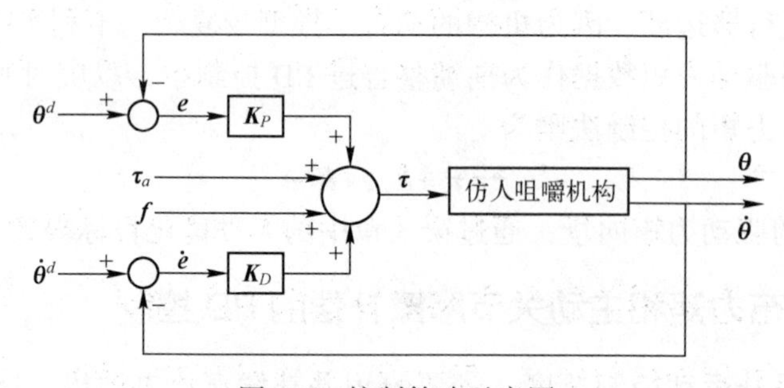

图6.5　控制策略示意图

6.4　试验研究

实际试验中，机构跟踪如图6.6所示的下颚运动轨迹，总的运动时间为32.8s。标记点C的位移坐标、末端执行器的方位如图6.7所示。一共开展三组试验：空嚼、咀嚼硅胶片、咀嚼硬木条。

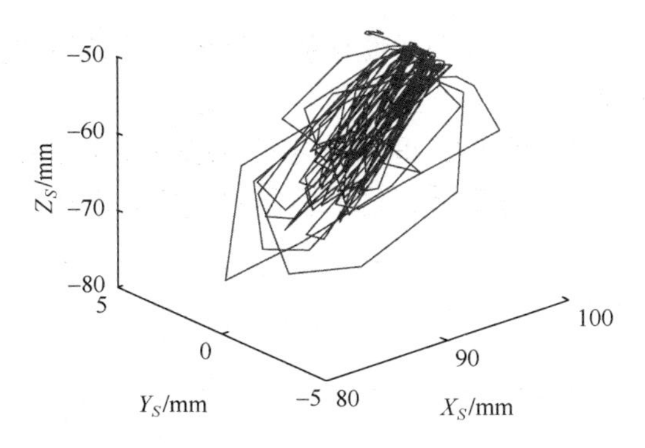

图 6.6　跟踪的下颚运动轨迹

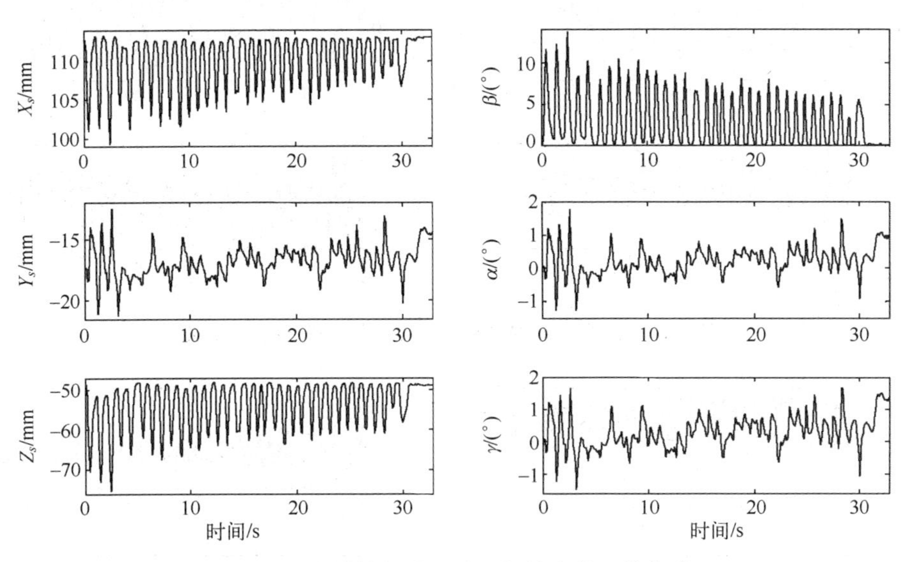

图 6.7　末端执行器跟踪理想轨迹的六维位移

6.4.1　试验 1：空嚼

对于使用的 PD 控制部分，增益 $\boldsymbol{K}_P$ 和 $\boldsymbol{K}_D$ 的大小都是在实际中对六个电动机进行统一调试得到。调试过程为[129]：首先，让 $\boldsymbol{K}_D$ 取零，然后使 $\boldsymbol{K}_P$ 从一个较小的数逐渐增大直到电动机开始轻微振动；其次，保持该 $\boldsymbol{K}_P$ 值，增大 $\boldsymbol{K}_D$ 值以进一步提升跟踪轨迹；再次，微调 K_P 和 K_D 的值直至跟踪误差最小；最后，实际调试的增益大小为

$$\boldsymbol{K}_P = 0.297 \cdot \boldsymbol{E}_6$$

$$\boldsymbol{K}_D = 0.0225 \cdot \boldsymbol{E}_6$$

这两组增益都用于三种控制策略中的 PD 控制部分。图 6.8 表示的是 PD 控制下六个电动机的跟踪误差。e_x、e_y、e_z 表示沿 $\{S\}$ 系三轴的平动跟踪误差，e_α、e_β、e_γ 表示三个 Bryant 角转动跟踪误差。图 6.9 表示的是第二种控制策略下，以驱动力最小为优化目标得到的驱动力矩为前馈，在机器人空嚼时的轨迹跟踪误差。因为使用的三维外置光学传感器采样频率为 60Hz，控制器给出位置命令的频率为 200Hz，所以，无法直接得到每个位置命令采样点的轨迹误差，需对光学传感器测得的轨迹插值，以计算末端执行器

在命令采样点的运动误差。本节使用线性插值，将得到的结果和实际位移比较，从而获得末端执行器的位置跟踪误差。需要强调的是，三组试验中，在不同的控制策略下，以多种分布目标下的驱动力矩为前馈，得到的电机跟踪轨迹误差曲线轮廓都比较相似，只是具体数值有所不同，为了表述简洁，这里不再列出所有跟踪误差图线。

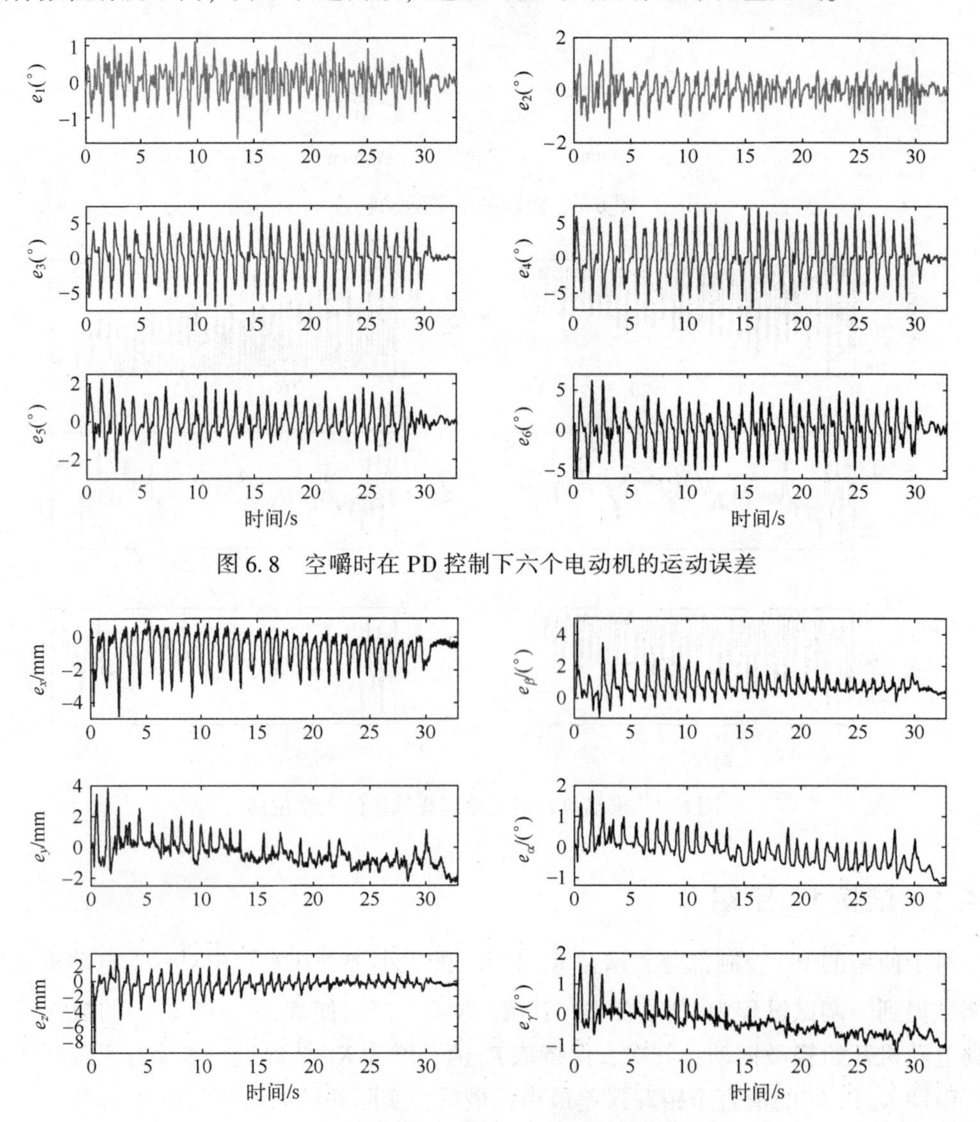

图 6.8　空嚼时在 PD 控制下六个电动机的运动误差

图 6.9　PD 控制下空嚼时末端执行器的跟踪误差

图 6.10 和图 6.11 分别表示空嚼时，在第二和第三种控制策略下，以点接触高副约束力最小为优化目标得到的驱动力矩为前馈，末端执行器的运动误差。

6.4.2　试验 2：咀嚼硅胶片

该试验中，用一大小为 $12(l)\times12(w)\times3(h)\,\mathrm{mm}^3$ 的硅胶片模拟柔软食品材质，在 25℃时，杨氏模量为 $3.5\times10^4\,\mathrm{Pa}$，黏度为 $5\times10^3\,\mathrm{Pa\cdot s}$。咀嚼过程中，将其置于左侧磨牙点 B 处。虽然硅胶片大小和物理特性容易测得，但是因为牙齿咬合的形变及咀嚼反

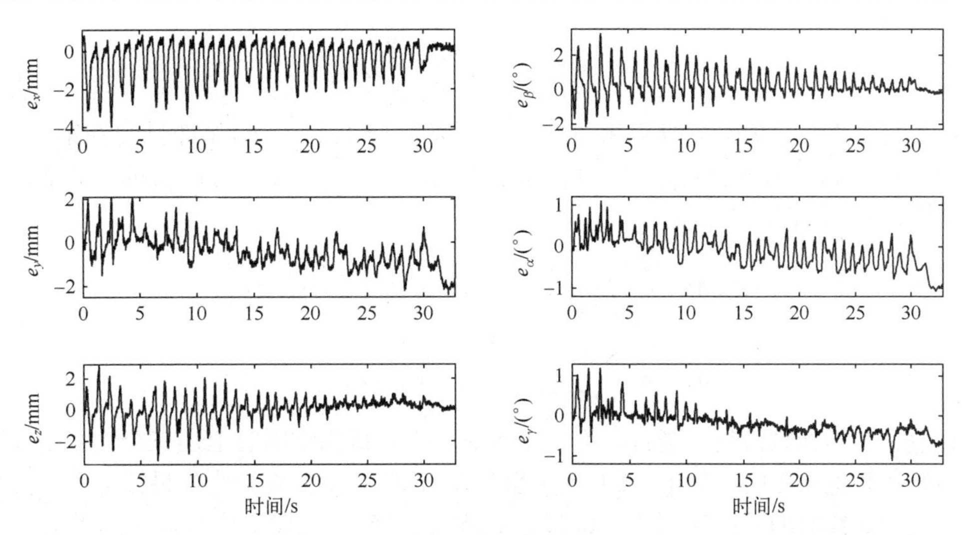

图 6.10　以点接触高副约束力最小为优化目标得到的驱动力矩用于控制法则式（6.12），空嚼时末端执行器的跟踪误差

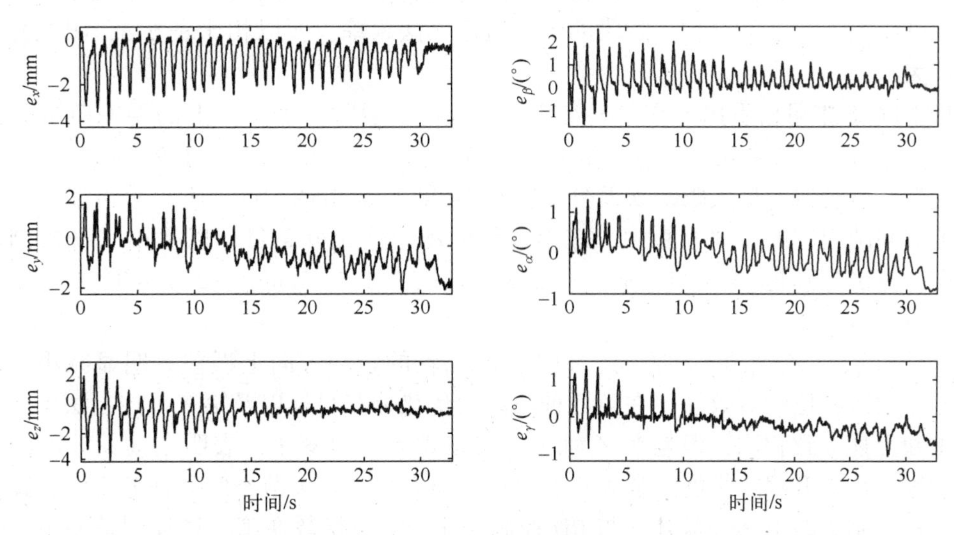

图 6.11　以点接触高副约束力最小为优化目标得到的驱动力矩用于控制法则式（6.16），空嚼时末端执行器的跟踪误差

力较难得到，所以并未将其建模并置于控制策略中，只是当作机构的外在扰动。

6.4.3　试验 3：咀嚼硬木条

为测试机构咀嚼硬物性能及抗干扰能力，用一硬木条模拟比较硬的食品，置于左侧下磨牙处让其咀嚼，木条尺寸大小为 $10(l)\times9(w)\times6(h)\,\mathrm{mm}^3$。

6.4.4　结果讨论

为便于比较控制器性能，设计关节空间激励器的均方根误差用于评价激励器精度[133]：

$$A-\mathrm{RSME}=\sqrt{\frac{1}{6M}\sum_{i=1}^{6}\sum_{k=1}^{M}e_i^2(k)} \tag{6.17}$$

式中：M 是沿着轨迹的总采样点数目；$e_i(k)$ 是第 $i(i=1,2,\cdots,6)$ 个激励器在第 $k(k=1,2,\cdots,M)$ 个采样点的跟踪误差。同时，为了比较任务空间末端执行器的跟踪精度，设计2个均方根误差用作性能指标：

$$\begin{cases}\mathrm{RSME}_T=\sqrt{\dfrac{1}{3M}\sum_{k=1}^{M}(e_x^2(k)+e_y^2(k)+e_z^2(k))}\\ \mathrm{RSME}_R=\sqrt{\dfrac{1}{3M}\sum_{k=1}^{M}(e_\alpha^2(k)+e_\beta^2(k)+e_\gamma^2(k))}\end{cases} \tag{6.18}$$

显然这些指标数值越小越好。在三个控制器下，机构空嚼时上述三个性能指标数值列于表6.2和表6.3中。其中，D1～D5和DF1～DF5表示在五个优化目标下得到的驱动力作为前馈补偿时的控制法则式（6.12）和式（6.16）。试验2中硅胶引起的咀嚼力大小未引起和空嚼时相比明显的差异，所以就不将得到的指标数据列出。这也表明咀嚼较软食品材质所需的咀嚼力大小可以在控制法则中忽略不计。试验3中，因为木条硬度较大，不可压缩，在上下颚咬合阶段的咀嚼轨迹无法跟踪，所以相比表6.3，跟踪性能指数值较大。

从 图6.8中可以看出，在PD控制下，机构空嚼时六个方向上的误差范围分别是 −4.5～1.5mm、−2.5～4mm、−9～3mm、−1.5°～5°、−1.25°～2°、−1.25°～2°。

下颚及激励器的最大跟踪误差分别在0.5s和2.5s出现。这个不一致可能是由支链的球关节间隙引起的。图6.9中，在第五种驱动力优化分布目标以及第二种控制法则下，误差范围分别是−4.5～1.5mm、−2.5～2mm、−3.5～3mm、−2.5°～3.5°、−1.2°～1.2°、−1.2°～1.2°。

在沿着 Y_S 及 Z_S 轴的平动方向，和 Y_M 及 Z_M 轴的转动方向上误差有明显减小，表明了分布式力矩补偿的有效性。在第五种驱动力优化分布目标以及第三种控制法则下，误差范围和上述大致相同，但是在 Z_S 轴上的平动误差明显减小，表明主动关节的摩擦力补偿能进一步提升跟踪精度。从表6.2可以明显看出，在关节空间和任务空间，跟踪精度在三种控制策略下逐步提升。与PD控制相比，三个指数在第二种控制策略下，分别减小60%、17%、23%。通过摩擦力补偿，进一步分别减小50%、11%、19%。同时，可以注意到 $\mathrm{RSME_T}$ 和 $\mathrm{RSME_R}$ 的减小比A−RSME更少，一些建模不确定性如装配误差、关节间隙会影响运动精度，这些因素需要今后使用更先进的控制方法加以克服。同时还能注意到，在同一控制策略下使用不同分布的驱动力矩作为前馈，得到的误差指数差异不大，也表明了动力学模型的有效性。

表6.2　空嚼时不同控制策略下的A−RSME、$\mathrm{RSME_T}$、$\mathrm{RSME_R}$

	PD	D1	D2	D3	D4	D5	DF1	DF2	DF3	DF4	DF5
A−RSME/(°)	1.8538	0.7663	0.7652	0.7665	0.7634	0.7629	0.3437	0.3391	0.3374	0.3350	0.3354
$\mathrm{RSME_T}$/mm	1.0750	0.9211	0.8968	0.8764	0.8907	0.8776	0.7893	0.8185	0.7569	0.7915	0.8025
$\mathrm{RSME_R}$/(°)	0.6947	0.5471	0.5233	0.5259	0.5446	0.5313	0.4568	0.4072	0.4234	0.4570	0.4339

表 6.3 给出了机构在咀嚼木条时的三个指标数值。可以看出，在 D1～D5 及 DF1～DF5 中，指标差异不大，这和在空嚼中表现一样。第二种控制法则和 PD 控制相比，跟踪精度分别提升了 60%、13%、8%。通过摩擦补偿，进一步提升了 52%、18%、19%。但是整体上和空嚼相比，因为咀嚼木条会产生较大的咀嚼反力，而在动力学建模以及控制器设计中都没有将其包含在内，关节空间和任务空间的运动精度都出现明显下降。特别地，PD 控制下，上述三个指数分别增加了 1.7%、79%、40%。在基于分布力矩的 PD 控制下，分别提升了 4%、87%、67%。在第三种控制策略下，分别增大了 12%、68%、67%。跟踪指数的明显增大是因为牙齿咬合时产生了较大咀嚼反力，但是没有将其包含在控制器内，且由于木条的不可压缩，使之在咬合阶段无法跟踪咀嚼轨迹。然而，该试验中咀嚼木条只是为了表明机构的最大咀嚼性能，而在实际中很少咀嚼如此硬的食品。

表 6.3　咀嚼木条时不同控制策略下的 A-RSME、$RSME_T$、$RSME_R$

	PD	D1	D2	D3	D4	D5	DF1	DF2	DF3	DF4	DF5
A-RSME/(°)	1.8851	0.7932	0.7991	0.7958	0.7954	0.8068	0.3742	0.3881	0.3836	0.3758	0.3871
$RSME_T$/mm	1.9325	1.6461	1.6958	1.7212	1.6690	1.6283	1.2920	1.3511	1.3945	1.3991	1.3349
$RSME_R$/(°)	0.9747	0.8969	0.9192	0.8552	0.8897	0.9256	0.7185	0.7497	0.7292	0.7382	0.7025

6.5　小　　结

为了降低目标机构动力学模型带来运动控制上的非线性和高度耦合，以不同优化目标分布下的驱动力矩作为独立关节控制中轨迹跟踪的前馈补偿，并通过对主动关节的摩擦力辨识和补偿，进一步提升运动精度。开展了三类试验，即机构空嚼、咀嚼硅胶片、咀嚼硬木条，用于评估和对比提出的控制策略。结果表明，提出的控制策略能逐步提升跟踪精度，不同优化目标的驱动力矩作为前馈补偿都能改善控制性能。同时，即使所需的咀嚼力没有在建模中计入，机构在咀嚼较软食材时也能以较高精度再现人的咀嚼轨迹。对比之下，在咀嚼较硬物体时，若没有将所需咀嚼力计入控制器，则控制性能会明显下降。但是，这种情形发生较少，因为人很少咀嚼如此坚硬的食材。所以，设计的控制器以及试验样机平台可用于食品材质测试的试验中。

第7章 展　望

本书设计了一种仿人咀嚼系统的三维并联机构。在基座直接约束下，形成了寄生运动和冗余驱动两个鲜明的机构特点，这在其他并联机构中是不常见的。通过对末端执行器的约束分析，确定了机构的自由度和寄生运动变量，从而能有效开展运动学逆解、工作空间、轨迹跟踪等运动学分析。使用一些常见的动力学建模方法，建立了多种动力学模型。虽然建模过程、模型结构、计算效率等方面有所不同，但是数值计算结果一致。通过和6RSS机构运动学和动力学模型的对比，发现基座的直接约束极大地增加了模型的复杂程度，表现在：

（1）四个自由度通过复杂的数学函数，耦合成两个寄生运动变量。

（2）需要更长的多的动力学计算时间，而这不利于开展基于模型的实时运动控制。

（3）因为冗余驱动，只有任务空间四个广义坐标才完全独立，而六个主动关节坐标不完全独立。通过本书中的多种动力学建模方式可知，一般都是在任务空间，而非关节空间得到动力学模型。这对基于模型的运动控制造成较大挑战：因为机构运动学正解较难实时计算，一些常用的任务空间运动控制方法难以落地。

（4）通过使用线弹性动力学法和模型降阶技术建立的弹动力学模型可知，基座的直接约束给动力学的末端执行器部分增加较大复杂度，且常见地将末端执行器完全视为刚体的假设，会高估机构的弹动力学性能。

本书既是对以往所做工作的系统性总结，也是对后续工作的展望。可以从如下几个方面对咀嚼机器人进行深入研究：

（1）当前，点接触高副是金属和金属之间的“硬碰硬”接触与相对运动，容易产生较大的磨损，并且没有计入人体颞下颌关节中的关节软盘。以后将在该处设计柔性结构，以降低点接触高副处零件的磨损，并更真实地模拟咀嚼系统。

（2）若要在任务空间进行基于模型的运动控制，目前看有两种方式：第一，理论计算方面，通过较简单的方法实现运动学正解；第二，实际应用方面，使用采样频率较高的视觉伺服技术，直接测量并反馈末端执行器的空间位姿。因为控制频率的要求，这两种方式分别需要在较短的时间内完成理论计算、将测得数据从视觉仪器坐标系转换到机器人坐标系的工作。

（3）基座对末端执行器的直接约束，也是机构和外界环境的交互作用。不论是否咀嚼食品，这种交互作用都一直存在。因此，可在点接触高副处开展力控制，减小该处受力，延长相关零件的使用时间。

参考文献

[1] Xu W, Bronlund J. Mastication robots: Biological inspiration to implementation [M]. Berlin: Springer-Verlag, 2010.

[2] Takanobu H, Yajima T, Nakazawa M, et al. Quantification of masticatory efficiency with a mastication robot [C]. Proceedings of the IEEE International Conference on Robotics and Automation, Leuven, Belgium, 1998.

[3] Raabe D, Harrison A, Ireland A, et al. Improved single- and multi-contact life-time testing of dental restorative materials using key characteristics of the human masticatory system and a force/position-controlled robotic dental wear simulator [J]. Bioinspiration & Biomimetics, 2011, 7 (1): 016002.

[4] Cheng C, Xu W, Shang J. Optimal distribution of the actuating torques for a redundantly actuated masticatory robot with two higher kinematic pairs [J]. Nonlinear Dynamics, 2015, 79 (2): 1235-1255.

[5] Wen H, Xu W, Ming C. Kinematic model and analysis of an actuation redundant parallel robot with higher kinematic pairs for jaw movement [J]. IEEE Transactions on Industrial Electronics, 2015, 62 (3): 1590-1598.

[6] Lee S, Kim B, Chun Y, et al. Design of mastication robot with life-sized linear actuator of human muscle and load cells for measuring force distribution on teeth [J]. Mechatronics, 2018, 51: 127-136.

[7] Tahir A, Jilich M, Trinh D, et al. Architecture and design of a robotic mastication simulator for interactive load testing of dental implants and the mandible [J]. The Journal of Prosthetic Dentistry, 2019, 122 (4): 381-388.

[8] Chen B, Dhupia J, Morgenstern M, et al. Development of a biomimetic masticating robot for food texture analysis [J]. Journal of Mechanisms and Robotics, 2021, 14 (2): 021012.

[9] 张啸峰, 陈勇, 陈建设. 基于口腔咀嚼原理的咀嚼模拟器研究进展 [J]. 食品工业科技, 2022, 43: 1-12.

[10] Carretero J A, Podhorodeski R P, Nahon M A, et al. Kinematic analysis and optimization of a new three degree-of-freedom spatial parallel manipulator [J]. Journal of Mechanical Design, 1999, 122 (1): 17-24.

[11] Li Q, Chen Z, Chen Q, et al. Parasitic motion comparison of 3-PRS parallel mechanism with different limb arrangements [J]. Robotics and Computer-Integrated Manufacturing, 2011, 27 (2): 389-396.

[12] Nigatu H, Choi Y, Kim D. Analysis of parasitic motion with the constraint embedded Jacobian for a 3-PRS parallel manipulator [J]. Mechanism and Machine Theory, 2021, 164: 104409.

[13] Chen Z, Xu L, Zhang W, et al. Closed-form dynamic modeling and performance analysis of an over-constrained 2PUR-PSR parallel manipulator with parasitic motions [J]. Nonlinear Dynamics, 2019, 96 (1): 517-534.

[14] Nayak A, Caro S, Wenger P. Comparison of 3-PPS parallel manipulators based on their singularity free orientation workspace, parasitic motions and complexity [J]. Mechanism and Machine Theory, 2018, 129: 293-315.

[15] Gosselin C, Schreiber T. Redundancy in parallel mechanisms: A review [J]. Applied Mechanics Reviews, 2018, 70 (1): 010802.

[16] Mostashiri N, Dhupia J, Verl A, et al. A review of research aspects of redundantly actuated parallel robots for enabling further applications [J]. IEEE/ASME Transactions on Mechatronics, 2018, 23 (3): 1259-1269.

[17] Yan P, Huang H, Li B, et al. A 5-DOF redundantly actuated parallel mechanism for large tilting five-face machining [J]. Mechanism and Machine Theory, 2022, 172: 104785.

[18] Wang Y, Belzile B, Angeles J, et al. Kinematic analysis and optimum design of a novel 2PUR-2RPU parallel robot [J]. Mechanism and Machine Theory, 2019, 139: 407-423.

[19] Jiang S, Chi C, Fang H, et al. A minimal-error-model based two-step kinematic calibration methodology for redundantly actuated parallel manipulators: An application to a 3-DOF spindle head [J]. Mechanism and Machine Theory, 2022, 167: 104532.

[20] Lambert P, Herder J L. A 7-DOF redundantly actuated parallel haptic device combining 6-DOF manipulation and 1-DOF grasping [J]. Mechanism and Machine Theory, 2019, 134: 349-364.

[21] Liu S, Peng G, Gao H. Dynamic modeling and terminal sliding mode control of a 3-DOF redundantly actuated parallel platform [J]. Mechatronics, 2019, 60: 26-33.

[22] Liu Z, Tao R, Fan J, et al. Kinematics, dynamics, and load distribution analysis of a 4-PPPS redundantly actuated parallel manipulator [J]. Mechanism and Machine Theory, 2022, 167: 104494.

[23] Liu X, Yao J, Li Q, et al. Coordination dynamics and model-based neural network synchronous controls for redundantly full-actuated parallel manipulator [J]. Mechanism and Machine Theory, 2021, 160: 104284.

[24] Gogu G. Mobility of mechanisms: A critical review [J]. Mechanism and Machine Theory, 2005, 40 (9): 1068-1097.

[25] Carretero J, Podhorodeski R, Nahon M, et al. Kinematic analysis and optimization of a new three degree-of-freedom spatial parallel manipulator [J]. Journal of Mechanical Design, 2000, 122 (1): 17-24.

[26] Ye W, Li Q. Type Synthesis of lower mobility parallel mechanisms: A review [J]. Chinese Journal of Mechanical Engineering, 2019, 32 (1): 38.

[27] Wang L, Wu J, Wang J. Dynamic formulation of a planar 3-DOF parallel manipulator with actuation redundancy [J]. Robotics and Computer-Integrated Manufacturing, 2010, 26 (1): 67-73.

[28] Wu J, Chen X, Wang L, et al. Dynamic load-carrying capacity of a novel redundantly actuated parallel conveyor [J]. Nonlinear Dynamics, 2014, 78 (1): 241-250.

[29] Van Der Wijk V, Krut S, Pierrot F, et al. Design and experimental evaluation of a dynamically balanced redundant planar 4-RRR parallel manipulator [J]. The International Journal of Robotics Research, 2013, 32 (6): 744-759.

[30] Guo F, Cheng G, Pang Y. Explicit dynamic modeling with joint friction and coupling analysis of a 5-DOF hybrid polishing robot [J]. Mechanism and Machine Theory, 2022, 167: 104509.

[31] Shang W, Cong S. Robust nonlinear control of a planar 2-DOF parallel manipulator with redundant actuation [J]. Robotics and Computer-Integrated Manufacturing, 2014, 30 (6): 597-604.

[32] Liang D, Song Y, Sun T, et al. Optimum design of a novel redundantly actuated parallel manipulator with multiple actuation modes for high kinematic and dynamic performance [J]. Nonlinear Dynamics, 2015, 83 (1): 631-658.

[33] Lipiński K. Modeling and control of a redundantly actuated variable mass 3RRR planar manipulator controlled by a model-based feedforward and a model-based-proportional-derivative feedforward-feedback controller [J]. Mechatronics, 2016, 37: 42-53.

[34] Yao J, Gu W, Feng Z, et al. Dynamic analysis and driving force optimization of a 5-DOF parallel manipulator with redundant actuation [J]. Robotics and Computer-Integrated Manufacturing, 2017, 48: 51-58.

[35] Lee G, Park S, Lee D, et al. Minimizing energy consumption of parallel mechanisms via redundant actuation [J]. IEEE/ASME Transactions on Mechatronics, 2015, 20 (6): 2805-2812.

[36] Hernández J, Chemori A, Sierra H, et al. A new solution for machining with RA-PKMs: Modelling, control and experiments [J]. Mechanism and Machine Theory, 2020, 150: 103864.

[37] Wu J, Wang J, Wang L, et al. Dynamics and control of a planar 3-DOF parallel manipulator with actuation redundancy [J]. Mechanism and Machine Theory, 2009, 44 (4): 835-849.

[38] Zhao Y, Gao F. Dynamic performance comparison of the 8PSS redundant parallel manipulator and its non-redundant counterpart-the 6PSS parallel manipulator [J]. Mechanism and Machine Theory, 2009, 44 (5): 991-1008.

[39] Fontes J V, Da Silva M M. On the dynamic performance of parallel kinematic manipulators with actuation and kinematic redundancies [J]. Mechanism and Machine Theory, 2016, 103: 148-166.

[40] Liu X, Yao J, Li Q, et al. Coordination dynamics and model-based neural network synchronous controls for redundantly full-actuated parallel manipulator [J]. Mechanism and Machine Theory, 2022, 160: 104284.

[41] Lopes A. Dynamic modeling of a Stewart platform using the generalized momentum approach [J]. Communications in Nonlinear Science and Numerical Simulation, 2009, 14 (8): 3389-3401.

[42] Lopes A, Almeida F. The generalized momentum approach to the dynamic modeling of a 6-DOF parallel manipulator [J]. Multibody System Dynamics, 2009, 21 (2): 123-146.

[43] Cheng H, Yiu Y, Li Z. Dynamics and control of redundantly actuated parallel manipulators [J]. Mechatronics, 2003, 8: 483-491.

[44] Lou Y, Li Z, Zhong Y, et al. Dynamics and contouring control of a 3-DOF parallel kinematics machine [J]. Mechatronics, 2011, 21 (1): 215-226.

[45] Khalil W, Guegan S. Inverse and direct dynamic modeling of Gough-Stewart robots [J]. IEEE Transactions on Robotics, 2004, 20 (4): 754-761.

[46] Ibrahim O, Khalil W. Inverse and direct dynamic models of hybrid robots [J]. Mechanism and Machine Theory, 2010, 45 (4): 627-640.

[47] Khalil W, Ibrahim O. General solution for the dynamic modeling of parallel robots [J]. Journal of Intelligent and Robotic Systems, 2007, 49 (1): 19-37.

[48] Abeywardena S, Chen C. Inverse dynamic modelling of a three-legged six-degree-of-freedom parallel mechanism [J]. Multibody System Dynamics, 2017, 41 (1): 1-24.

[49] Xi F, Angelico O, Sinatra R. Tripod dynamics and its inertia effect [J]. Journal of Mechanical Design, 2005, 127 (1): 144-149.

[50] Xi F, Sinatra R. Inverse dynamics of hexapods using the natural orthogonal complement method [J]. Journal of Manufacturing Systems, 2002, 21 (2): 73-82.

[51] Eskandary P, Angeles J. The dynamics of a parallel Schönflies-motion generator [J]. Mechanism and

Machine Theory, 2018, 119: 119-129.

[52] Akbarzadeh A, Enferadi J, Sharifnia M. Dynamics analysis of a 3-RRP spherical parallel manipulator using the natural orthogonal complement [J]. Multibody System Dynamics, 2013, 29 (4): 361-380.

[53] Wang Y, Belzile B, Angeles J, et al. The modeling of redundantly actuated mechanical systems [J]. Journal of Mechanisms and Robotics, 2019, 11 (6): 061005.

[54] Enferadi J, Jafari K. A Kane's based algorithm for closed-form dynamic analysis of a new design of a 3RSS-S spherical parallel manipulator [J]. Multibody System Dynamics, 2020, 49 (4): 377-394.

[55] You W, Kong M-X, Du Z-J, et al. High efficient inverse dynamic calculation approach for a haptic device with pantograph parallel platform [J]. Multibody System Dynamics, 2009, 21 (3): 233-247.

[56] Cibicik A, Egeland O. Dynamic modelling and force analysis of a knuckle boom crane using screw theory [J]. Mechanism and Machine Theory, 2019, 133: 179-194.

[57] Yang J, Xu Z, Wu Q, et al. Dynamic modeling and control of a 6-DOF micro-vibration simulator [J]. Mechanism and Machine Theory, 2016, 104: 350-369.

[58] Wu Y, Yu K, Jiao J, et al. Dynamic modeling and robust nonlinear control of a 6-DOF active micro-vibration isolation manipulator with parameter uncertainties [J]. Mechanism and Machine Theory, 2015, 92: 407-435.

[59] Cheng G, Shan X. Dynamics analysis of a parallel hip joint simulator with four degree of freedoms (3R1T) [J]. Nonlinear Dynamics, 2012, 70 (4): 2475-2486.

[60] Huang J, Chen Y, Zhong Z. Udwadia-Kalaba approach for parallel manipulator dynamics [J]. Journal of Dynamic Systems, Measurement, and Control, 2013, 135 (6): 061003.

[61] Hui J, Pan M, Zhao R, et al. The closed-form motion equation of redundant actuation parallel robot with joint friction: An application of the Udwadia-Kalaba approach [J]. Nonlinear Dynamics, 2018, 93 (2): 689-703.

[62] Han J, Wang P, Dong F, et al. Optimal design of adaptive robust control for a planar 2-DOF redundantly actuated parallel robot [J]. Nonlinear Dynamics, 2021, 105 (3): 2341-2362.

[63] Rao K, Saha S K, Rao P. Dynamics modelling of hexaslides using the decoupled natural orthogonal complement matrices [J]. Multibody System Dynamics, 2006, 15 (2): 159-180.

[64] Saha S. Dynamics of serial multibody systems using the decoupled natural orthogonal complement matrices [J]. Journal of Applied Mechanics, 1999, 66 (4): 986-996.

[65] Khan W, Krovi V, Saha S K, et al. Modular and recursive kinematics and dynamics for parallel manipulators [J]. Multibody System Dynamics, 2005, 14 (3): 419-455.

[66] Raoofian A, Kamali E A, Taghvaeipour A. Forward dynamic analysis of parallel robots using modified decoupled natural orthogonal complement method [J]. Mechanism and Machine Theory, 2017, 115: 197-217.

[67] Rahmani Hanzaki A, Saha S K, Rao P V M. An improved dynamic modeling of a multibody system with spherical joints [J]. Multibody System Dynamics, 2009, 21 (4): 325-345.

[68] Jiang H, Liu Y. Nonlinear analysis of compliant robotic fish locomotion [J]. Journal of Vibration and Control, 2021, 1 (1): 1-13.

[69] Udwadia F, Kalaba R. Analytical dynamics: A new approach [M]. Cambridge: Cambridge University Press, 1996.

[70] Khan W, Krovi V, Saha S, et al. Recursive kinematics and inverse dynamics for a planar 3R parallel

manipulator [J]. Journal of Dynamic Systems, Measurement, and Control, 2004, 127 (4): 529-536.

[71] Bellakehal S, Andreff N, Mezouar Y, et al. Force position control of parallel robots using exteroceptive pose measurements [J]. Meccanica, 2011, 46 (1): 195-205.

[72] Shabana A A. Flexible multibody dynamics: Review of past and recent developments [J]. Multibody System Dynamics, 1997, 1 (2): 189-222.

[73] Dwivedy S K, Eberhard P. Dynamic analysis of flexible manipulators, a literature review [J]. Mechanism and Machine Theory, 2006, 41 (7): 749-777.

[74] Wasfy T M, Noor A K. Computational strategies for flexible multibody systems [J]. Applied Mechanics Reviews, 2003, 56 (6): 553-613.

[75] Long P, Khalil W, Martinet P. Dynamic modeling of parallel robots with flexible platforms [J]. Mechanism and Machine Theory, 2014, 81: 21-35.

[76] Cammarata A, Caliò I, D'Urso D, et al. Dynamic stiffness model of spherical parallel robots [J]. Journal of Sound and Vibration, 2016, 384: 312-324.

[77] Palmieri G, Martarelli M, Palpacelli M C, et al. Configuration-dependent modal analysis of a Cartesian parallel kinematics manipulator: Numerical modeling and experimental validation [J]. Meccanica, 2014, 49 (4): 961-972.

[78] Theodore R J, Ghosal A. Comparison of the assumed modes and finite element models for flexible multilink manipulators [J]. The International Journal of Robotics Research, 1995, 14 (2): 91-111.

[79] Sun T, Lian B, Song Y, et al. Elastodynamic optimization of a 5-DOF parallel kinematic machine considering parameter uncertainty [J]. IEEE/ASME Transactions on Mechatronics, 2019, 24 (1): 315-325.

[80] Cheng C, Liao H. Elastodynamics of a spatial redundantly actuated parallel mechanism constrained by two higher kinematic pairs [J]. Meccanica, 2021, 56 (3): 515-533.

[81] Shabana A A. Dynamics of multibody systems [M]. 4th ed. Cambridge: Cambridge University Press, 2013.

[82] Liang D, Song Y, Sun T, et al. Rigid-flexible coupling dynamic modeling and investigation of a redundantly actuated parallel manipulator with multiple actuation modes [J]. Journal of Sound and Vibration, 2017, 403: 129-151.

[83] Liang D, Song Y, Sun T. Nonlinear dynamic modeling and performance analysis of a redundantly actuated parallel manipulator with multiple actuation modes based on FMD theory [J]. Nonlinear Dynamics, 2017, 89 (1): 391-428.

[84] Zhao Y, Gao F, Dong X, et al. Elastodynamic characteristics comparison of the 8-PSS redundant parallel manipulator and its non-redundant counterpart - the 6-PSS parallel manipulator [J]. Mechanism and Machine Theory, 2010, 45 (2): 291-303.

[85] Wu J, Wang L, Guan L. A study on the effect of structure parameters on the dynamic characteristics of a PRRRP parallel manipulator [J]. Nonlinear Dynamics, 2013, 74 (1): 227-235.

[86] Yu Y, Du Z, Yang J, et al. An experimental study on the dynamics of a 3-RRR flexible parallel robot [J]. IEEE Transactions on Robotics, 2011, 27 (5): 992-997.

[87] Zhang Q, Zhang X. Dynamic analysis of planar 3-RRR flexible parallel robots under uniform temperature change [J]. Journal of Vibration and Control, 2015, 21 (1): 81-104.

[88] Alessandro C, Rosario S. Elastodynamic optimization of a 3T1R parallel manipulator [J]. Mechanism

and Machine Theory, 2014, 73 (73): 184-196.

[89] Song Y, Dong G, Sun T, et al. Elasto-dynamic analysis of a novel 2-DOF rotational parallel mechanism with an articulated travelling platform [J]. Meccanica, 2016, 51 (7): 1547-1557.

[90] Wang X, Mills J K. Dynamic modeling of a flexible-link planar parallel platform using a substructuring approach [J]. Mechanism and Machine Theory, 2006, 41 (6): 671-687.

[91] Zhang X P, Mills J, Cleghorn W L. Vibration control of elastodynamic response of a 3-PRR flexible parallel manipulator using PZT transducers [J]. Robotica 2008, 6 (5): 655-665.

[92] Zhang X, Mills J K, Cleghorn W L. Coupling characteristics of rigid body motion and elastic deformation of a 3-PRR parallel manipulator with flexible links [J]. Multibody System Dynamics, 2009, 21 (2): 167-192.

[93] Briot S, Khalil W. Recursive and symbolic calculation of the elastodynamic model of flexible parallel robots [J]. The International Journal of Robotics Research, 2014, 33 (3): 469-483.

[94] Sun T, Liang D, Song Y. Singular-perturbation-based nonlinear hybrid control of redundant parallel robot [J]. IEEE Transactions on Industrial Electronics, 2018, 65 (4): 3326-3336.

[95] Chen X, Wu L, Deng Y, et al. Dynamic response analysis and chaos identification of 4-UPS-UPU flexible spatial parallel mechanism [J]. Nonlinear Dynamics, 2017, 87 (4): 2311-2324.

[96] Yu Y, Li Z. Modern dynamics of machinery [M]. Beijing: Beijing University of Technology Press, 1998.

[97] Yu G, Wang L, Wu J, et al. Stiffness modeling approach for a 3-DOF parallel manipulator with consideration of nonlinear joint stiffness [J]. Mechanism and Machine Theory, 2018, 123: 137-152.

[98] Nguyen A, Bouzgarrou B, Charlet K, et al. Static and dynamic characterization of the 6-DOF parallel robot 3CRS [J]. Mechanism and Machine Theory, 2015, 93: 65-82.

[99] Klimchik A, Pashkevich A, Chablat D. Fundamentals of manipulator stiffness modeling using matrix structural analysis [J]. Mechanism and Machine Theory, 2019, 133: 365-394.

[100] Yang C, Li Q, Chen Q, et al. Elastostatic stiffness modeling of overconstrained parallel manipulators [J]. Mechanism and Machine Theory, 2018, 122: 58-74.

[101] Klimchik A, Pashkevich A, Chablat D. CAD-based approach for identification of elasto-static parameters of robotic manipulators [J]. Finite Elements in Analysis and Design, 2013, 75: 19-30.

[102] Hoevenaars A G L, Krut S, Herder J L. Jacobian-based natural frequency analysis of parallel manipulators [J]. Mechanism and Machine Theory, 2020, 148: 103775.

[103] Pashkevich A, Chablat D, Wenger P. Stiffness analysis of overconstrained parallel manipulators [J]. Mechanism and Machine Theory, 2009, 44: 966-982.

[104] H. Liu, T. Huang, D. Chetwynd, et al. Stiffness modeling of parallel mechanisms at limb and joint/link levels [J]. IEEE Transactions on Robotics, 2017, 33 (3): 734-741.

[105] Yang C, Li Q, Chen Q. Natural frequency analysis of parallel manipulators using global independent generalized displacement coordinates [J]. Mechanism and Machine Theory, 2021, 156: 104145.

[106] Azulay H, Mahmoodi M, Zhao R, et al. Comparative analysis of a new 3PPRS parallel kinematic mechanism [J]. Robotics and Computer-Integrated Manufacturing, 2014, 30 (4): 369-378.

[107] Zhao C, Guo H, Zhang D, et al. Stiffness modeling of n (3RRlS) reconfigurable series-parallel manipulators by combining virtual joint method and matrix structural analysis [J]. Mechanism and Machine Theory, 2020, 152: 103960.

[108] Raoofian A, Taghvaeipour A, Kamali A. On the stiffness analysis of robotic manipulators and calculation of stiffness indices [J]. Mechanism and Machine Theory, 2018, 130: 382-402.

[109] Cammarata A. Full and reduced models for the elastodynamics of fully flexible parallel robots [J]. Mechanism and Machine Theory, 2020, 151: 103895.

[110] Lian B, Sun T, Song Y, et al. Stiffness analysis and experiment of a novel 5-DOF parallel kinematic machine considering gravitational effects [J]. International Journal of Machine Tools and Manufacture, 2015, 95: 82-96.

[111] Sun T, Lian B. Stiffness and mass optimization of parallel kinematic machine [J]. Mechanism and Machine Theory, 2018, 120: 73-88.

[112] Liang D, Song Y, Sun T, et al. Dynamic modeling and hierarchical compound control of a novel 2-DOF flexible parallel manipulator with multiple actuation modes [J]. Mechanical Systems and Signal Processing, 2018, 103: 413-439.

[113] Yan S, Ong S, Nee A. Stiffness analysis of parallelogram-type parallel manipulators using a strain energy method [J]. Robotics and Computer-Integrated Manufacturing, 2016, 37: 13-22.

[114] Wu L, Wang G, Liu H, et al. An approach for elastodynamic modeling of hybrid robots based on substructure synthesis technique [J]. Mechanism and Machine Theory, 2018, 123: 124-136.

[115] Qu Z. Model order reduction techniques with applications in finite element analysis [M]. London: Springer Science & Business Media, 2004.

[116] Cammarata A, Sinatra R, Maddìo P. Static condensation method for the reduced dynamic modeling of mechanisms and structures [J]. Archive of Applied Mechanics, 2019, 89 (10): 2033-2051.

[117] Cammarata A, Condorelli D, Sinatra R. An algorithm to study the elastodynamics of parallel kinematic machines with lower kinematic pairs [J]. Journal of Mechanisms and Robotics, 2013, 5 (1): 1-9.

[118] Cammarata A. Unified formulation for the stiffness analysis of spatial mechanisms [J]. Mechanism and Machine Theory, 2016, 105: 272-284.

[119] A. Cammarata, Sinatra R. Elastodynamic optimization of a 3TlR parallel manipulator [J]. Mechanism and Machine Theory, 2014, 73 (73): 184-196.

[120] Ceccarelli M, Carbone G. A stiffness analysis for CaPaMan (Cassino parallel manipulator) [J]. Mechanism and Machine Theory, 2002, 37 (5): 427-439.

[121] Shang W, Cong S, Zhang Y. Nonlinear friction compensation of a 2-DOF planar parallel manipulator [J]. Mechatronics, 2008, 18 (7): 340-346.

[122] Natal G, Chemori A, Pierrot F. Dual-space control of extremely fast parallel manipulators: Payload changes and the 100G experiment [J]. IEEE Transactions on Control Systems Technology, 2015, 23 (4): 1520-1535.

[123] Craig J. Introduction to robotics: Mechanics and control [M]. New Jersey: Pearson, 2005.

[124] Müller A, Hufnagel T. Model-based control of redundantly actuated parallel manipulators in redundant coordinates [J]. Robotics and Autonomous Systems, 2012, 60 (4): 563-571.

[125] Shang W, Cong S, Zhang Y, et al. Active joint synchronization control for a 2-DOF redundantly actuated parallel manipulator [J]. IEEE Transactions on Control Systems Technology, 2009, 17 (2): 416-423.

[126] Shang W, Cong S, Jiang S. Dynamic model based nonlinear tracking control of a planar parallel manipulator [J]. Nonlinear Dynamics, 2010, 60 (4): 597-606.

[127] Shang W, Cong S. Nonlinear computed torque control for a high-speed planar parallel manipulator [J]. Mechatronics, 2009, 19 (6): 987-992.

[128] Shang W, Cong S. Motion control of parallel manipulators using acceleration feedback [J]. IEEE Transactions on Control Systems Technology, 2014, 22 (1): 314-321.

[129] Shang W, Cong S, Ge Y. Coordination motion control in the task space for parallel manipulators with actuation redundancy [J]. IEEE Transactions on Automation Science and Engineering, 2013, 10 (3): 665-673.

[130] Yang C, Qu Z, Han J. Decoupled-space control and experimental evaluation of spatial electrohydraulic robotic manipulators using singular value decomposition algorithms [J]. IEEE Transactions on Industrial Electronics, 2014, 61 (7): 3427-3438.

[131] Han J. From PID to active disturbance rejection control [J]. IEEE Transactions on Industrial Electronics, 2009, 56: 900-906.

[132] Kelly R, Davila V, Perez J. Control of robot manipulators in joint space [M]. London: Springer-Verlag, 2006.

[133] Rodriguez M, Valera A, Mata V, et al. Model-based control of a 3-DOF parallel robot based on identified relevant parameters [J]. IEEE/ASME Transactions on Mechatronics, 2013, 18: 1737-1744.